ECONOMÍA PARA MUGGLES

LUIS FERNANDO TEJADA YEPES

Índice

Prólogo

¿Alguna vez te has sentido abrumado por la jerga económica y los conceptos complejos que a menudo rodean el mundo de las finanzas y la economía? ¿Te has preguntado cómo funcionan realmente las cosas en el mundo de los negocios y las finanzas, pero has sentido que la economía es un tema inaccesible y confuso? Si es así, has llegado al lugar correcto.

Este libro, "Economía para Muggles," está diseñado para desmitificar la economía y hacer que sea accesible para todos, independientemente de tu nivel de conocimiento previo. Aquí, no encontrarás fórmulas complicadas ni gráficos incomprensibles, sino una introducción amigable a los conceptos económicos que rigen nuestras vidas a diario.

La economía no debería ser un misterio insondable. Debería ser una herramienta que nos ayude a entender cómo funcionan las cosas en el mundo y cómo tomar decisiones financieras inteligentes en nuestras vidas. En este libro, exploraremos los conceptos clave de la economía de una manera clara y concisa. Hablaremos de oferta y demanda, precios, impuestos, gastos gubernamentales, ciclos económicos, inflación, desempleo y muchos otros temas de manera que todos puedan entender.

No importa si eres un estudiante de economía que busca una introducción fácil de entender, un emprendedor que quiere comprender mejor los principios económicos detrás de su negocio o simplemente alguien que quiere tomar decisiones financieras más informadas en su vida cotidiana. "Economía para Muggles" te proporcionará las bases que necesitas.

La economía es una parte fundamental de nuestras vidas, y la comprensión de sus principios puede empoderarnos para tomar decisiones más inteligentes y contribuir a un mundo más justo y próspero. Así que, únete a nosotros en este viaje para descubrir cómo la economía puede ser entendida por cualquiera hasta por usted.

1.¿Qué es la economía y por qué es importante?

La economía es una disciplina que estudia cómo las sociedades administran sus recursos limitados para satisfacer sus necesidades y deseos. Se centra en la producción, distribución y consumo de bienes y servicios, así como en cómo las personas, empresas y gobiernos toman decisiones en un entorno de escasez.

La importancia de la economía radica en varios aspectos clave:

Asignación eficiente de recursos: La economía proporciona un marco para entender cómo se asignan los recursos limitados, como el trabajo, el capital y la tierra, para producir bienes y servicios. Esto es fundamental para maximizar la prosperidad y el bienestar de una sociedad.

La asignación eficiente de recursos es esencial para maximizar la prosperidad y el bienestar de una sociedad. Implica tomar decisiones que permitan obtener el mayor beneficio posible de los recursos limitados disponibles. En una economía eficientemente asignada, se busca alcanzar un equilibrio en el que los recursos se utilizan de manera óptima para satisfacer las necesidades y deseos de la sociedad.

Existen varios principios económicos clave relacionados con la asignación eficiente de recursos:

Principio de escasez: Los recursos son limitados, mientras que las necesidades y deseos son ilimitados. Por lo tanto, es necesario tomar decisiones sobre cómo asignar esos recursos de manera eficiente. Recursos limitados: Los recursos económicos, como tierra, trabajo, capital y materias primas, son limitados. No se pueden producir infinitamente, lo que da lugar a una restricción en la producción de bienes y servicios.

Elección y toma de decisiones: Dado que los recursos son limitados, las personas, las empresas y los gobiernos deben tomar decisiones sobre cómo asignar esos recursos de la manera más eficiente y efectiva. Esto implica elegir entre alternativas y decidir qué necesidades y deseos se satisfacen y cuáles se dejan insatisfechos.

Costo de oportunidad: Cada decisión conlleva un costo de oportunidad, que es el valor de la mejor alternativa que se sacrifica al elegir una opción en lugar de otra. La consideración del costo de oportunidad es esencial para tomar decisiones informadas y eficientes.

Priorización: La escasez obliga a las personas y las organizaciones a priorizar sus objetivos y asignar recursos a las actividades que consideran más importantes o valiosas.

Economía como ciencia de la asignación de recursos: La economía se centra en el estudio de cómo se asignan los recursos escasos para satisfacer las necesidades humanas. Proporciona herramientas y marcos de trabajo para ayudar a tomar decisiones eficientes en un entorno de recursos limitados.

El principio de escasez reconoce que vivimos en un mundo de recursos limitados y que la toma de decisiones eficientes es esencial para satisfacer nuestras necesidades y deseos. Este concepto es fundamental en la economía y nos ayuda a comprender por qué las personas, las empresas y los gobiernos deben elegir cuidadosamente cómo asignar sus recursos para maximizar el bienestar individual y social.

Costo de oportunidad: Cada vez que se toma una decisión, existe un costo de oportunidad, es decir, lo que se renuncia al elegir una alternativa en lugar de otra. La elección debe maximizar el beneficio neto.

, el costo de oportunidad es un concepto fundamental en economía que se refiere al valor de la mejor alternativa que se sacrifica al tomar una decisión específica. En otras palabras, cuando se toma una decisión, se renuncia a otras opciones, y el costo de oportunidad representa el valor de lo que se habría ganado o disfrutado si se hubiera optado por la próxima mejor alternativa.

Algunos aspectos clave relacionados con el costo de oportunidad incluyen:

Toma de decisiones: El costo de oportunidad se aplica a cada elección que realizamos en la vida, ya sea personal o empresarial. Implica evaluar lo que se está renunciando al elegir una opción particular.

Comparación de alternativas: Para tomar decisiones informadas, es necesario comparar las alternativas disponibles y evaluar cuál ofrece el mayor beneficio neto después de considerar el costo de oportunidad.

Economía de recursos limitados: El costo de oportunidad es especialmente relevante en un mundo de recursos limitados. Ayuda a garantizar que los recursos se asignen de manera eficiente, ya que se busca maximizar el beneficio neto en función de las opciones disponibles.

Aplicación en la vida diaria: El costo de oportunidad se puede aplicar a diversas situaciones, desde decisiones de inversión y financiamiento empresarial hasta decisiones personales, como elegir entre trabajar horas extras o pasar tiempo con la familia.

Beneficio neto: La elección eficiente implica maximizar el beneficio neto, que es la diferencia entre los beneficios obtenidos y los costos incurridos, incluido el costo de oportunidad.

En resumen, el costo de oportunidad es una herramienta clave para tomar decisiones informadas y eficientes en un entorno de recursos limitados. Al considerar lo que se sacrifica al elegir una opción en lugar de otra, las personas y las organizaciones pueden tomar decisiones que les permitan obtener el mayor beneficio neto posible y, en última instancia, mejorar su bienestar económico.

Ley de oferta y demanda: El mercado es un mecanismo fundamental para la asignación eficiente de recursos. La oferta y la demanda interactúan para determinar los precios y la cantidad de bienes y servicios producidos.

Oferta: La oferta se refiere a la cantidad de un bien o servicio que los productores están dispuestos y son capaces de vender en el mercado a diferentes precios. Por lo general, la oferta aumenta a medida que aumenta el precio, ya que los productores tienen un incentivo para producir y vender más cuando pueden obtener precios más altos.

Demanda: La demanda se refiere a la cantidad de un bien o servicio que los consumidores están dispuestos y son capaces de comprar en el mercado a diferentes precios. Por lo general, la demanda disminuye a medida que aumenta el precio, ya que los consumidores tienden a comprar menos cuando los precios son altos.

Equilibrio de mercado: El precio y la cantidad en un mercado se equilibran en un punto donde la cantidad que los productores están dispuestos a ofrecer es igual a la cantidad que los consumidores desean comprar. Este punto se llama el equilibrio de mercado.

Variaciones de precios: Si el precio en el mercado está por debajo del equilibrio, existe una escasez, lo que significa que los consumidores desean comprar más de lo que los productores están dispuestos a vender a ese precio. En este caso, el precio tiende a aumentar hasta que se alcanza el equilibrio.

Variaciones en la cantidad: Si el precio en el mercado está por encima del equilibrio, existe un exceso de oferta, lo que significa que los productores están ofreciendo más de lo que los consumidores desean comprar a ese precio. En este caso, el precio tiende a disminuir hasta que se alcanza el equilibrio.

Flexibilidad de precios: La Ley de Oferta y Demanda funciona mejor en mercados donde los precios pueden ajustarse libremente en respuesta a los cambios en la oferta y la demanda. En mercados competitivos, los precios pueden fluctuar para equilibrar las fuerzas de oferta y demanda.

Importancia para la asignación eficiente de recursos: Esta ley es crucial para la asignación eficiente de recursos, ya que asegura que los bienes y servicios se produzcan en cantidades que coincidan con las preferencias de los consumidores. Cuando los precios reflejan con precisión las condiciones de oferta y demanda, se tiende a lograr una asignación óptima de recursos.

la Ley de Oferta y Demanda es un pilar fundamental de la economía y desempeña un papel importante en la asignación eficiente de recursos a través de la interacción de productores y consumidores en los mercados competitivos.

Competencia y eficiencia: En mercados competitivos, las empresas buscan producir bienes y servicios de la manera más eficiente posible para mantenerse competitivas. Esto tiende a llevar a una asignación más eficiente de recursos.

Competencia en el mercado: En un mercado competitivo, hay una multiplicidad de empresas que ofrecen productos o servicios similares. Esta competencia obliga a las empresas a esforzarse por satisfacer las necesidades de los consumidores de la manera más eficiente y efectiva posible. Si una empresa no ofrece un producto de calidad a un precio razonable, los consumidores tienen la opción de elegir entre las numerosas alternativas disponibles en el mercado.

Eficiencia productiva: La competencia estimula a las empresas a buscar la eficiencia productiva, lo que implica producir bienes y servicios al menor costo posible. Para mantenerse competitivas, las empresas deben encontrar formas de reducir los costos de producción y mejorar la calidad de sus productos. Esto a menudo se traduce en innovación, automatización y mejoras en la gestión.

Eficiencia asignativa: La competencia también promueve la eficiencia asignativa, que se refiere a la asignación óptima de recursos entre diferentes sectores de la economía. Cuando las empresas compiten en un mercado, los recursos tienden a fluir hacia las industrias y sectores que son más eficientes y capaces de satisfacer la demanda de manera efectiva.

Beneficios para los consumidores: La competencia beneficia a los consumidores al ofrecerles una mayor variedad de opciones y precios competitivos. Esto significa que los consumidores pueden obtener productos y servicios de alta calidad a precios razonables.

Beneficios para la economía en su conjunto: Cuando las empresas compiten y buscan la eficiencia, la economía en su conjunto tiende a crecer de manera más sostenible. La eficiencia en la producción y asignación de recursos conduce a un aumento de la productividad y, en última instancia, al crecimiento económico.

Regulación y antimonopolio: En algunos casos, la competencia puede no ser perfecta, y algunas empresas pueden intentar monopolizar un mercado. En estos casos, la regulación antimonopolio puede ser necesaria para garantizar una competencia justa y mantener la eficiencia del mercado.

En resumen, la competencia fomenta la eficiencia en la producción y asignación de recursos en los mercados, lo que a su vez contribuye a una asignación más eficiente de recursos en la economía en su conjunto. La competencia es un componente esencial de la economía de mercado y juega un papel vital en el funcionamiento de la economía.

Intervención gubernamental: A veces, el gobierno interviene en la economía para corregir fallas del mercado, como la regulación de monopolios o la provisión de bienes públicos.

La intervención gubernamental en la economía es un elemento importante de la política económica en muchos países. Se realiza con el propósito de corregir fallas del mercado y promover el bienestar de la sociedad.

Regulación de monopolios: En situaciones donde una empresa o un grupo de empresas tienen un monopolio o una posición dominante en un mercado, el gobierno puede intervenir para regular su comportamiento y evitar prácticas anticompetitivas, como la fijación de precios excesivos o la limitación de la competencia. La regulación busca proteger a los consumidores y promover una competencia justa.

Provisión de bienes públicos: Los bienes públicos son aquellos que son no rivales y no excluyentes. Esto significa que su consumo no reduce la disponibilidad para otros y no se puede excluir a nadie de su uso. Ejemplos típicos son la defensa nacional, la justicia y los faros. El gobierno a menudo interviene para proporcionar estos bienes públicos, ya que el sector privado puede no tener incentivos para hacerlo.

Redistribución de ingresos: El gobierno puede intervenir en la economía a través de políticas fiscales y de bienestar social para reducir la desigualdad de ingresos y proporcionar apoyo a los más necesitados. Esto puede incluir la imposición de impuestos progresivos y programas de asistencia social.

Estabilidad macroeconómica: El gobierno también puede intervenir para mantener la estabilidad macroeconómica, regulando la inflación, el desempleo y el crecimiento económico a través de políticas monetarias y fiscales. Estas políticas buscan prevenir crisis económicas y asegurar un crecimiento sostenible.

Protección del medio ambiente: La regulación ambiental es otra forma de intervención gubernamental. El gobierno puede imponer restricciones y regulaciones para proteger el medio ambiente y promover prácticas sostenibles en la producción y el consumo.

Defensa del consumidor: El gobierno puede intervenir para proteger los derechos de los consumidores, estableciendo estándares de calidad, seguridad y etiquetado, así como sancionando prácticas comerciales engañosas o fraudulentas.

Regulación financiera: La intervención gubernamental en los mercados financieros es esencial para garantizar la estabilidad del sistema bancario y proteger a los depositantes e inversores. Esto se hace a través de regulaciones financieras y supervisión de instituciones financieras.

Políticas industriales: El gobierno a veces interviene para apoyar industrias estratégicas o promover la investigación y el desarrollo tecnológico a través de subsidios, exenciones fiscales y otros incentivos.

La intervención gubernamental puede ser controvertida y requerir un equilibrio entre el deseo de corregir fallas del mercado y el riesgo de una regulación excesiva que pueda limitar la libertad económica. La efectividad de estas intervenciones depende de su diseño y de cómo se implementen. En última instancia, el objetivo es promover el bienestar económico y social en un marco de políticas que sean equitativas y eficientes.

Cuando los recursos se asignan eficientemente, la economía tiende a funcionar de manera más efectiva y a generar un mayor nivel de bienestar para la sociedad en su conjunto. Sin embargo, alcanzar la asignación eficiente de recursos a menudo implica enfrentar desafíos y dilemas, ya que las preferencias y necesidades de las personas pueden variar ampliamente. La economía proporciona herramientas y marcos de trabajo para abordar estos desafíos y buscar soluciones que equilibren las demandas de la sociedad con los recursos disponibles.

Toma de decisiones personales: La economía ofrece a las personas las herramientas para tomar decisiones financieras informadas. Ayuda a comprender conceptos como presupuesto, ahorro, inversión y planificación financiera.

Presupuesto personal: La economía ayuda a las personas a comprender la importancia de un presupuesto. Un presupuesto es una herramienta que permite planificar cómo se gastará el dinero y cómo se asignarán los recursos financieros. Al entender los conceptos económicos, como los ingresos, los gastos y el equilibrio presupuestario, las personas pueden tomar decisiones más informadas sobre cómo administrar su dinero.

Ahorro: La economía enseña a las personas sobre la importancia del ahorro. Los conceptos como el interés compuesto y la inflación muestran cómo el ahorro puede generar riqueza con el tiempo. Las personas pueden aprender a establecer metas de ahorro, crear un fondo de emergencia y planificar para metas a largo plazo, como la jubilación, utilizando principios económicos.

Inversión: La economía proporciona la base para comprender la inversión. Las personas pueden aprender sobre los diferentes tipos de activos de inversión, como acciones, bonos y bienes raíces, así como cómo diversificar su cartera para reducir el riesgo. La inversión inteligente se basa en la comprensión de conceptos económicos, como el riesgo y el rendimiento.

Planificación financiera: La economía también es fundamental para la planificación financiera a largo plazo. Esto incluye la elaboración de estrategias para alcanzar metas financieras, como la compra de una vivienda, la educación de los hijos o la jubilación. La planificación financiera implica evaluar las opciones disponibles y tomar decisiones informadas sobre la asignación de recursos.

Toma de decisiones informadas: Al comprender conceptos económicos, como la relación entre el riesgo y la recompensa, las tasas de interés y la inflación, las personas pueden tomar decisiones financieras más informadas. Esto les permite evaluar el impacto a largo plazo de sus decisiones y minimizar los riesgos financieros.

Gestión del endeudamiento: La economía también juega un papel importante en la gestión de la deuda. Comprender conceptos como las tasas de interés y los plazos de los préstamos ayuda a las personas a tomar decisiones sobre la deuda de manera más inteligente y evitar la acumulación excesiva de deudas.

La economía proporciona a las personas las herramientas y el conocimiento necesarios para tomar decisiones financieras informadas. Al comprender conceptos económicos, las personas pueden gestionar su dinero de manera más efectiva, planificar para el futuro y lograr sus metas financieras a corto y largo plazo. Esto contribuye a un mayor bienestar financiero y a una toma de decisiones más inteligente en la vida cotidiana.

Política gubernamental: Los gobiernos utilizan la economía para desarrollar políticas económicas que influyen en la vida de los ciudadanos. Esto incluye la regulación de los mercados, la gestión de impuestos y el control de la inflación.

. Los gobiernos utilizan diversas herramientas y políticas económicas para influir en el comportamiento de la economía y lograr objetivos específicos. Aquí hay una explicación más detallada de cómo la política gubernamental influye en la economía y en la vida de las personas:

Regulación de los mercados: El gobierno regula los mercados para promover la competencia, proteger a los consumidores y garantizar un juego limpio. Esto incluye la regulación de monopolios, la aplicación de estándares de calidad y seguridad en los productos y servicios, y la supervisión de prácticas comerciales justas.

Gestión de impuestos: El gobierno recauda impuestos para financiar sus operaciones y programas. La política fiscal implica decisiones sobre las tasas de impuestos, exenciones fiscales y cómo se gasta el dinero recaudado. Los impuestos pueden utilizarse para redistribuir la riqueza, estimular la inversión o influir en el comportamiento económico.

Control de la inflación: El gobierno busca mantener la estabilidad de precios y controlar la inflación a través de políticas monetarias y fiscales. Esto incluye el control de la cantidad de dinero en circulación, la gestión de las tasas de interés y la implementación de políticas que afectan la demanda agregada.

Política de empleo: Los gobiernos a menudo buscan influir en las tasas de empleo a través de políticas de empleo y capacitación, así como de programas de asistencia social. Esto puede incluir la promoción de la creación de empleo en ciertas industrias o regiones.

Política de comercio internacional: Los gobiernos negocian acuerdos comerciales, imponen aranceles y regulan las importaciones y exportaciones para promover los intereses económicos de su país. Estas políticas afectan a las empresas y los consumidores a nivel nacional e internacional.

Política de bienestar social: Los programas de bienestar social, como la asistencia sanitaria, la vivienda y la educación, son parte de la política gubernamental para mejorar la calidad de vida de los ciudadanos y reducir la pobreza.

Estabilidad financiera: Los gobiernos también trabajan para garantizar la estabilidad financiera a través de regulaciones financieras y la supervisión de instituciones financieras para prevenir crisis económicas y proteger a los inversores y depositantes.

Desarrollo económico: Los gobiernos a menudo promueven el desarrollo económico a través de la inversión en infraestructura, la promoción de la inversión extranjera y la implementación de políticas industriales que fomenten el crecimiento de ciertas industrias.

La política gubernamental puede tener un impacto significativo en la economía y en la vida de las personas. Las decisiones y políticas del gobierno influyen en áreas que van desde los ingresos y los impuestos hasta la estabilidad económica y la calidad de vida. Por lo tanto, la política económica es un campo importante y una herramienta fundamental para los gobiernos a la hora de abordar los desafíos económicos y sociales.

Negocios y emprendimiento: Las empresas y emprendedores aplican principios económicos en la toma de decisiones empresariales, como la fijación de precios, la inversión y la expansión. Comprender la economía es esencial para el éxito en el mundo de los negocios.

La aplicación de principios económicos en los negocios y el emprendimiento es esencial para el éxito en el mundo empresarial. Los empresarios y las empresas utilizan la economía como una guía para tomar decisiones informadas que les ayuden a maximizar la eficiencia y la rentabilidad. Aquí hay una explicación más detallada de cómo la economía influye en los negocios y el emprendimiento:

Fijación de precios: La economía proporciona el marco para entender cómo se deben establecer los precios de los productos y servicios. Los principios de oferta y demanda son fundamentales para determinar el precio óptimo que los consumidores están dispuestos a pagar y que permite a las empresas maximizar sus ingresos.

Toma de decisiones de inversión: Los empresarios y las empresas utilizan la economía para evaluar las oportunidades de inversión. Comprenden conceptos como el retorno de la inversión (ROI), el costo de capital y el análisis de riesgo para determinar qué proyectos o activos son más atractivos en términos de rentabilidad.

Planificación estratégica: La economía también desempeña un papel importante en la planificación estratégica de las empresas. Comprender las condiciones económicas y las tendencias del mercado permite a las empresas tomar decisiones estratégicas sobre expansión, diversificación de productos y entrada en nuevos mercados.

Gestión de costos: La economía se utiliza para gestionar y reducir los costos de producción. Las empresas buscan formas de mejorar la eficiencia y reducir los costos de mano de obra, materias primas y otros insumos para mantener márgenes de beneficio saludables.

Estrategia de precios y competencia: Las empresas deben comprender la dinámica de la competencia en el mercado y cómo competir de manera efectiva. La economía les proporciona las herramientas para desarrollar estrategias de precios, marketing y diferenciación que les permitan destacar en un mercado competitivo.

Gestión del riesgo: La economía también es fundamental para la gestión del riesgo empresarial. Las empresas deben anticipar y gestionar riesgos económicos, como las fluctuaciones de los tipos de cambio, las tasas de interés y la demanda del mercado.

Evaluación de la rentabilidad: Las empresas utilizan análisis económicos y financieros para evaluar la rentabilidad de sus operaciones y proyectos. Esto incluye el uso de métricas como el punto de equilibrio, los márgenes de beneficio y los flujos de efectivo proyectados.

Comprender la demanda del consumidor: La economía ayuda a las empresas a entender las preferencias de los consumidores, sus patrones de compra y cómo responden a los cambios en los precios y las condiciones económicas. Esto es fundamental para el desarrollo de productos y estrategias de marketing efectivas.

La economía es una herramienta esencial para la toma de decisiones empresariales y el emprendimiento. Comprender y aplicar principios económicos permite a las empresas operar de manera más eficiente, competir en el mercado y alcanzar el éxito a largo plazo. La capacidad de adaptarse a las condiciones económicas y tomar decisiones basadas en datos es un factor crítico para el crecimiento y la sostenibilidad de los negocios.

Comprender la interconexión global: La economía ayuda a comprender cómo las naciones están interconectadas a través del comercio internacional y las finanzas. Esto es crucial en un mundo globalizado.

La comprensión de la interconexión global es un aspecto esencial de la economía en un mundo cada vez más globalizado. La economía proporciona las herramientas y el marco conceptual necesarios para entender cómo las naciones están interconectadas a través del comercio internacional, las finanzas y otros aspectos económicos.

Comercio internacional: La economía explica cómo el comercio internacional beneficia a las naciones al permitirles especializarse en la producción de bienes y servicios en los que tienen ventajas comparativas. Comprender los conceptos económicos detrás del comercio, como las ventajas comparativas y la teoría de la ventaja absoluta, ayuda a los países a tomar decisiones informadas sobre sus políticas comerciales y acuerdos comerciales internacionales.

Globalización: La economía es fundamental para comprender la globalización, que implica la interconexión de economías, culturas y sociedades de todo el mundo. Esto incluye el flujo de bienes, servicios, capitales y personas a través de las fronteras nacionales. La economía global influye en cuestiones como los empleos, los mercados financieros y la competencia internacional.

Flujo de capitales: La economía explica cómo los flujos de capitales internacionales, como la inversión extranjera directa y los movimientos de divisas, afectan a las economías nacionales y a los mercados financieros. Los gobiernos y las empresas deben comprender estas dinámicas para tomar decisiones sobre inversión, financiamiento y gestión de riesgos.

Crisis financieras globales: La economía proporciona una base para comprender las crisis financieras globales y cómo se propagan a nivel internacional. Estos eventos pueden tener un impacto significativo en las economías de todo el mundo y requieren una cooperación internacional para su resolución.

Interdependencia económica: La economía también destaca la interdependencia económica entre las naciones. Los eventos económicos en una parte del mundo pueden tener efectos de cadena en otras regiones. Esto resalta la importancia de la cooperación económica y la coordinación de políticas a nivel internacional.

Diversificación de riesgos: La comprensión de la interconexión global es crucial para la gestión de riesgos. Las empresas y los inversores pueden diversificar sus carteras y operaciones para reducir la exposición a riesgos económicos específicos en un país o región.

Crisis humanitarias y sociales: La economía también ayuda a comprender cómo los problemas económicos y las crisis en un país pueden tener un impacto en la estabilidad política, la migración y las crisis humanitarias en otras partes del mundo.

En un mundo cada vez más interconectado, la economía proporciona una base sólida para comprender cómo las acciones y los eventos en un país pueden tener repercusiones en otros lugares. Esta comprensión es crucial para los gobiernos, las empresas y las organizaciones internacionales, ya que les permite tomar decisiones informadas y desarrollar estrategias para abordar los desafíos y aprovechar las oportunidades en el contexto de la economía global.

Estabilidad y crecimiento económico: La economía es esencial para el estudio de los ciclos económicos, como las recesiones y las expansiones, y para el diseño de políticas que fomenten el crecimiento económico sostenible.

La economía desempeña un papel crucial en el estudio y la gestión de la estabilidad y el crecimiento económico. Entender los ciclos económicos, como las recesiones y las expansiones, y diseñar políticas que fomenten el crecimiento económico sostenible son aspectos fundamentales de la disciplina económica. Aquí tienes una explicación más detallada de estos conceptos:

Ciclos económicos: La economía se centra en el estudio de los ciclos económicos, que son las fluctuaciones recurrentes en la actividad económica de una economía. Los ciclos económicos suelen incluir periodos de expansión (crecimiento económico) y periodos de recesión (contracción económica). Comprender estos ciclos es esencial para anticipar y mitigar los efectos adversos de las recesiones y aprovechar las oportunidades de crecimiento durante las expansiones.

Política monetaria y fiscal: Los gobiernos y los bancos centrales utilizan políticas económicas, como la política monetaria y fiscal, para influir en la dirección de la economía y promover la estabilidad y el crecimiento. La política monetaria implica la gestión de la cantidad de dinero en circulación y las tasas de interés, mientras que la política fiscal involucra la regulación de los ingresos y gastos gubernamentales. Estas políticas se utilizan para estimular o enfriar la economía según sea necesario.

Creación de empleo: La economía también se enfoca en la creación de empleo y el desempleo. Comprender las dinámicas del mercado laboral es fundamental para diseñar políticas que fomenten el empleo y reduzcan el desempleo, lo que es esencial para el bienestar económico y social.

Crecimiento económico sostenible: La economía busca promover el crecimiento económico sostenible, que es un aumento constante en la producción de bienes y servicios en una economía a lo largo del tiempo. Esto se logra mediante la inversión en capital humano, tecnología y mejoras en la productividad. El crecimiento sostenible es crucial para mejorar la calidad de vida y reducir la pobreza.

Inflación y deflación: La economía también se ocupa de la inflación (el aumento generalizado de los precios) y la deflación (la disminución generalizada de los precios). Estos fenómenos pueden afectar la capacidad de compra de los consumidores y la estabilidad económica, y se gestionan mediante políticas económicas.

Política industrial y tecnológica: Los gobiernos a menudo utilizan políticas industriales y tecnológicas para promover el crecimiento económico. Esto incluye incentivos para la innovación, la inversión en investigación y desarrollo, y el apoyo a sectores estratégicos de la economía.

Comercio internacional: El comercio internacional es un motor importante del crecimiento económico. La economía se ocupa de las teorías del comercio internacional y cómo las naciones pueden beneficiarse de la apertura a los mercados globales.

Estabilidad financiera: La estabilidad financiera es crucial para el crecimiento económico. La economía se enfoca en la regulación y supervisión del sistema financiero para evitar crisis financieras y garantizar un entorno propicio para la inversión y el crédito.

La economía es esencial para el estudio y la gestión de la estabilidad y el crecimiento económico. Comprender los ciclos económicos, aplicar políticas económicas efectivas y promover un crecimiento sostenible son elementos cruciales para la prosperidad económica y el bienestar de la sociedad en su conjunto.

Reducción de la pobreza y desigualdad: La economía proporciona herramientas para abordar cuestiones de desigualdad de ingresos y pobreza, lo que es fundamental para mejorar la calidad de vida de las personas.

Distribución de ingresos: La economía analiza la distribución de ingresos en una sociedad, lo que significa cómo se reparten los ingresos entre los individuos y los grupos. Esta distribución puede ser desigual, y la economía ayuda a identificar y medir la desigualdad de ingresos mediante indicadores como el coeficiente de Gini. Comprender la magnitud y las causas de la desigualdad es esencial para abordar este problema.

Política fiscal y transferencias sociales: La economía ofrece una visión de cómo se pueden utilizar las políticas fiscales y las transferencias sociales para reducir la desigualdad y la pobreza. Esto incluye la implementación de impuestos progresivos que gravan más a los ingresos más altos y la provisión de asistencia financiera a los más necesitados a través de programas de bienestar social.

Empleo y salarios: La economía se centra en la creación de empleo y en la determinación de los salarios. Comprender las dinámicas del mercado laboral es esencial para abordar la pobreza, ya que el empleo y los ingresos laborales son fuentes clave de ingresos para la mayoría de las personas.

Educación y formación: La economía también considera cómo la inversión en educación y capacitación puede mejorar las oportunidades de empleo y los ingresos de las personas. La educación es un factor importante para reducir la pobreza y la desigualdad a largo plazo.

Acceso a servicios básicos: La economía aborda la cuestión del acceso a servicios básicos, como atención médica, vivienda y servicios públicos. Estos servicios desempeñan un papel importante en el bienestar de las personas y en su capacidad para escapar de la pobreza.

Desarrollo económico sostenible: La economía busca promover un crecimiento económico sostenible que beneficie a toda la sociedad, en lugar de a un grupo pequeño de personas. Esto incluye políticas que fomenten la inversión en sectores que generen empleo y oportunidades.

Emprendimiento y desarrollo local: La economía considera cómo el emprendimiento y el desarrollo de pequeñas y medianas empresas pueden impulsar el crecimiento económico local y crear empleos, lo que a su vez puede reducir la pobreza y la desigualdad.

Reducción de la brecha de habilidades: La economía también puede ayudar a identificar las brechas de habilidades que pueden contribuir a la desigualdad de ingresos. Esto puede llevar a políticas de formación y capacitación para cerrar esas brechas y mejorar las perspectivas económicas.

La economía proporciona herramientas y enfoques para abordar cuestiones de desigualdad de ingresos y pobreza. Comprender cómo se distribuyen los ingresos, cómo se pueden aplicar políticas fiscales y sociales efectivas, y cómo se pueden crear oportunidades de empleo y educación son aspectos clave para mejorar la calidad de vida de las personas y promover una sociedad más equitativa. La economía juega un papel crucial en el desarrollo de estrategias y políticas orientadas a la reducción de la pobreza y la desigualdad.

Medición y análisis: La economía ofrece métodos para medir y analizar la actividad económica, lo que permite evaluar el rendimiento económico y tomar decisiones basadas en datos.

La medición y el análisis son aspectos fundamentales de la economía, ya que proporcionan los medios para evaluar el rendimiento económico, tomar decisiones informadas y entender el funcionamiento de una economía. Aquí hay una explicación más detallada de la importancia de la medición y el análisis en la economía:

Medición del producto interno bruto (PIB): El PIB es una medida clave del rendimiento económico de un país. Mide el valor de todos los bienes y servicios producidos en una economía en un período de tiempo determinado. El análisis del PIB permite evaluar si una economía está creciendo, estancada o en recesión.

Medición de la inflación: La inflación, o el aumento generalizado de los precios, afecta el poder adquisitivo de las personas y la estabilidad económica. Los indicadores de inflación, como el índice de precios al consumidor (IPC), se utilizan para medir la tasa de inflación y tomar decisiones sobre políticas monetarias y fiscales.

Medición del desempleo: La tasa de desempleo es un indicador clave de la salud del mercado laboral. El análisis de la tasa de desempleo ayuda a evaluar la disponibilidad de empleo y la dinámica del mercado laboral.

Análisis de los ciclos económicos: La economía utiliza métodos para analizar los ciclos económicos, que incluyen períodos de crecimiento, recesión y recuperación. Este análisis permite a los gobiernos y las empresas anticipar y responder a los cambios económicos.

Estadísticas de comercio internacional: El análisis del comercio internacional implica la medición de las importaciones y exportaciones de un país, así como la balanza comercial. Esto ayuda a evaluar la salud de la economía global, identificar oportunidades de comercio y abordar desequilibrios comerciales.

Análisis sectorial: La economía analiza diferentes sectores económicos, como la agricultura, la industria y los servicios, para evaluar su contribución al PIB y al empleo, y para identificar tendencias y oportunidades de crecimiento.

Análisis de políticas económicas: La medición y el análisis se utilizan para evaluar el impacto de las políticas económicas, como la política fiscal y la política monetaria. Esto ayuda a los responsables de la formulación de políticas a tomar decisiones informadas.

Predicción económica: El análisis de datos económicos se utiliza para realizar predicciones sobre el futuro de la economía, como el crecimiento esperado, la inflación y el desempleo. Esto es fundamental para la planificación y la toma de decisiones empresariales.

Medición de la calidad de vida: La economía también se enfoca en medir la calidad de vida, que va más allá del PIB e incluye indicadores como el índice de desarrollo humano (IDH) que consideran la salud, la educación y otros aspectos del bienestar humano.

Evaluación de políticas sociales: El análisis económico se utiliza para evaluar el impacto de las políticas sociales, como las relacionadas con la educación, la atención médica y la vivienda, en el bienestar de la sociedad.

La economía ofrece métodos y herramientas para medir y analizar la actividad económica, lo que es esencial para evaluar el rendimiento económico, tomar decisiones basadas en datos y comprender mejor el funcionamiento de una economía. El análisis económico es una parte esencial de la toma de decisiones en los gobiernos, las empresas y la sociedad en su conjunto.

La economía es importante porque nos ayuda a comprender cómo funcionan las sociedades, cómo se toman decisiones financieras personales, cómo se diseñan políticas gubernamentales y cómo se gestionan los negocios en un mundo de recursos limitados. Con una comprensión sólida de los principios económicos, las personas y las naciones pueden tomar decisiones más informadas y trabajar hacia un futuro económico más próspero.

2.Los principios básicos de la oferta y la demanda

Los principios básicos de la oferta y la demanda son fundamentales en la economía y explican cómo se determinan los precios y las cantidades de bienes y servicios en un mercado. Aquí tienes una explicación de los conceptos clave:

Demanda: La demanda se refiere a la cantidad de un bien o servicio que los consumidores están dispuestos y pueden comprar a diferentes precios en un mercado específico. La ley de la demanda establece que, manteniendo todo lo demás constante, la cantidad demandada de un bien disminuye a medida que su precio aumenta, y viceversa. Esto significa que hay una relación inversa entre el precio y la cantidad demandada.

la demanda es uno de los conceptos fundamentales de la economía y se refiere a la cantidad de un bien o servicio que los consumidores están dispuestos y pueden comprar a diferentes precios en un mercado específico. La ley de la demanda establece una relación inversa entre el precio de un bien y la cantidad que los consumidores están dispuestos a comprar. Aquí hay una explicación más detallada de estos puntos clave:

Cantidad demandada y precio: Cuando el precio de un bien es alto, la cantidad demandada tiende a ser baja, y cuando el precio es bajo, la cantidad demandada tiende a ser alta. Esto refleja el principio de la ley de la demanda.

Efecto sustitución: La relación inversa entre el precio y la cantidad demandada se basa en el concepto de efecto sustitución. Cuando el precio de un bien aumenta, los consumidores pueden considerar que es más costoso y buscar alternativas más baratas. Por lo tanto, compran menos del bien que ha experimentado un aumento de precio.

Efecto ingreso: Además del efecto sustitución, la ley de la demanda también tiene en cuenta el efecto ingreso. Cuando el precio de un bien disminuye, los consumidores pueden sentir que tienen un mayor poder adquisitivo, lo que les permite comprar más de ese bien o gastar más en otros bienes y servicios.

Ceteris paribus: La ley de la demanda se formula bajo la suposición de "ceteris paribus", que significa "manteniendo todo lo demás constante". Esto implica que la cantidad demandada cambia en respuesta a un cambio en el precio, siempre y cuando otros factores, como los ingresos, los gustos y las preferencias de los consumidores, se mantengan constantes.

Curva de demanda: La relación entre el precio y la cantidad demandada se ilustra en una curva de demanda. Esta curva suele ser descendente, lo que significa que, a medida que el precio disminuye, la cantidad demandada aumenta, y viceversa.

La ley de la demanda es un concepto esencial en la economía y tiene aplicaciones significativas en la toma de decisiones empresariales, la formulación de políticas gubernamentales y la comprensión de cómo los consumidores responden a cambios en los precios de los bienes y servicios.

Oferta: La oferta se refiere a la cantidad de un bien o servicio que los productores están dispuestos y pueden vender a diferentes precios en un mercado específico. La ley de la oferta establece que, manteniendo todo lo demás constante, la cantidad ofrecida de un bien aumenta a medida que su precio aumenta, y viceversa. Esto significa que hay una relación directa entre el precio y la cantidad ofrecida.

La oferta es otro concepto fundamental en economía y se refiere a la cantidad de un bien o servicio que los productores están dispuestos y pueden vender a diferentes precios en un mercado específico. La ley de la oferta establece una relación directa entre el precio de un bien y la cantidad que los productores están dispuestos a ofrecer en el mercado.

Cantidad ofrecida y precio: La ley de la oferta establece que, manteniendo todo lo demás constante, la cantidad ofrecida de un bien o servicio tiende a aumentar a medida que su precio aumenta. En otras palabras, los productores están dispuestos a ofrecer más de un bien cuando pueden obtener un precio más alto por él, y ofrecen menos cuando el precio es más bajo.

Elasticidad de la oferta: La relación entre el precio y la cantidad ofrecida puede variar según la elasticidad de la oferta. Si la oferta es elástica, significa que los productores pueden aumentar la cantidad ofrecida de manera significativa en respuesta a un aumento de precio. Si la oferta es inelástica, los productores tienen dificultades para aumentar la cantidad ofrecida incluso cuando el precio aumenta.

Costos de producción: Los costos de producción desempeñan un papel importante en la relación entre el precio y la cantidad ofrecida. Los productores consideran sus costos, como los de materias primas, mano de obra y capital, al decidir cuánto producir y ofrecer al mercado. Si los precios son lo suficientemente altos para cubrir los costos y generar beneficios, es probable que los productores ofrezcan más en el mercado.

Curva de oferta: La relación entre el precio y la cantidad ofrecida se ilustra en una curva de oferta. En una curva de oferta típica, la cantidad ofrecida aumenta a medida que el precio aumenta, lo que refleja la ley de la oferta.

Cambios en la oferta: La cantidad ofrecida puede cambiar debido a factores como los costos de producción, la tecnología, la disponibilidad de recursos, la competencia y las políticas gubernamentales. Un aumento en la oferta desplaza la curva de oferta hacia la derecha, lo que resulta en un aumento en el precio y una mayor cantidad ofrecida. Una disminución en la oferta desplaza la curva de oferta hacia la izquierda, lo que resulta en una disminución en el precio y una menor cantidad ofrecida.

La ley de la oferta es un concepto esencial en la economía y tiene aplicaciones significativas en la toma de decisiones empresariales, la formulación de políticas gubernamentales y la comprensión de cómo los productores responden a los cambios en los precios de los bienes y servicios.

Equilibrio: El equilibrio de mercado ocurre cuando la cantidad demandada es igual a la cantidad ofrecida a un precio específico. En este punto, no hay exceso de demanda ni de oferta. El precio al que se alcanza este equilibrio se llama precio de equilibrio, y la cantidad intercambiada a este precio se llama cantidad de equilibrio.

El equilibrio de mercado es un concepto fundamental en economía y se produce cuando la cantidad demandada es igual a la cantidad ofrecida a un precio específico. En este punto, no hay ni exceso de demanda ni de oferta.

Precio de equilibrio: El precio de equilibrio es aquel al que se igualan la cantidad demandada y la cantidad ofrecida en el mercado. En otras palabras, es el precio al que los compradores están dispuestos a comprar exactamente la misma cantidad de un bien o servicio que los vendedores están dispuestos a ofrecer. Este precio es donde se encuentra el punto de intersección de las curvas de oferta y demanda.

Cantidad de equilibrio: La cantidad de equilibrio es la cantidad de un bien o servicio que se compra y se vende en el mercado al precio de equilibrio. En este punto, no hay un exceso de bienes sin vender ni compradores que no puedan encontrar lo que desean.

Exceso de demanda: Un exceso de demanda ocurre cuando la cantidad demandada a un precio dado es mayor que la cantidad ofrecida. Esto significa que los compradores están buscando comprar más de lo que los vendedores están dispuestos a vender a ese precio. Como resultado, el precio tiende a aumentar para alcanzar el equilibrio.

Exceso de oferta: Un exceso de oferta ocurre cuando la cantidad ofrecida a un precio dado es mayor que la cantidad demandada. En este caso, los vendedores están ofreciendo más de lo que los compradores están dispuestos a comprar a ese precio. Como resultado, el precio tiende a disminuir para alcanzar el equilibrio.

Ajuste del mercado: En un mercado competitivo, los precios tienden a ajustarse para alcanzar el equilibrio. Si hay un exceso de demanda, el precio tiende a aumentar, lo que reduce la demanda y alienta a los vendedores a ofrecer más, lo que eventualmente equilibra el mercado. Si hay un exceso de oferta, el precio tiende a disminuir, lo que reduce la oferta y atrae a más compradores, lo que también conduce al equilibrio del mercado.

El equilibrio de mercado es un concepto esencial para comprender cómo se determinan los precios y las cantidades en una economía de mercado. Las fluctuaciones de precios y cantidades se producen a medida que la oferta y la demanda cambian en respuesta a factores económicos y condiciones del mercado. Los precios de equilibrio y las cantidades de equilibrio son puntos clave en estos procesos de ajuste.

Cambios en la demanda: La demanda puede cambiar debido a varios factores, como cambios en los ingresos de los consumidores, gustos y preferencias, el precio de bienes relacionados (sustitutos o complementos) y factores demográficos. Un aumento en la demanda desplaza la curva de demanda hacia la derecha, lo que resulta en un aumento en el precio y la cantidad de equilibrio. Una disminución en la demanda desplaza la curva de demanda hacia la izquierda, lo que resulta en una disminución en el precio y la cantidad de equilibrio.

La demanda de un bien o servicio puede cambiar debido a diversos factores. Estos cambios en la demanda pueden afectar la cantidad que los consumidores están dispuestos a comprar a diferentes precios.

Cambios en los ingresos: Los cambios en los ingresos de los consumidores tienen un impacto significativo en la demanda de ciertos bienes y servicios. En general, cuando los ingresos aumentan, la demanda de bienes normales tiende a aumentar, ya que los consumidores pueden permitirse comprar más. Por el contrario, la demanda de bienes inferiores puede disminuir a medida que los ingresos aumentan.

Cambios en los gustos y preferencias: Los cambios en los gustos y preferencias de los consumidores pueden influir en la demanda de un bien o servicio. Si un producto se vuelve más popular debido a una tendencia o una campaña de marketing efectiva, su demanda puede aumentar. Por otro lado, si un bien cae en desgracia o se considera menos deseable, su demanda puede disminuir.

Precio de bienes relacionados: Los bienes relacionados pueden ser sustitutos o complementos.

Sustitutos: Cuando el precio de un bien aumenta, la demanda de bienes sustitutos puede aumentar. Por ejemplo, si el precio de la mantequilla aumenta, es probable que la demanda de margarina (un sustituto) aumente.

Complementos: Cuando el precio de un bien aumenta, la demanda de bienes complementarios puede disminuir. Por ejemplo, si el precio de los automóviles aumenta, es probable que la demanda de gasolina (un complemento) disminuya.

Factores demográficos: Los cambios en la población y la demografía pueden influir en la demanda de ciertos bienes y servicios. Por ejemplo, el envejecimiento de la población puede aumentar la demanda de servicios de atención médica y productos relacionados con la salud.

Cambios en las expectativas: Las expectativas sobre futuros cambios en el precio o la disponibilidad de un bien pueden influir en la demanda actual. Por ejemplo, si se espera que el precio de la gasolina aumente en el futuro, es posible que los consumidores compren más gasolina en el presente.

Cambios en las restricciones legales y regulaciones: Cambios en las leyes y regulaciones gubernamentales también pueden afectar la demanda de ciertos bienes. Por ejemplo, las restricciones a la publicidad de ciertos productos pueden reducir la demanda de esos productos.

Eventos inesperados: Eventos inesperados, como desastres naturales, pandemias o crisis económicas, pueden tener un impacto inmediato en la demanda de bienes y servicios. Por ejemplo, una pandemia puede aumentar la demanda de equipos de protección personal y productos relacionados con la salud.

La comprensión de estos factores y cómo afectan a la demanda es esencial para las empresas, los responsables de la formulación de políticas y los consumidores, ya que permite anticipar cambios en los patrones de compra y tomar decisiones informadas en respuesta a las condiciones cambiantes del mercado.

Cambios en la oferta: La oferta puede cambiar debido a factores como los costos de producción, la tecnología, la disponibilidad de recursos y las políticas gubernamentales. Un aumento en la oferta desplaza la curva de oferta hacia la derecha, lo que resulta en una disminución en el precio y un aumento en la cantidad de equilibrio. Una disminución en la oferta desplaza la curva de oferta hacia la izquierda, lo que resulta en un aumento en el precio y una disminución en la cantidad de equilibrio.

la oferta de un bien o servicio puede cambiar debido a varios factores, y estos cambios pueden influir en la cantidad que los productores están dispuestos a ofrecer en el mercado a diferentes precios. Aquí se describen los factores clave que pueden afectar los cambios en la oferta:

Costos de producción: Los costos de producción son un factor crucial que influye en la oferta. Si los costos de producción aumentan, los productores pueden estar menos dispuestos a ofrecer una cierta cantidad de un bien al mercado a un precio dado. Esto puede deberse a aumentos en los costos de materias primas, salarios, energía u otros insumos. Por lo tanto, los incrementos en los costos de producción tienden a disminuir la oferta.

Tecnología: Los avances tecnológicos pueden aumentar la eficiencia de la producción, lo que a menudo lleva a un aumento en la oferta. Una tecnología más avanzada puede reducir los costos de producción y permitir a los productores ofrecer más bienes o servicios al mercado a precios competitivos.

Disponibilidad de recursos: La disponibilidad de recursos naturales, como tierra, agua y energía, puede influir en la oferta de ciertos bienes. Escasez de recursos o restricciones en su acceso pueden limitar la cantidad de un bien que se puede producir y ofrecer en el mercado.

Políticas gubernamentales: Las políticas gubernamentales, como impuestos, regulaciones y subsidios, pueden tener un impacto significativo en la oferta. Por ejemplo, un subsidio gubernamental a la producción agrícola puede aumentar la oferta de ciertos productos, mientras que una regulación ambiental estricta puede aumentar los costos de producción y disminuir la oferta.

Cambios en el precio de insumos: La variación en los precios de los insumos utilizados en la producción puede afectar la oferta. Por ejemplo, si el precio de la gasolina aumenta, los costos de transporte aumentan, lo que podría disminuir la oferta de productos transportados por carretera.

Expectativas de los productores: Las expectativas de los productores sobre futuros cambios en el precio o la demanda pueden influir en la oferta actual. Por ejemplo, si los productores anticipan un aumento en la demanda de un bien en el futuro, podrían aumentar la oferta actual en previsión de mayores ventas.

Eventos inesperados: Eventos imprevistos, como desastres naturales, huelgas laborales o interrupciones en la cadena de suministro, pueden tener un impacto inmediato en la oferta de bienes y servicios. Por ejemplo, un huracán que dañe campos agrícolas puede reducir la oferta de productos agrícolas.

Cambios en la cantidad de productores: La entrada o salida de empresas en un mercado puede afectar la oferta total. La entrada de nuevos competidores puede aumentar la oferta, mientras que la salida de empresas del mercado puede disminuirla.

La comprensión de estos factores y cómo afectan a la oferta es esencial tanto para los productores como para los consumidores, ya que permite anticipar cambios en la cantidad de bienes y servicios disponibles en el mercado y tomar decisiones informadas en respuesta a las condiciones cambiantes de la oferta.

Excedente y escasez: Cuando el precio de mercado es superior al precio de equilibrio, se crea un excedente, ya que la cantidad ofrecida es mayor que la cantidad demandada. Por otro lado, cuando el precio de mercado es inferior al precio de equilibrio, se produce una escasez, ya que la cantidad demandada es mayor que la cantidad ofrecida.

El excedente y la escasez son conceptos importantes en economía y se relacionan con la diferencia entre la cantidad ofrecida y la cantidad demandada en un mercado en un momento dado.

Excedente: Un excedente se produce cuando el precio de mercado es superior al precio de equilibrio. En esta situación, la cantidad ofrecida de un bien es mayor que la cantidad demandada a ese precio. Los vendedores están dispuestos a ofrecer más del bien de lo que los compradores desean comprar a ese precio. Como resultado, el excedente representa una cantidad de bienes que no se han vendido y que permanecen en el mercado. Este exceso de oferta suele ejercer presión a la baja sobre los precios, ya que los vendedores compiten entre sí para atraer a los compradores.

Escasez: Una escasez ocurre cuando el precio de mercado es inferior al precio de equilibrio. En esta situación, la cantidad demandada de un bien es mayor que la cantidad ofrecida a ese precio. Los compradores desean comprar más del bien de lo que los vendedores están dispuestos a ofrecer a ese precio. Como resultado, se crea una escasez, donde los consumidores compiten entre sí para obtener el bien, lo que generalmente conduce a un aumento de los precios a medida que los vendedores aprovechan la alta demanda.

El equilibrio de mercado se alcanza cuando la cantidad demandada es igual a la cantidad ofrecida al precio de equilibrio. En ese punto, no hay ni exceso de demanda ni de oferta, y el mercado se encuentra en un estado de equilibrio. Sin embargo, los desequilibrios, ya sea en forma de excedente o escasez, son temporales y suelen llevar a ajustes en los precios para restablecer el equilibrio.

Los conceptos de excedente y escasez son fundamentales para entender cómo funcionan los mercados y cómo los precios se ajustan en respuesta a cambios en la oferta y la demanda. Estos desequilibrios pueden proporcionar señales a productores y consumidores sobre cuándo comprar o vender, y cómo ajustar sus decisiones en función de las condiciones del mercado.

Ajuste del mercado: En un mercado competitivo, los precios tienden a ajustarse para equilibrar la oferta y la demanda. Si hay un exceso de oferta, los precios tienden a disminuir, lo que estimula a los compradores y desalienta a los vendedores, lo que finalmente reduce el excedente. Si hay una escasez, los precios tienden a aumentar, lo que atrae a más vendedores y desalienta a los compradores, lo que finalmente reduce la escasez.

El ajuste del mercado es un proceso fundamental en un mercado competitivo que tiende a restablecer el equilibrio entre la oferta y la demanda cuando se producen desequilibrios, como excedentes o escasez.

Exceso de oferta (excedente): Cuando la cantidad ofrecida de un bien es mayor que la cantidad demandada a un precio dado (lo que se conoce como exceso de oferta), los precios tienden a disminuir.

Reducción de precios: Los vendedores se enfrentan a la competencia en un mercado competitivo. Para atraer a más compradores y deshacerse del excedente, tienden a reducir los precios de sus productos.

Estímulo para los compradores: A medida que los precios disminuyen, los consumidores encuentran el bien más atractivo, ya que pueden obtenerlo a un precio más bajo. Como resultado, la cantidad demandada tiende a aumentar.

Reducción del excedente: Con la disminución de los precios y el aumento de la cantidad demandada, el excedente se reduce. Este proceso continúa hasta que la cantidad demandada sea igual a la cantidad ofrecida, lo que se conoce como el precio y la cantidad de equilibrio.

Este proceso de ajuste del mercado se repite hasta que se alcanza el equilibrio, donde la cantidad demandada es igual a la cantidad ofrecida, y no hay ni exceso de oferta ni de demanda en el mercado.

Es importante destacar que el ajuste del mercado no siempre ocurre instantáneamente y puede llevar tiempo en situaciones reales. Además, otros factores, como la elasticidad de la demanda y la oferta, pueden influir en la velocidad y la magnitud del ajuste. Sin embargo, en un mercado competitivo, la competencia entre compradores y vendedores y la presión sobre los precios son los mecanismos clave que permiten que el mercado alcance el equilibrio.

Estos son los principios fundamentales de la oferta y la demanda en economía, y son esenciales para entender cómo se determinan los precios y las cantidades en los mercados y cómo responden a cambios en las condiciones económicas y las preferencias de los consumidores.

3.Cómo funciona el sistema de precios.

El sistema de precios, también conocido como economía de mercado o capitalismo, es un sistema económico en el que los precios de los bienes y servicios son determinados por la interacción de la oferta y la demanda en un mercado competitivo. Aquí se explica cómo funciona el sistema de precios:

Propiedad y libre empresa: En un sistema de precios, las empresas y los individuos tienen propiedad privada y el derecho a tomar decisiones empresariales. Esto significa que las empresas pueden poseer, producir y vender bienes y servicios a su elección, y los individuos pueden comprar y vender propiedad privada y tomar decisiones de consumo y producción.

Propiedad privada: En un sistema de precios, la propiedad privada es un derecho fundamental. Esto significa que los individuos y las empresas tienen la facultad de ser dueños de bienes, activos, tierras y recursos. La propiedad privada otorga a los propietarios el control y la responsabilidad sobre sus activos. Pueden utilizarlos, transferirlos, alquilarlos, heredarlos o venderlos a su elección. La propiedad privada proporciona incentivos para cuidar y mejorar los activos, ya que los propietarios tienen un interés personal en su conservación y rentabilidad.

Libre empresa: La libre empresa implica la libertad de emprender actividades empresariales sin interferencia excesiva del gobierno u otras autoridades. Las empresas tienen el derecho de tomar decisiones empresariales, como qué producir, cómo producir, a quién vender y a qué precio. Este derecho se ejerce en un mercado competitivo, donde las empresas compiten por la atención de los consumidores. La competencia fomenta la innovación, la eficiencia y la mejora de la calidad de los productos y servicios.

Estos dos conceptos se combinan para crear un ambiente económico en el que los individuos y las empresas tienen la libertad de buscar sus propios intereses económicos, tomar decisiones empresariales autónomas y aprovechar las oportunidades de mercado. Esto tiene varios efectos importantes:

Innovación: La competencia y la propiedad privada fomentan la innovación, ya que las empresas buscan maneras de ofrecer productos y servicios de mayor calidad o más eficientes para atraer a los consumidores.

Eficiencia: La búsqueda del beneficio económico motiva a las empresas a producir de manera eficiente y a utilizar los recursos de manera óptima.

Variedad de bienes y servicios: La libre empresa y la propiedad privada conducen a una amplia variedad de bienes y servicios disponibles en el mercado, ya que las empresas pueden diversificarse y especializarse según las preferencias del consumidor.

Adaptabilidad: Este sistema permite una rápida adaptación a cambios en la oferta y la demanda, así como a cambios en la tecnología y las condiciones económicas.

Crecimiento económico: En general, un sistema de precios basado en la propiedad privada y la libre empresa tiende a fomentar el crecimiento económico a largo plazo.

Sin embargo, es importante señalar que los sistemas de precios también pueden dar lugar a desafíos, como la desigualdad de ingresos y la necesidad de regulaciones gubernamentales para abordar fallas del mercado. Por lo tanto, la forma en que se equilibran los derechos de propiedad privada y la intervención gubernamental es un tema importante en la formulación de políticas económicas.

Competencia: La competencia es un componente fundamental del sistema de precios. Los compradores y vendedores compiten entre sí en los mercados para obtener el mejor precio y calidad. La competencia fomenta la eficiencia y la innovación, ya que las empresas buscan ofrecer mejores productos o servicios a precios más bajos para atraer a los consumidores.

Competencia entre compradores y vendedores: En un sistema de precios, tanto los compradores como los vendedores compiten en los mercados. Los compradores compiten entre sí por obtener los bienes y servicios que desean, mientras que los vendedores compiten para atraer a los compradores y vender sus productos. Esta competencia es un motor clave que impulsa el funcionamiento eficiente del sistema.

Eficiencia: La competencia promueve la eficiencia en la producción y distribución de bienes y servicios. Las empresas buscan producir de manera más eficiente para ofrecer precios más bajos y mejorar su posición en el mercado. Esto lleva a la asignación más eficiente de recursos, ya que los recursos se destinan a la producción de bienes y servicios que son más valorados por los consumidores.

Innovación: La competencia también fomenta la innovación. Las empresas buscan constantemente mejorar sus productos y procesos para destacarse en el mercado. Esta búsqueda de la excelencia y la innovación a menudo resulta en mejoras en la calidad de los bienes y servicios y en la introducción de nuevos productos y tecnologías.

Variedad de opciones: La competencia da como resultado una amplia variedad de opciones disponibles para los consumidores. Los compradores pueden elegir entre diferentes marcas, estilos, precios y calidades. Esto les brinda la capacidad de satisfacer sus necesidades y preferencias de manera más precisa.

Precios competitivos: La competencia entre vendedores tiende a mantener los precios competitivos. Cuando varias empresas ofrecen productos similares, la competencia los presiona para ofrecer precios razonables y atractivos para los consumidores. Esto beneficia a los compradores al permitirles acceder a bienes y servicios asequibles.

Acceso a mercados: La competencia permite que nuevas empresas entren en el mercado y compitan con empresas establecidas. Esto es importante, ya que evita el monopolio y fomenta la entrada de nuevas ideas y enfoques en el mercado.

Beneficios para el consumidor: En última instancia, la competencia beneficia a los consumidores al brindarles más opciones, mejores precios y productos de mayor calidad. Los consumidores pueden tomar decisiones informadas y aprovechar las oportunidades para obtener el mejor valor por su dinero.

Sin embargo, es importante destacar que, en algunos casos, la competencia puede llevar a desafíos, como la creación de barreras para la entrada de nuevas empresas, la explotación de los trabajadores o el desprecio por cuestiones medioambientales. Por esta razón, la regulación gubernamental puede desempeñar un papel importante en garantizar que la competencia sea justa y que los mercados funcionen de manera eficiente y equitativa.

Oferta y demanda: Los precios de los bienes y servicios se determinan mediante la interacción de la oferta y la demanda en los mercados.

La oferta representa la cantidad de un bien o servicio que los productores están dispuestos a ofrecer en el mercado a diferentes precios. La cantidad ofrecida generalmente aumenta a medida que el precio aumenta, siguiendo la ley de la oferta.

Relación directa: La relación entre el precio y la cantidad ofrecida es directa, lo que significa que a precios más altos, los productores están dispuestos a ofrecer más de un bien o servicio, y a precios más bajos, están dispuestos a ofrecer menos.

Causas del aumento de la cantidad ofrecida: Cuando el precio de un bien o servicio aumenta, varios factores pueden motivar a los productores a ofrecer más:

Mayor rentabilidad: A precios más altos, los productores pueden obtener márgenes de beneficio más amplios, lo que incentiva la producción adicional.

Ingresos más altos: Los productores pueden aumentar sus ingresos vendiendo más unidades a precios más altos.

Atracción de nuevos productores: Precios más altos pueden atraer a nuevos productores al mercado, lo que aumenta la oferta total.

Curva de oferta: La relación entre el precio y la cantidad ofrecida se representa comúnmente en una curva de oferta. Esta curva muestra cómo la cantidad ofrecida varía a medida que cambia el precio. Por lo general, la curva de oferta es ascendente, lo que significa que se inclina hacia arriba desde la izquierda hacia la derecha en un gráfico.

Cambios en la oferta: La cantidad ofrecida puede cambiar debido a factores distintos al precio, como cambios en los costos de producción, la tecnología, la disponibilidad de recursos y las políticas gubernamentales. Estos factores pueden desplazar la curva de oferta hacia la derecha (aumento de la oferta) o hacia la izquierda (disminución de la oferta) en respuesta a cambios en las condiciones del mercado.

Elasticidad de la oferta: La elasticidad de la oferta mide la sensibilidad de la cantidad ofrecida a cambios en el precio. Si la cantidad ofrecida es muy sensible a los cambios en el precio, se dice que la oferta es elástica. Si la cantidad ofrecida es poco sensible a los cambios en el precio, se considera que la oferta es inelástica.

La oferta es un concepto fundamental en la economía de mercado y juega un papel crucial en la determinación de los precios y la cantidad de bienes y servicios que se producen y consumen. La comprensión de cómo los productores responden a los cambios en el precio es esencial para analizar el comportamiento del mercado y prever cómo afectarán estos cambios a la economía en general.

La demanda representa la cantidad de un bien o servicio que los consumidores están dispuestos a comprar a diferentes precios. La cantidad demandada generalmente disminuye a medida que el precio aumenta, siguiendo la ley de la demanda.

La demanda en economía se refiere a la cantidad de un bien o servicio que los consumidores están dispuestos a comprar a diferentes precios. Uno de los conceptos fundamentales que rige el comportamiento de la demanda es la ley de la demanda, que establece que, manteniendo todo lo demás constante, la cantidad demandada de un bien o servicio disminuye a medida que el precio aumenta.

Relación inversa: La relación entre el precio y la cantidad demandada es inversa, lo que significa que a precios más altos, los consumidores están dispuestos a comprar menos de un bien o servicio, y a precios más bajos, están dispuestos a comprar más.

Causas de la disminución de la cantidad demandada: Cuando el precio de un bien o servicio aumenta, varios factores pueden motivar a los consumidores a comprar menos:

Menor asequibilidad: Precios más altos hacen que el bien sea menos asequible para los consumidores, lo que puede reducir la cantidad que están dispuestos a comprar.

Sustitución por bienes más baratos: Los consumidores pueden optar por comprar bienes sustitutos más baratos si el precio de un bien se vuelve prohibitivo.

Menor poder adquisitivo: Un aumento en los precios puede reducir el poder adquisitivo de los consumidores, lo que afecta negativamente su capacidad para comprar más unidades.

Curva de demanda: La relación entre el precio y la cantidad demandada se representa comúnmente en una curva de demanda. Esta curva muestra cómo la cantidad demandada varía a medida que cambia el precio. Por lo general, la curva de demanda es descendente, lo que significa que se inclina hacia abajo desde la izquierda hacia la derecha en un gráfico.

Cambios en la demanda: La cantidad demandada puede cambiar debido a factores distintos al precio, como cambios en los ingresos de los consumidores, gustos y preferencias, el precio de bienes relacionados (sustitutos o complementos) y factores demográficos. Estos factores pueden desplazar la curva de demanda hacia la derecha (aumento de la demanda) o hacia la izquierda (disminución de la demanda) en respuesta a cambios en las condiciones del mercado.

Elasticidad de la demanda: La elasticidad de la demanda mide la sensibilidad de la cantidad demandada a cambios en el precio. Si la cantidad demandada es muy sensible a los cambios en el precio, se dice que la demanda es elástica. Si la cantidad demandada es poco sensible a los cambios en el precio, se considera que la demanda es inelástica.

La demanda es un concepto clave en la economía y desempeña un papel fundamental en la determinación de los precios y la cantidad de bienes y servicios que se producen y consumen en un mercado. La comprensión de cómo los consumidores responden a los cambios en el precio es esencial para analizar el comportamiento del mercado y prever cómo afectarán estos cambios a la economía en general.

Equilibrio de mercado: Cuando la cantidad demandada es igual a la cantidad ofrecida, se alcanza un equilibrio de mercado. En este punto, el precio y la cantidad de equilibrio se establecen, y no hay ni exceso de oferta ni de demanda. El precio de equilibrio se ajusta para que coincida con la cantidad que los compradores están dispuestos a comprar y la cantidad que los vendedores están dispuestos a ofrecer.

El equilibrio de mercado es un concepto fundamental en economía y es el punto en el que se iguala la cantidad demandada y la cantidad ofrecida de un bien o servicio en un mercado específico.

Cantidad demandada igual a cantidad ofrecida: El equilibrio de mercado se produce cuando la cantidad demandada de un bien o servicio es igual a la cantidad ofrecida a un precio específico. En este punto, no hay ni exceso de oferta ni de demanda. El mercado se autorregula para asegurar que los compradores puedan adquirir la cantidad que desean y los vendedores puedan vender la cantidad que desean.

Precio de equilibrio: El precio al que se alcanza el equilibrio se llama precio de equilibrio. Este precio se establece en función de la interacción de la oferta y la demanda en el mercado. Es el precio al que los compradores están dispuestos a comprar la misma cantidad que los vendedores están dispuestos a ofrecer.

Cantidad de equilibrio: La cantidad intercambiada a este precio se llama cantidad de equilibrio. Es la cantidad de un bien o servicio que se compra y se vende en el mercado cuando se alcanza el equilibrio. Esta cantidad puede variar en función de las condiciones del mercado y la elasticidad de la oferta y la demanda.

Flexibilidad de precios: Los precios en un mercado competitivo son flexibles y pueden ajustarse para mantener el equilibrio. Si hay un exceso de oferta (más cantidad ofrecida que demandada), los precios tienden a disminuir para estimular a los compradores y desalentar a los vendedores, lo que finalmente reduce el excedente. Si hay una escasez (más cantidad demandada que ofrecida), los precios tienden a aumentar, lo que desalienta a los compradores y alienta a los vendedores a ofrecer más.

Cambios en el equilibrio: El equilibrio de mercado puede cambiar en respuesta a cambios en la oferta y la demanda. Por ejemplo, un aumento en la demanda o una disminución en la oferta puede llevar a un nuevo precio y cantidad de equilibrio más altos. Es importante comprender que el equilibrio de mercado es un punto dinámico que puede cambiar con el tiempo a medida que cambian las condiciones del mercado.

El concepto de equilibrio de mercado es fundamental para comprender cómo funcionan los mercados en una economía de mercado y cómo se determinan los precios y las cantidades intercambiadas. También es importante para analizar los efectos de las políticas gubernamentales, los cambios en las preferencias del consumidor y otros factores que pueden influir en el equilibrio de mercado.

Señal de precios: Los precios actúan como señales para los consumidores y productores. Cuando el precio de un bien aumenta, indica escasez y alienta a los productores a ofrecer más y a los consumidores a comprar menos. Cuando el precio disminuye, indica exceso de oferta y alienta a los consumidores a comprar más y a los productores a ofrecer menos.

Las señales de precios desempeñan un papel crucial en un sistema de precios o economía de mercado. Estas señales transmiten información importante tanto a los consumidores como a los productores sobre la oferta y la demanda de bienes y servicios en un mercado específico.

Aumento de precios (escasez): Cuando el precio de un bien o servicio aumenta, se interpreta como una señal de que ese bien o servicio es relativamente escaso en el mercado. Los consumidores tienden a responder comprando menos del bien a precios más altos, ya que se vuelve menos asequible. Por otro lado, esta señal de precios más alta motiva a los productores a ofrecer más de ese bien o servicio, ya que pueden obtener márgenes de beneficio más amplios. Esto contribuye a aumentar la cantidad ofrecida en el mercado.

Disminución de precios (exceso de oferta): Cuando el precio de un bien o servicio disminuye, se interpreta como una señal de que hay un exceso de oferta, es decir, la cantidad demandada es menor que la cantidad ofrecida. Los consumidores tienden a responder comprando más del bien a precios más bajos, ya que es más asequible. Por otro lado, esta señal de precios más baja desalienta a los productores a ofrecer ese bien o servicio en grandes cantidades, ya que los márgenes de beneficio pueden ser más estrechos a precios más bajos. Esto contribuye a reducir la cantidad ofrecida en el mercado.

Equilibrio de mercado: El proceso de ajuste de los precios en respuesta a las señales del mercado tiende a llevar al mercado hacia un equilibrio, donde la cantidad demandada es igual a la cantidad ofrecida. En este punto, no hay ni escasez ni exceso de oferta, y los precios se estabilizan.

Adaptación a cambios en la oferta y la demanda: Las señales de precios también son flexibles y se ajustan a medida que cambian las condiciones del mercado. Si la oferta o la demanda cambian debido a factores como cambios en la tecnología, los costos de producción o las preferencias del consumidor, los precios se ajustan para reflejar estas nuevas condiciones y restablecer el equilibrio.

Las señales de precios son una forma eficaz de coordinar la producción y el consumo en una economía de mercado. Proporcionan información en tiempo real a los productores y consumidores, lo que les permite tomar decisiones informadas sobre cómo asignar sus recursos y gastos. También ayudan a garantizar que los recursos se dirijan hacia la producción de bienes y servicios que son más valorados por los consumidores, lo que contribuye a una asignación más eficiente de recursos.

Asignación eficiente de recursos: El sistema de precios permite una asignación eficiente de recursos, ya que los bienes y servicios se producen y se consumen en función de las preferencias y necesidades de los consumidores. Los recursos se dirigen hacia la producción de bienes y servicios que tienen una demanda más alta, lo que maximiza la utilidad y el bienestar de la sociedad.

Señales de precios: Como mencionaste anteriormente, los precios actúan como señales que informan a los productores y consumidores sobre las condiciones del mercado. Cuando un bien o servicio es escaso y tiene una alta demanda, su precio tiende a aumentar. Esto indica a los productores que existe una oportunidad para obtener ganancias produciendo más de ese bien o servicio. Por otro lado, cuando un bien o servicio tiene una abundante oferta y una demanda baja, su precio tiende a disminuir, lo que señala a los consumidores que es un buen momento para comprar más.

De esta manera, los recursos se asignan naturalmente hacia la producción de lo que la sociedad valora más en ese momento.

Competencia: En un sistema de precios y competencia, las empresas están motivadas para producir de manera eficiente y a bajo costo. Esto es esencial para mantener precios competitivos y maximizar las ganancias. La competencia entre empresas impulsa la innovación y la mejora continua de la calidad de los productos y servicios, lo que beneficia a los consumidores.

Diversidad de bienes y servicios: Un sistema de precios y libre mercado permite una amplia variedad de bienes y servicios, ya que las empresas tienen la libertad de producir una gama diversa de productos. Esto satisface las diferentes necesidades y preferencias de los consumidores y maximiza su bienestar.

Recursos limitados: Dado que los recursos son limitados, su asignación eficiente es esencial para maximizar la utilidad y el bienestar de la sociedad. El sistema de precios asegura que los recursos se utilicen en función de la demanda del consumidor, lo que evita la escasez de bienes esenciales y evita la sobreproducción de bienes con baja demanda.

Flexibilidad y adaptabilidad: El sistema de precios es flexible y se adapta a cambios en las condiciones económicas y las preferencias del consumidor. Si las preferencias de los consumidores cambian, los precios también cambian para reflejar estas preferencias. Esto garantiza que los recursos se reasignen a los sectores que mejor satisfacen las necesidades cambiantes de la sociedad.

La asignación eficiente de recursos es un resultado clave de un sistema de precios y competencia. Permite que los recursos limitados se utilicen de manera óptima para satisfacer las necesidades y preferencias de la sociedad, lo que contribuye al bienestar económico general. La economía de mercado es un sistema dinámico que se ajusta continuamente para lograr esta asignación eficiente de recursos a medida que cambian las condiciones económicas y las preferencias de los consumidores.

Flexibilidad y adaptabilidad: El sistema de precios es flexible y se adapta a cambios en las condiciones económicas, tecnológicas y sociales. Si hay cambios en la oferta o la demanda, los precios se ajustan para reflejar estas condiciones cambiantes y equilibrar el mercado.

La flexibilidad y la adaptabilidad son características fundamentales de un sistema de precios y una economía de mercado.

Ajuste a cambios en la oferta y la demanda: El sistema de precios es capaz de adaptarse a cambios en las condiciones económicas y a las preferencias de los consumidores. Si la oferta de un bien o servicio disminuye (por ejemplo, debido a una escasez de materias primas), los precios tienden a aumentar para reflejar la nueva situación. Esto señala a los consumidores que el bien es más escaso y, por lo tanto, puede llevarlos a comprar menos o buscar alternativas. Al mismo tiempo, los productores tienen un incentivo para aumentar la producción o encontrar fuentes alternativas de suministro. De manera similar, si la demanda de un bien o servicio cambia (por ejemplo, debido a un cambio en las preferencias del consumidor), los precios se ajustarán en consecuencia.

Innovación y avances tecnológicos: La adaptabilidad del sistema de precios también fomenta la innovación y el desarrollo tecnológico. Cuando surgen nuevas tecnologías o métodos de producción más eficientes, las empresas que adoptan estas innovaciones pueden reducir sus costos y, en consecuencia, ofrecer productos a precios más bajos. Esto puede cambiar la dinámica del mercado y crear nuevas oportunidades para los consumidores y las empresas.

Cambio en las preferencias del consumidor: A medida que cambian las preferencias del consumidor, los precios se ajustan para reflejar estas preferencias. Por ejemplo, si hay un aumento en la demanda de alimentos orgánicos y sostenibles, los precios de estos productos pueden aumentar, lo que a su vez motiva a más productores a entrar en ese mercado. Esto muestra cómo el sistema de precios puede adaptarse a las preocupaciones medioambientales y las preferencias del consumidor.

Crisis económicas y choques externos: El sistema de precios también es flexible en respuesta a crisis económicas o eventos inesperados, como una recesión o una pandemia. Los precios pueden caer o aumentar en respuesta a estas condiciones cambiantes. Los cambios en los precios son una señal para los consumidores y productores sobre cómo adaptarse a estas circunstancias.

Incentivos para la eficiencia: La flexibilidad del sistema de precios proporciona incentivos para la eficiencia en la producción y distribución de bienes y servicios. Las empresas que pueden adaptarse rápidamente a las condiciones cambiantes del mercado y operar de manera eficiente tienen una ventaja competitiva.

La flexibilidad y la adaptabilidad del sistema de precios son esenciales para su capacidad de ajustarse a cambios en el entorno económico, tecnológico y social. Estas cualidades permiten que los mercados funcionen de manera eficiente y respondan a las necesidades cambiantes de los consumidores y a los desafíos económicos, lo que contribuye al bienestar económico en general.

Incentivos económicos: Los precios proporcionan incentivos económicos para la producción eficiente y la innovación. Las empresas buscan producir bienes y servicios de alta calidad a precios competitivos para maximizar sus ganancias, y los consumidores buscan obtener el mejor valor por su dinero.

Los incentivos económicos son un componente crucial de un sistema de precios y una economía de mercado.

Incentivos para la producción eficiente: Los precios proporcionan a las empresas un fuerte incentivo para producir bienes y servicios de manera eficiente. Cuando los precios son altos y los márgenes de beneficio son amplios, las empresas tienen un motivo para aumentar su producción y reducir los costos. La eficiencia en la producción se traduce en márgenes de beneficio más grandes y, a menudo, en precios más competitivos para los consumidores.

Innovación: Los precios también actúan como un incentivo para la innovación. Las empresas buscan constantemente formas de mejorar sus productos o desarrollar nuevos productos para destacarse en el mercado. La competencia por atraer a los consumidores y ganar cuota de mercado impulsa a las empresas a invertir en investigación y desarrollo, lo que puede conducir a avances tecnológicos y mejoras en la calidad de los bienes y servicios.

Competencia: La competencia en el mercado es un factor importante que garantiza que las empresas sigan buscando la eficiencia y la innovación. Cuando múltiples empresas compiten entre sí, cada una busca ofrecer productos de alta calidad a precios competitivos para atraer a los consumidores. Esta competencia contribuye a la mejora continua de la calidad de los productos y servicios, lo que beneficia a los consumidores.

Satisfacción del consumidor: Los consumidores buscan obtener el mejor valor por su dinero, lo que significa que buscan productos de alta calidad a precios razonables. Esto crea incentivos para las empresas para satisfacer las necesidades y preferencias de los consumidores y proporcionar un buen servicio al cliente.

Eficiencia en la asignación de recursos: Los incentivos económicos creados por los precios también se relacionan con la eficiencia en la asignación de recursos. Cuando las empresas producen lo que la sociedad valora más y los consumidores compran lo que más necesitan o desean, se logra una asignación eficiente de recursos. Esto es esencial para maximizar el bienestar económico en una economía.

Los incentivos económicos generados por los precios son fundamentales para el funcionamiento eficiente de una economía de mercado. Estos incentivos fomentan la producción eficiente, la innovación, la competencia y la satisfacción del consumidor. También son esenciales para garantizar que los recursos se utilicen de manera óptima y que se satisfagan las necesidades cambiantes de la sociedad.

4.El papel del gobierno en la economía.

El papel del gobierno en la economía varía según el sistema económico y las políticas específicas de un país. En general, el gobierno desempeña varias funciones importantes en la economía, que incluyen:

Regulación y supervisión: El gobierno regula diversos aspectos de la economía para garantizar la competencia justa y la protección del consumidor. Esto puede incluir regulaciones sobre la competencia y antimonopolio, seguridad de productos, protección ambiental y regulaciones financieras para garantizar la estabilidad del sistema financiero.

La regulación y supervisión desempeñan un papel fundamental en la economía al garantizar un funcionamiento justo, seguro y eficiente de los mercados y la protección de los intereses de los consumidores.

Competencia y antimonopolio: Las leyes de competencia y antimonopolio están diseñadas para prevenir prácticas comerciales anticompetitivas que puedan dañar la competencia justa en el mercado. Esto incluye la prohibición de acuerdos de precios entre empresas, la prevención de fusiones que puedan crear monopolios o reducir la competencia, y la sanción de conductas anticompetitivas, como la fijación de precios predatorios. El objetivo es fomentar la competencia, lo que generalmente beneficia a los consumidores al darles más opciones y precios más bajos.

Seguridad de productos: Las regulaciones de seguridad de productos están diseñadas para garantizar que los bienes y servicios en el mercado sean seguros para su uso. Esto incluye regulaciones en la fabricación, etiquetado y comercialización de productos para proteger a los consumidores de productos defectuosos o peligrosos. Las agencias gubernamentales a menudo establecen estándares de seguridad y realizan inspecciones para garantizar el cumplimiento de estas regulaciones.

Protección ambiental: Las regulaciones ambientales tienen como objetivo mitigar los impactos negativos de las actividades humanas en el medio ambiente. Esto incluye regulaciones sobre la emisión de contaminantes, la gestión de residuos, la conservación de recursos naturales y la protección de la biodiversidad. Estas regulaciones buscan equilibrar el desarrollo económico con la protección del entorno natural.

Regulaciones financieras: La regulación financiera es fundamental para la estabilidad del sistema financiero y la protección de los consumidores. Esto incluye la supervisión de instituciones financieras, como bancos y compañías de seguros, para garantizar su solidez y la prevención de prácticas financieras riesgosas. También aborda cuestiones como la prevención del lavado de dinero y la protección del consumidor en transacciones financieras.

Derechos del consumidor: Las regulaciones de protección al consumidor buscan garantizar que los consumidores estén informados y protegidos en sus interacciones con las empresas. Esto puede incluir regulaciones sobre publicidad engañosa, etiquetado de productos, garantías y derechos de devolución.

La regulación y supervisión son esenciales para garantizar que el mercado funcione de manera justa y para abordar asuntos de interés público, como la seguridad de los productos y la protección del medio ambiente. Sin embargo, la implementación de estas regulaciones debe equilibrar los intereses de la competencia y la protección del consumidor con la necesidad de no sofocar la innovación y el crecimiento económico. Las agencias gubernamentales responsables de la regulación y supervisión trabajan para lograr este equilibrio y abordar los desafíos cambiantes de la economía y la sociedad.

Fiscalidad: El gobierno recauda impuestos para financiar sus operaciones y programas. Los impuestos pueden incluir impuestos sobre la renta, impuestos sobre las ventas, impuestos sobre la propiedad y otros tipos de gravámenes. La política fiscal, que incluye la fijación de impuestos y el gasto público, es una herramienta importante para influir en la demanda agregada y la distribución de la riqueza.

La fiscalidad es un componente fundamental de la función gubernamental en una economía. Los impuestos son una fuente importante de ingresos para el gobierno y se utilizan para financiar una variedad de operaciones y programas públicos.

Impuestos sobre la renta: Los impuestos sobre la renta gravan los ingresos que las personas y las empresas obtienen de diversas fuentes, como el trabajo, el capital y los negocios. Los sistemas fiscales pueden ser progresivos, lo que significa que quienes ganan más pagan un porcentaje más alto de sus ingresos en impuestos, o regresivos, donde el porcentaje de impuestos es más bajo para ingresos más altos.

Impuestos sobre las ventas: Los impuestos sobre las ventas se aplican a las compras de bienes y servicios. Estos impuestos suelen ser regresivos, ya que todas las personas, independientemente de sus ingresos, pagan el mismo porcentaje en impuestos por sus compras. Los impuestos sobre las ventas pueden ser estatales o locales y varían según la ubicación.

Impuestos sobre la propiedad: Los impuestos sobre la propiedad se basan en el valor de la propiedad, como bienes raíces y vehículos. Estos impuestos son una fuente importante de ingresos para gobiernos locales y se utilizan para financiar servicios públicos, como educación y mantenimiento de infraestructura.

Impuestos sobre la renta corporativa: Las empresas pagan impuestos sobre sus ganancias, lo que se conoce como impuesto sobre la renta corporativa. Estos impuestos pueden variar según la jurisdicción y pueden afectar la toma de decisiones empresariales y la inversión.

Otros impuestos y gravámenes: Además de los impuestos mencionados, existen otros tipos de impuestos y gravámenes, como impuestos sobre la nómina (que financian la seguridad social), impuestos especiales (como los impuestos a los productos del tabaco o el alcohol) y tarifas y licencias para diversas actividades comerciales.

La fiscalidad desempeña un papel importante en la distribución de la carga tributaria entre diferentes grupos de la sociedad y en la financiación de programas y servicios públicos. Los gobiernos utilizan la política fiscal para lograr una serie de objetivos, como la redistribución de la riqueza, la estabilidad económica y la inversión en infraestructura y servicios públicos.

Los sistemas fiscales pueden ser complejos y están sujetos a cambios a lo largo del tiempo, y las decisiones sobre la política fiscal a menudo son un tema de debate y discusión en la esfera pública. Los impuestos son una herramienta importante para que el gobierno pueda cumplir sus funciones y responsabilidades en la sociedad.

Gasto público: El gobierno gasta dinero en una variedad de programas y servicios, que pueden incluir educación, atención médica, infraestructura, defensa y asistencia social. El gasto público puede ser una fuente importante de estímulo económico en tiempos de recesión o crisis económica. El gasto público es una parte esencial de la función gubernamental en una economía. Involucra el uso de fondos del gobierno para proporcionar una amplia variedad de programas y servicios que benefician a la sociedad en su conjunto.

Educación: El gasto público en educación financia la educación pública, desde la educación preescolar y primaria hasta la educación superior. Esto incluye la construcción y mantenimiento de escuelas, la capacitación de maestros y el desarrollo de programas educativos.

Atención médica: El gasto público en atención médica financia sistemas de salud pública, hospitales y clínicas, así como programas de atención médica, como Medicare y Medicaid en los Estados Unidos. El objetivo es garantizar el acceso a la atención médica para la población.

Infraestructura: El gasto público en infraestructura incluye la construcción y el mantenimiento de carreteras, puentes, aeropuertos, sistemas de transporte público, redes de energía, agua y alcantarillado, y otras infraestructuras que son esenciales para el funcionamiento de la sociedad y el crecimiento económico.

Defensa: El gasto público en defensa financia las fuerzas armadas, la investigación y desarrollo de tecnología militar y la seguridad nacional. Esto es fundamental para la defensa del país y la promoción de la seguridad.

Asistencia social: Los programas de asistencia social, como el seguro de desempleo, la asistencia alimentaria y la vivienda asequible, se financian a través del gasto público. Estos programas brindan apoyo a las personas y familias que enfrentan dificultades económicas.

Cultura y arte: El gasto público a menudo se destina a la promoción de la cultura, las artes y el patrimonio cultural, lo que incluye la financiación de museos, bibliotecas, teatros y otros programas culturales.

Investigación y desarrollo: El gasto público en investigación y desarrollo (I+D) financia proyectos de investigación en una amplia variedad de campos, desde la ciencia y la tecnología hasta la medicina y la energía. La inversión en I+D puede impulsar la innovación y el crecimiento económico.

Estímulo económico: En tiempos de recesión o crisis económica, el gasto público puede ser una fuente importante de estímulo económico. Los gobiernos pueden aumentar el gasto en proyectos de infraestructura, programas de empleo y asistencia financiera para impulsar la demanda agregada y promover la recuperación económica.

El gasto público desempeña un papel clave en la vida de los ciudadanos y en el funcionamiento de la economía. Sin embargo, su tamaño y composición pueden variar significativamente de un país a otro y a lo largo del tiempo. Las decisiones sobre el gasto público a menudo son el resultado de políticas gubernamentales, decisiones presupuestarias y las prioridades de la sociedad en un momento dado.

Política monetaria: Los bancos centrales, que a menudo son instituciones gubernamentales o tienen una estrecha relación con el gobierno, son responsables de la política monetaria. Controlan la oferta de dinero y las tasas de interés para influir en la inflación, el crecimiento económico y la estabilidad financiera.

La política monetaria es una herramienta esencial que utilizan los bancos centrales para influir en la economía de un país. Su objetivo principal es mantener la estabilidad económica, controlar la inflación y promover el crecimiento económico sostenible.

Control de la oferta de dinero: Los bancos centrales tienen la responsabilidad de controlar la oferta de dinero en la economía. Esto implica regular la cantidad de dinero en circulación, que incluye tanto el dinero físico (billetes y monedas) como el dinero depositado en cuentas bancarias. El control de la oferta de dinero es fundamental para mantener la estabilidad de los precios y prevenir la inflación descontrolada o la deflación.

Tasas de interés: Uno de los principales instrumentos de la política monetaria es la fijación de tasas de interés. Los bancos centrales pueden aumentar o disminuir las tasas de interés de referencia para influir en la inversión, el gasto de los consumidores y el costo del endeudamiento. Si las tasas de interés son bajas, se espera que las empresas y los individuos tomen préstamos y gasten más, lo que puede estimular la actividad económica. Por otro lado, tasas de interés más altas pueden desalentar el gasto y frenar la inflación.

Inflación: La política monetaria se utiliza para controlar la inflación, que es el aumento sostenido de los precios en una economía. Los bancos centrales establecen metas de inflación y ajustan su política monetaria para mantener la inflación bajo control. Si la inflación es demasiado alta, pueden aumentar las tasas de interés para enfriar la economía y reducir la demanda.

Crecimiento económico: Además de controlar la inflación, la política monetaria puede utilizarse para fomentar el crecimiento económico. Los bancos centrales pueden reducir las tasas de interés y aumentar la oferta de dinero para incentivar la inversión y el gasto de los consumidores. Esto puede ser especialmente importante durante períodos de desaceleración económica o recesión.

Estabilidad financiera: Los bancos centrales también desempeñan un papel importante en la estabilidad financiera. Pueden supervisar y regular el sistema financiero para prevenir crisis bancarias y proteger la integridad del sistema.

Tipo de cambio: La política monetaria también puede influir en el tipo de cambio de la moneda nacional. Los cambios en las tasas de interés y la oferta de dinero pueden afectar la demanda de la moneda en los mercados de divisas, lo que, a su vez, puede influir en el valor de la moneda en comparación con otras monedas extranjeras.

Comunicación: Los bancos centrales a menudo utilizan la comunicación como una herramienta importante de política monetaria. Las declaraciones de los funcionarios del banco central pueden influir en las expectativas del mercado y de los inversores, lo que a su vez puede afectar el comportamiento económico.

Es importante señalar que la política monetaria se debe implementar de manera cuidadosa y considerada, ya que puede tener efectos significativos en la economía y en los mercados financieros. Los bancos centrales deben equilibrar varios objetivos y factores económicos al tomar decisiones de política monetaria para promover la estabilidad y el crecimiento sostenible.

Política económica: El gobierno desarrolla y ejecuta políticas económicas para lograr objetivos específicos, como el crecimiento económico, el pleno empleo, la estabilidad de precios y la equidad. Esto puede incluir medidas como la inversión en infraestructura, la regulación de los sectores clave de la economía y la gestión de la deuda pública.

La política económica es un conjunto de decisiones y acciones que el gobierno toma para influir en la economía y alcanzar objetivos económicos y sociales específicos. Estos objetivos pueden variar, pero suelen incluir:

Crecimiento económico: El gobierno puede implementar políticas que promuevan el crecimiento económico sostenible, como la inversión en infraestructura, el fomento de la innovación y el apoyo a sectores clave de la economía. Esto puede implicar la creación de empleo y un aumento en la producción de bienes y servicios.

Pleno empleo: El objetivo del pleno empleo implica lograr que la mayoría de las personas que desean trabajar tengan la oportunidad de hacerlo. Esto puede requerir la implementación de políticas que estimulen la demanda de trabajo, como programas de creación de empleo o incentivos para la inversión empresarial.

Estabilidad de precios: La estabilidad de precios es fundamental para evitar la inflación o la deflación descontroladas. El gobierno puede utilizar la política monetaria y fiscal para controlar la inflación y garantizar que los precios de bienes y servicios se mantengan en niveles razonables y predecibles.

Equidad y redistribución de la riqueza: El gobierno puede implementar políticas que busquen reducir la desigualdad de ingresos y riqueza, como sistemas fiscales progresivos, programas de asistencia social y regulaciones laborales que protejan los derechos de los trabajadores.

Estabilidad financiera: El gobierno puede intervenir en el sector financiero para garantizar su estabilidad y prevenir crisis financieras. Esto puede incluir regulaciones financieras, supervisión bancaria y medidas de rescate en tiempos de crisis.

Sostenibilidad ambiental: Cada vez más, la política económica incluye objetivos de sostenibilidad ambiental, como reducir las emisiones de carbono y promover prácticas comerciales sostenibles.

Las herramientas de política económica pueden ser diversas e incluir:

Política fiscal: El gobierno utiliza la política fiscal para influir en la economía mediante la regulación de los impuestos y el gasto público. Puede aumentar el gasto público en tiempos de recesión o reducir impuestos para estimular la demanda agregada. También puede utilizar la política fiscal para redistribuir la riqueza y financiar programas y servicios públicos.

Política monetaria: Como se mencionó anteriormente, la política monetaria implica el control de la oferta de dinero y las tasas de interés para influir en la inversión y el gasto. Los bancos centrales son los principales responsables de la política monetaria.

Regulación y supervisión: El gobierno regula sectores clave de la economía, como la banca, la energía, las comunicaciones y la salud, para garantizar la competencia justa y la protección del consumidor.

Inversión en infraestructura: La inversión en infraestructura, como la construcción de carreteras, puentes y redes de transporte, puede impulsar el crecimiento económico y crear empleos.

Política comercial: El gobierno puede influir en el comercio internacional a través de acuerdos comerciales, aranceles y políticas de comercio exterior.

La política económica es un campo complejo que requiere un equilibrio cuidadoso entre múltiples objetivos y consideraciones. Las decisiones de política económica a menudo son el resultado de un proceso político y se adaptan a las condiciones económicas cambiantes y las necesidades de la sociedad.

Estabilidad económica: El gobierno juega un papel importante en la promoción de la estabilidad económica, particularmente en tiempos de crisis. Esto puede incluir la implementación de políticas contracíclicas para combatir la recesión, la regulación de los mercados financieros y la provisión de un sistema de seguridad social para ayudar a las personas en momentos de necesidad.

La estabilidad económica es un objetivo fundamental para el gobierno en una economía. Esta estabilidad implica mantener un equilibrio en la economía que permita un crecimiento sostenible, el pleno empleo, la estabilidad de precios y la prevención de crisis económicas.

Políticas contracíclicas: En tiempos de recesión económica o crisis, el gobierno puede implementar políticas contracíclicas para estimular la demanda y el crecimiento. Esto puede incluir aumentar el gasto público en proyectos de infraestructura, reducir las tasas de interés para incentivar la inversión, o proporcionar estímulos fiscales para impulsar el consumo. Estas medidas pueden ayudar a superar una recesión y estabilizar la economía.

Regulación financiera: La regulación y supervisión de los mercados financieros son cruciales para prevenir crisis financieras. Las regulaciones pueden incluir requisitos de capital para instituciones financieras, restricciones sobre prácticas de alto riesgo y supervisión continua para garantizar la solidez del sistema financiero.

Política fiscal: El gobierno puede utilizar la política fiscal para mantener la estabilidad económica. En tiempos de crecimiento económico, puede reducir el déficit fiscal o acumular reservas para tiempos de crisis. En tiempos de recesión, puede aumentar el gasto público y reducir impuestos para estimular la demanda.

Seguridad social: Un sistema de seguridad social sólido puede proporcionar apoyo a las personas en momentos de necesidad. Esto incluye programas de seguro de desempleo, asistencia alimentaria y programas de vivienda asequible. Estos programas pueden ayudar a estabilizar la economía al proporcionar un colchón de seguridad para las personas afectadas por la recesión.

Política monetaria: Como se mencionó anteriormente, la política monetaria es una herramienta clave para controlar la inflación y mantener la estabilidad económica. Los bancos centrales ajustan las tasas de interés y la oferta de dinero para mantener la economía en equilibrio.

Gestión de crisis: En situaciones de crisis económica o financiera, el gobierno puede tomar medidas extraordinarias, como inyectar liquidez en el sistema financiero o rescatar instituciones en peligro. Estas medidas pueden ser necesarias para prevenir el colapso de la economía.

Planificación a largo plazo: La estabilidad económica también se beneficia de una planificación a largo plazo. Los gobiernos pueden establecer políticas económicas y fiscales que fomenten la inversión, la innovación y el crecimiento sostenible.

La promoción de la estabilidad económica es esencial para el bienestar de la sociedad y el funcionamiento eficiente de la economía. Al equilibrar las políticas contracíclicas, la regulación, la política fiscal y monetaria, y la seguridad social, el gobierno desempeña un papel importante en la prevención de crisis y la creación de un entorno económico seguro y próspero.

Redistribución de la riqueza: Los gobiernos a menudo intervienen en la economía para abordar la desigualdad de ingresos y riqueza. Esto puede incluir programas de asistencia social, impuestos progresivos y medidas para garantizar que los beneficios del crecimiento económico se distribuyan de manera más equitativa. La redistribución de la riqueza es una función importante del gobierno en muchas economías. Busca abordar la desigualdad de ingresos y riqueza al garantizar que los beneficios del crecimiento económico se compartan de manera más equitativa.

Impuestos progresivos: Los impuestos progresivos son un componente clave de la redistribución de la riqueza. En un sistema fiscal progresivo, las personas con ingresos más altos pagan un porcentaje más alto de sus ingresos en impuestos que las personas con ingresos más bajos. Esto ayuda a financiar programas de asistencia social y otros servicios públicos.

Programas de asistencia social: Los programas de asistencia social, como el seguro de desempleo, la asistencia alimentaria y la vivienda asequible, proporcionan apoyo a las personas y familias que enfrentan dificultades económicas. Estos programas ayudan a garantizar que las personas más vulnerables tengan un colchón de seguridad en momentos de necesidad.

Transferencias de efectivo: Algunos gobiernos implementan programas de transferencia de efectivo directo, donde proporcionan pagos regulares a personas de bajos ingresos. Estos programas pueden mejorar la calidad de vida y reducir la desigualdad.

Educación y capacitación: La inversión en educación y capacitación puede ayudar a cerrar la brecha de habilidades y mejorar las oportunidades de empleo para las personas de bajos ingresos. Esto es especialmente importante para la movilidad económica a largo plazo.

Regulación del mercado laboral: Las regulaciones laborales que protegen los derechos de los trabajadores, como los salarios mínimos y las leyes laborales, pueden contribuir a la reducción de la desigualdad en el lugar de trabajo.

Política de vivienda asequible: La política de vivienda asequible puede ayudar a abordar la desigualdad al garantizar que las personas tengan acceso a viviendas asequibles, lo que es fundamental para la seguridad económica.

Inversiones en infraestructura y desarrollo comunitario: La inversión en infraestructura y desarrollo comunitario puede crear empleo y mejorar las oportunidades en comunidades desfavorecidas, reduciendo la desigualdad regional.

Regulación financiera: La regulación financiera puede contribuir a prevenir la acumulación excesiva de riqueza y frenar prácticas financieras riesgosas que pueden llevar a crisis económicas.

La redistribución de la riqueza es un tema complejo y a menudo sujeto a debates políticos y filosóficos. Los gobiernos deben equilibrar la necesidad de reducir la desigualdad con la promoción de la inversión y el crecimiento económico. El enfoque específico de la redistribución de la riqueza varía según el país y las prioridades políticas.

Promoción de la inversión y la innovación: Los gobiernos pueden incentivar la inversión en investigación y desarrollo, la educación y la formación de trabajadores, y la creación de nuevas empresas a través de políticas y programas específicos.

La promoción de la inversión y la innovación es un componente clave de la política económica que puede impulsar el crecimiento económico, la competitividad y la creación de empleo. Los gobiernos pueden tomar una serie de medidas para incentivar estas actividades.

Incentivos fiscales: Los gobiernos pueden ofrecer incentivos fiscales, como créditos fiscales para la investigación y el desarrollo (I+D), deducciones fiscales para inversiones en activos empresariales o reducciones de impuestos para empresas que invierten en áreas específicas, como tecnología limpia o zonas económicamente desfavorecidas.

Financiamiento y subvenciones: Los gobiernos pueden proporcionar financiamiento directo a través de subvenciones y préstamos a empresas que realizan inversiones en I+D o proyectos innovadores. Esto puede ayudar a superar las barreras financieras que enfrentan las empresas en etapas tempranas de desarrollo.

Investigación y desarrollo público: El gobierno puede invertir en I+D a través de agencias de investigación y universidades. Esto no solo impulsa la innovación, sino que también crea una base de conocimientos que beneficia a la industria y la economía en general.

Educación y capacitación: La inversión en educación y capacitación de la fuerza laboral es esencial para fomentar la innovación. Los gobiernos pueden apoyar programas de formación en habilidades técnicas y STEM (ciencia, tecnología, ingeniería y matemáticas) para preparar a los trabajadores para la economía del conocimiento.

Protección de la propiedad intelectual: Las leyes de propiedad intelectual, como patentes y derechos de autor, protegen las inversiones en innovación. Los gobiernos pueden fortalecer estas protecciones para alentar a las empresas a invertir en la creación y desarrollo de nuevas tecnologías y productos.

Facilitación de la creación de empresas: Los gobiernos pueden simplificar los procedimientos para iniciar y operar un negocio. Esto puede incluir la reducción de la burocracia, la creación de vías de financiamiento para nuevas empresas y la promoción de ecosistemas de emprendimiento.

Acceso a financiamiento: Los gobiernos pueden trabajar en estrecha colaboración con instituciones financieras para garantizar que las empresas tengan acceso a financiamiento asequible y adecuado para sus necesidades de inversión.

Apoyo a la adopción de tecnología: Los programas que promueven la adopción de tecnología y la capacitación en tecnología entre las empresas pueden mejorar su competitividad y capacidad innovadora.

Asociaciones público-privadas: La colaboración entre el sector público y el privado puede fomentar la inversión en infraestructura y proyectos de I+D que beneficien a ambas partes y a la economía en general.

La promoción de la inversión y la innovación es esencial para el crecimiento económico a largo plazo y la competitividad en la economía global. Los gobiernos juegan un papel importante al proporcionar el entorno propicio y los recursos necesarios para estimular estas actividades en el sector empresarial.

Comercio internacional: Los gobiernos juegan un papel en la promoción del comercio internacional y la gestión de relaciones comerciales internacionales a través de acuerdos comerciales, aranceles y regulaciones de importación y exportación.

El comercio internacional es un componente importante de la economía global, y los gobiernos desempeñan un papel fundamental en su promoción y regulación.

Acuerdos comerciales: Los gobiernos pueden negociar y celebrar acuerdos comerciales bilaterales o multilaterales con otros países. Estos acuerdos establecen las reglas para el comercio de bienes y servicios entre las naciones involucradas. Pueden incluir la reducción de aranceles, la eliminación de barreras no arancelarias y la protección de los derechos de propiedad intelectual. Ejemplos notables incluyen el Tratado de Libre Comercio de América del Norte (TLCAN) y la Asociación Transpacífica (CPTPP).

Aranceles: Los gobiernos pueden imponer aranceles, que son impuestos sobre bienes importados, para proteger a las industrias nacionales o generar ingresos fiscales. También pueden reducir o eliminar aranceles como parte de acuerdos comerciales para fomentar la importación y la exportación.

Regulaciones de importación y exportación: Los gobiernos establecen regulaciones que rigen la importación y exportación de bienes y servicios. Esto puede incluir requisitos de calidad, normativas de seguridad, reglas de etiquetado y requisitos de documentación. El cumplimiento de estas regulaciones es esencial para el comercio internacional sin problemas.

Promoción del comercio: Los gobiernos a menudo promocionan sus productos y servicios en mercados internacionales para fomentar la exportación. Esto puede incluir campañas de marketing, ferias comerciales y apoyo a empresas que desean ingresar a nuevos mercados.

Resolución de disputas comerciales: Los gobiernos pueden desempeñar un papel en la resolución de disputas comerciales entre empresas o países. Pueden recurrir a organismos internacionales como la Organización Mundial del Comercio (OMC) para resolver diferencias comerciales.

Política cambiaria: La política cambiaria, que incluye la regulación de los tipos de cambio, también es relevante para el comercio internacional. Los gobiernos pueden intervenir en los mercados de divisas para influir en el valor de su moneda y afectar sus exportaciones e importaciones.

Inversión extranjera: La inversión extranjera es una parte integral del comercio internacional. Los gobiernos pueden establecer políticas para fomentar o restringir la inversión extranjera en su país, dependiendo de sus objetivos económicos y de seguridad.

Cumplimiento de acuerdos internacionales: Los gobiernos deben cumplir con los acuerdos y tratados internacionales relacionados con el comercio, como el Acuerdo de Marrakech de la OMC o el Acuerdo de París sobre el cambio climático. El incumplimiento de estos acuerdos puede tener consecuencias en las relaciones comerciales internacionales.

El comercio internacional es una parte vital de la economía global y puede beneficiar a los países al permitirles aprovechar las ventajas comparativas y aumentar el acceso a una variedad de productos y servicios. La participación del gobierno en la regulación y promoción del comercio internacional es esencial para garantizar un comercio justo y equitativo entre las naciones.

Defensa de los derechos de propiedad: El gobierno protege los derechos de propiedad, lo que es fundamental para el funcionamiento de una economía de mercado. Esto incluye la aplicación de contratos y la protección de la propiedad intelectual.

La defensa de los derechos de propiedad es una función crucial del gobierno en una economía de mercado. Los derechos de propiedad son fundamentales para el funcionamiento eficiente de la economía y el comercio. Aquí se describen algunas de las formas en que el gobierno protege los derechos de propiedad:

Protección de la propiedad física: Los gobiernos garantizan la seguridad de la propiedad física, como terrenos, edificios, maquinaria y equipo. Esto implica la aplicación de leyes de propiedad y la protección contra el robo, el vandalismo y la ocupación ilegal.

Aplicación de contratos: La aplicación de contratos es esencial para garantizar que las partes involucradas en transacciones comerciales cumplan con sus obligaciones. Los gobiernos proporcionan sistemas legales y judiciales que permiten a las partes recurrir a los tribunales en caso de incumplimiento de un contrato. Esto brinda confianza a los participantes del mercado y facilita el comercio.

Protección de la propiedad intelectual: Los derechos de propiedad intelectual, como las patentes, los derechos de autor y las marcas comerciales, son fundamentales para fomentar la innovación y la creatividad. Los gobiernos otorgan y hacen cumplir estos derechos para proteger a los creadores e inventores y promover la inversión en investigación y desarrollo.

Protección contra la expropiación: Los gobiernos deben garantizar que la propiedad no sea expropiada sin una compensación justa. Esto es esencial para proteger los derechos de propiedad de las personas y las empresas.

Protección de la propiedad personal: Los gobiernos también protegen los derechos de propiedad personal, como automóviles, hogares y otros bienes personales. Esto incluye la protección contra robos y daños.

Regulación de la propiedad inmueble: Los gobiernos regulan la propiedad inmueble para garantizar que se utilice de acuerdo con zonificaciones y regulaciones de uso de la tierra. Esto puede incluir restricciones sobre la construcción y el uso de la tierra para garantizar la seguridad pública y la protección del medio ambiente.

La protección de los derechos de propiedad es esencial para crear un entorno de negocios seguro y confiable en el que las personas y las empresas puedan invertir, comerciar y prosperar. Sin esta protección, la incertidumbre y la falta de confianza pueden obstaculizar el funcionamiento del mercado y el crecimiento económico. Los gobiernos desempeñan un papel fundamental en el establecimiento y mantenimiento de un sistema legal que garantiza la seguridad de los derechos de propiedad.

El papel del gobierno en la economía abarca una amplia gama de funciones, desde la regulación y la supervisión hasta la promoción del crecimiento económico y la estabilidad. El alcance y la naturaleza de la intervención gubernamental varían según el sistema económico y las políticas de un país, y pueden cambiar con el tiempo en respuesta a las condiciones económicas y sociales.

5.La importancia de los impuestos y los gastos públicos

Los impuestos y los gastos públicos son dos componentes esenciales de la política fiscal de un gobierno y desempeñan un papel fundamental en la economía de un país.

Impuestos:

Financiamiento del gobierno: Los impuestos son la principal fuente de financiamiento del gobierno. Permiten al gobierno recaudar los ingresos necesarios para operar y proporcionar una amplia gama de servicios públicos, como educación, atención médica, infraestructura y seguridad.

Exacto, el financiamiento del gobierno a través de los impuestos es esencial para su funcionamiento y para la provisión de servicios públicos y bienes que son fundamentales para la sociedad. :

Operación gubernamental: Los impuestos son la principal fuente de ingresos para el gobierno a nivel federal, estatal y local. Estos ingresos se utilizan para financiar una amplia variedad de actividades gubernamentales, que van desde la administración pública y la aplicación de la ley hasta la prestación de servicios esenciales como educación, atención médica y transporte público.

Redistribución de ingresos: A través de un sistema fiscal progresivo, donde las personas con ingresos más altos pagan un porcentaje más alto de sus ingresos en impuestos, el gobierno puede redistribuir la riqueza y reducir la desigualdad de ingresos. Los impuestos recaudados de aquellos con mayores ingresos pueden financiar programas de asistencia social y otros beneficios para las personas de bajos ingresos.

Gasto público: Los ingresos fiscales se utilizan para financiar el gasto público, que es esencial para la prestación de servicios públicos que benefician a la sociedad en su conjunto. Esto incluye la inversión en infraestructura, la financiación de programas de bienestar social, la atención médica, la educación, la seguridad pública y otros servicios críticos.

Estabilidad fiscal: Los impuestos también pueden desempeñar un papel en la estabilización de la economía. En tiempos de recesión, los gobiernos pueden aumentar el gasto público financiado con deuda o reducir impuestos para estimular la demanda y el crecimiento económico. Por otro lado, en momentos de auge económico, los impuestos pueden aumentarse para controlar la inflación y reducir el déficit.

Inversión en el futuro: Los impuestos permiten al gobierno invertir en el futuro de la sociedad. Esto incluye el financiamiento de proyectos de infraestructura que mejoran la competitividad económica, así como la inversión en educación y capacitación para preparar a la fuerza laboral para empleos más especializados.

Seguridad y defensa: Los impuestos también financian la seguridad y defensa nacionales, lo que es esencial para la protección del país y sus ciudadanos. Esto incluye el financiamiento de las fuerzas armadas y las agencias encargadas de mantener la seguridad pública.

Los impuestos desempeñan un papel fundamental en el financiamiento del gobierno y en la prestación de servicios públicos esenciales. La estructura fiscal y la gestión adecuada de los ingresos fiscales son fundamentales para garantizar que el gobierno pueda cumplir sus funciones y promover el bienestar de la sociedad.

Redistribución de ingresos: Los impuestos pueden utilizarse para redistribuir la riqueza y reducir la desigualdad de ingresos. Los sistemas fiscales progresivos gravan a los individuos con ingresos más altos a una tasa más alta, lo que permite financiar programas de asistencia social y otros beneficios para las personas de bajos ingresos.

La redistribución de ingresos a través del sistema de impuestos es una parte importante de la política fiscal en muchos países.

Sistema fiscal progresivo: En un sistema fiscal progresivo, las tasas impositivas aumentan a medida que los ingresos de un individuo aumentan. Esto significa que las personas con ingresos más altos pagan un porcentaje más alto de sus ingresos en impuestos. Esta progresividad ayuda a reducir la desigualdad de ingresos, ya que aquellos con más recursos contribuyen más al financiamiento del gobierno.

Impuestos sobre la renta: Los impuestos sobre la renta suelen ser el componente más progresivo de un sistema fiscal. Las tasas impositivas marginales más altas se aplican a los tramos de ingresos más altos. Además, se pueden establecer deducciones y créditos fiscales para ayudar a las personas de bajos ingresos.

Programas de asistencia social: Los ingresos fiscales recaudados de manera progresiva pueden financiar programas de asistencia social que proporcionan apoyo a personas de bajos ingresos. Estos programas pueden incluir asistencia alimentaria, vivienda asequible, atención médica subsidiada y programas de seguro de desempleo.

Transferencias directas: Los gobiernos también pueden utilizar transferencias directas, como subsidios y pagos de bienestar, para proporcionar ingresos adicionales a las personas y familias de bajos ingresos.

Educación y capacitación: La inversión en educación y capacitación, financiada a través de los impuestos, puede ayudar a cerrar la brecha de habilidades y aumentar la capacidad de las personas para acceder a empleos mejor remunerados.

Reducción de la brecha de género y la desigualdad racial: Los sistemas fiscales progresivos y los programas de asistencia social también pueden dirigirse a reducir las brechas de ingresos entre diferentes grupos, como hombres y mujeres, y grupos raciales o étnicos.

Equidad tributaria: Además de la progresividad, la equidad tributaria es importante. Esto significa que los impuestos deben ser justos y no permitir la evasión fiscal, lo que podría socavar la redistribución efectiva de ingresos.

Consideraciones económicas: Si bien la redistribución de ingresos puede ser una forma efectiva de reducir la desigualdad, es importante tener en cuenta las implicaciones económicas. Los impuestos excesivamente altos sobre los ingresos pueden desincentivar la inversión y la innovación, lo que podría afectar negativamente el crecimiento económico.

La redistribución de ingresos a través de un sistema fiscal progresivo y programas de asistencia social puede ayudar a abordar la desigualdad de ingresos y mejorar la equidad en la sociedad. Sin embargo, es importante equilibrar estos esfuerzos con consideraciones económicas para garantizar un funcionamiento eficiente de la economía.

Regulación de la economía: Los impuestos también se utilizan para influir en el comportamiento económico. Por ejemplo, los impuestos sobre bienes y servicios específicos pueden alentar o desalentar el consumo de ciertos productos. Las reducciones de impuestos pueden estimular la inversión y el gasto de los consumidores en tiempos de recesión.

La regulación de la economía a través del sistema de impuestos es una herramienta poderosa que los gobiernos utilizan para influir en el comportamiento económico de los individuos y las empresas.

Impuestos sobre bienes y servicios específicos: Los impuestos pueden imponerse a bienes y servicios específicos, como el alcohol, el tabaco, los combustibles fósiles y los productos de lujo. Estos impuestos, conocidos como impuestos especiales, pueden alentar a las personas a consumir menos de estos productos, ya sea por razones de salud, ambientales o de otro tipo.

Impuestos verdes: Los impuestos verdes se aplican a actividades o productos que tienen un impacto negativo en el medio ambiente. Estos impuestos buscan desincentivar la contaminación y promover prácticas más sostenibles. Por ejemplo, los impuestos sobre las emisiones de carbono pueden fomentar la reducción de la huella de carbono.

Incentivos fiscales: Los gobiernos pueden ofrecer incentivos fiscales, como deducciones o créditos fiscales, para promover ciertos comportamientos económicos. Por ejemplo, los incentivos fiscales pueden alentar la inversión en energías renovables, la compra de vehículos eléctricos o la investigación y desarrollo.

Reducciones de impuestos en tiempos de recesión: En tiempos de recesión económica, los gobiernos pueden reducir las tasas impositivas o proporcionar incentivos fiscales para estimular la inversión y el gasto de los consumidores. Esto puede ayudar a impulsar la demanda agregada y apoyar la recuperación económica.

Impuestos sobre la propiedad y la tierra: Los impuestos sobre la propiedad y la tierra pueden influir en el uso de la tierra y la vivienda. Tasas impositivas más altas sobre la propiedad vacante o no utilizada pueden alentar el desarrollo y la inversión en propiedades.

Impuestos sobre la inversión y el ahorro: Las tasas impositivas sobre las ganancias de capital y los ingresos por inversiones pueden afectar la decisión de las personas de invertir y ahorrar. Tasas impositivas más bajas sobre estos ingresos pueden incentivar la inversión y el crecimiento económico.

Impuestos al consumo: Los impuestos al consumo, como el impuesto al valor agregado (IVA) o el impuesto a las ventas, pueden influir en el gasto de los consumidores. Un aumento en las tasas de impuestos al consumo puede desacelerar el gasto, mientras que una reducción puede estimularlo.

La regulación de la economía a través de los impuestos es una estrategia multifacética que busca equilibrar consideraciones económicas, sociales y ambientales. Los gobiernos utilizan estos instrumentos para lograr objetivos específicos, como la protección del medio ambiente, la promoción de la salud pública, el estímulo del crecimiento económico y la respuesta a situaciones económicas adversas. La efectividad de estas medidas depende de la implementación adecuada y del equilibrio entre incentivos y desincentivos.

Control de la inflación: Los impuestos pueden ayudar a controlar la inflación al reducir la cantidad de dinero en circulación en la economía. Esto puede ayudar a mantener la estabilidad de precios y evitar un aumento excesivo de los precios.

El control de la inflación es una de las metas económicas clave de la política fiscal y monetaria. Los impuestos pueden desempeñar un papel importante en este esfuerzo al reducir la cantidad de dinero en circulación en la economía y mitigar el riesgo de una inflación excesiva.

Retiro de dinero de la economía: Cuando el gobierno recauda impuestos, está retirando dinero de la economía, ya que los contribuyentes tienen menos dinero disponible para gastar e invertir. Esto reduce la demanda agregada en la economía.

Incentivos para el ahorro: Al aumentar las tasas impositivas sobre el consumo y las ganancias, los impuestos pueden incentivar a las personas y las empresas a ahorrar e invertir en lugar de gastar. Esto reduce la presión sobre la demanda agregada y puede ayudar a evitar un aumento descontrolado de los precios.

Control del gasto público: Los ingresos fiscales pueden ayudar a financiar el gasto público de manera sostenible. Controlar el gasto gubernamental evita la sobreinversión y el exceso de demanda, lo que podría contribuir a la inflación.

Impuestos sobre bienes y servicios específicos: Los impuestos sobre bienes y servicios específicos, como los impuestos al lujo o a productos que pueden generar externalidades negativas, pueden reducir la demanda de estos bienes y servicios, lo que a su vez puede contener la inflación.

Efecto sobre la oferta: Los impuestos pueden influir en la oferta de bienes y servicios al afectar los costos de producción. Por ejemplo, los impuestos sobre insumos específicos pueden aumentar los costos de producción y limitar la capacidad de las empresas para expandir la oferta, lo que podría contener la inflación.

Es importante destacar que el control de la inflación es un desafío complejo que implica múltiples herramientas de política económica, incluida la política monetaria, la política fiscal y la regulación financiera. Los gobiernos y los bancos centrales trabajan en conjunto para mantener la estabilidad de precios y evitar tanto la inflación excesiva como la deflación (una disminución generalizada de los precios). La combinación de medidas fiscales y monetarias puede ayudar a lograr estos objetivos y mantener una economía estable.

Gastos públicos:

Inversión en infraestructura: Los gastos públicos en infraestructura, como carreteras, puentes, aeropuertos y sistemas de transporte público, son fundamentales para el crecimiento económico y la competitividad. También crean empleo y mejoran la calidad de vida.

Competitividad: Una infraestructura de calidad mejora la competitividad de un país en el mercado global. Los puertos eficientes, aeropuertos modernos y redes de transporte rápido hacen que sea más atractivo para las empresas invertir y operar en la región.

Creación de empleo: Los proyectos de infraestructura generan empleo en una variedad de sectores, incluyendo la construcción, ingeniería, transporte y logística. Esta inversión es especialmente importante en momentos de recesión económica, ya que puede estimular la creación de empleo y el gasto.

Mejora de la calidad de vida: Una infraestructura adecuada mejora la calidad de vida de la población al proporcionar servicios esenciales, como agua potable, saneamiento, energía, transporte público y telecomunicaciones. Esto contribuye al bienestar de las personas y a la atracción de talento y empresas.

Sostenibilidad ambiental: La inversión en infraestructura también puede incluir proyectos que promuevan la sostenibilidad ambiental, como la construcción de sistemas de transporte público eficientes, energía renovable y gestión de residuos. Estos proyectos ayudan a reducir la huella ambiental y mitigar el cambio climático.

Desarrollo regional: La inversión en infraestructura puede impulsar el desarrollo en regiones menos desarrolladas. Al conectar áreas rurales con centros urbanos, se crea un entorno propicio para el crecimiento económico en todo el país.

Resiliencia y seguridad: Una infraestructura resistente y bien mantenida es fundamental para la seguridad de un país. Esto incluye la capacidad de resistir desastres naturales y otros eventos que puedan interrumpir el funcionamiento normal de la sociedad.

Inversión a largo plazo: La inversión en infraestructura es a menudo una inversión a largo plazo que proporciona beneficios sostenibles a lo largo del tiempo. La infraestructura bien planificada y construida puede servir a las generaciones futuras.

La inversión en infraestructura es un área donde la colaboración entre el sector público y el privado es común. Los gobiernos suelen trabajar en asociación con empresas privadas para financiar y llevar a cabo proyectos de infraestructura. Esto puede ayudar a aprovechar los recursos y la experiencia del sector privado, al tiempo que garantiza que los proyectos se realicen de manera eficiente y rentable.

Educación y formación: La inversión en educación y formación es esencial para el desarrollo de habilidades y la mejora de la fuerza laboral. Los gastos en educación pueden aumentar la productividad de la economía y preparar a los trabajadores para empleos más especializados.

La inversión en educación y formación es fundamental para el desarrollo económico y social de un país. Esta inversión tiene un impacto significativo en la productividad, la empleabilidad y la calidad de vida de la población.

Desarrollo de habilidades: La educación y la formación proporcionan a las personas las habilidades y conocimientos necesarios para ingresar al mercado laboral y desempeñarse en una variedad de profesiones. Esto incluye habilidades técnicas, habilidades de pensamiento crítico y habilidades de resolución de problemas.

Mejora de la empleabilidad: La inversión en educación y formación mejora la empleabilidad de los individuos al proporcionarles las calificaciones y certificaciones necesarias para acceder a trabajos de mayor remuneración y mayor estabilidad.

Productividad económica: Los trabajadores con educación y formación de calidad tienden a ser más productivos, lo que contribuye al crecimiento económico y a la competitividad de un país en el mercado global.

Innovación y creatividad: La educación fomenta la innovación y la creatividad al proporcionar a las personas las herramientas necesarias para resolver problemas y desarrollar nuevas ideas. Esto es fundamental para la economía del conocimiento.

Mejora de la calidad de vida: La educación no solo tiene un impacto económico, sino que también mejora la calidad de vida de las personas al permitirles tomar decisiones informadas, participar en la sociedad y disfrutar de una mejor salud y bienestar.

Reducción de la desigualdad: La inversión en educación puede contribuir a reducir la desigualdad de ingresos al brindar oportunidades educativas a todas las personas, independientemente de su origen socioeconómico.

Fuerza laboral preparada para el futuro: La inversión en educación y formación prepara a la fuerza laboral para enfrentar los desafíos cambiantes de la economía, como la automatización y la digitalización. Las habilidades actualizadas son esenciales para mantenerse empleable en una economía en constante evolución.

Desarrollo de capital humano: La educación y la formación son una forma de desarrollar el capital humano de un país, lo que a su vez contribuye al desarrollo a largo plazo y al bienestar de la sociedad.

La inversión en educación abarca desde la educación primaria y secundaria hasta la educación superior, la formación técnica y profesional, y el aprendizaje a lo largo de toda la vida. Los gobiernos, las instituciones educativas y el sector privado suelen colaborar en el financiamiento y la provisión de programas educativos y formativos. La calidad y la accesibilidad de la educación son consideraciones clave para garantizar que todos los individuos tengan la oportunidad de desarrollar su potencial y contribuir al crecimiento económico y social.

Atención médica: Los gastos en atención médica son necesarios para garantizar la salud y el bienestar de la población. Los sistemas de atención médica pública o programas de seguro de salud pueden mejorar el acceso a la atención y reducir las cargas financieras de las personas.

La inversión en atención médica es una parte esencial de la política pública y del bienestar de la población. Los sistemas de atención médica, ya sean públicos, privados o una combinación de ambos, desempeñan un papel fundamental en la promoción de la salud, la prevención de enfermedades y la atención médica de calidad.

Salud y bienestar: La atención médica es fundamental para mantener y mejorar la salud y el bienestar de la población. Proporciona diagnóstico, tratamiento y prevención de enfermedades, lo que contribuye a una vida más larga y saludable.

Acceso a la atención: Los sistemas de atención médica, ya sean públicos o privados, mejoran el acceso de las personas a los servicios de salud. Esto es fundamental para garantizar que todas las personas, independientemente de su situación económica, puedan recibir atención médica cuando la necesiten.

Prevención y salud pública: La inversión en atención médica incluye programas de prevención, como vacunaciones, exámenes de detección y educación en salud. Estos programas son esenciales para prevenir enfermedades y promover un estilo de vida saludable.

Atención especializada: Los sistemas de atención médica ofrecen acceso a atención especializada, como cirugía, tratamientos de enfermedades crónicas y atención de emergencia. Esto es crucial para el tratamiento de afecciones médicas graves.

Reducción de la carga financiera: Los sistemas de atención médica, como los programas de seguro de salud, pueden reducir la carga financiera de las personas al cubrir una parte o la totalidad de los costos médicos. Esto evita que las personas enfrenten deudas médicas abrumadoras.

Seguridad laboral: Un sistema de atención médica eficaz puede ayudar a mantener a los trabajadores sanos y productivos, lo que beneficia a la economía en su conjunto.

Investigación y desarrollo: La inversión en atención médica también financia la investigación y el desarrollo de nuevos tratamientos y tecnologías médicas, lo que mejora continuamente la calidad de la atención médica.

Resiliencia y preparación ante crisis de salud: Los sistemas de atención médica son fundamentales para enfrentar crisis de salud, como pandemias y brotes de enfermedades. La infraestructura de atención médica y los recursos son esenciales para la respuesta y la recuperación en momentos de crisis.

La inversión en atención médica puede variar según el país y el sistema de atención médica específico. Los gobiernos, junto con el sector privado y organizaciones de la sociedad civil, trabajan para garantizar que la atención médica sea accesible, asequible y de alta calidad para toda la población. Esto contribuye al bienestar de las personas y al desarrollo sostenible de una nación.

Asistencia social: Los programas de asistencia social, como el seguro de desempleo y la asistencia alimentaria, proporcionan un colchón de seguridad para las personas en momentos de necesidad. Esto puede ayudar a reducir la pobreza y la inseguridad económica.

Los programas de asistencia social desempeñan un papel fundamental en la protección y el bienestar de las personas que se encuentran en situaciones de necesidad o vulnerabilidad económica. Estos programas brindan apoyo financiero y servicios a individuos y familias para ayudarles a satisfacer sus necesidades básicas y superar desafíos económicos. Aquí se destacan las razones por las cuales los programas de asistencia social son esenciales:

Reducción de la pobreza: Los programas de asistencia social pueden reducir la incidencia de la pobreza al proporcionar apoyo financiero a las personas y familias que se encuentran en situaciones económicas precarias. Esto ayuda a garantizar que las necesidades básicas, como alimentos, vivienda y atención médica, estén cubiertas.

Seguridad económica: Los programas de asistencia social proporcionan un colchón de seguridad económica a las personas en momentos de necesidad, como la pérdida de empleo, enfermedad o discapacidad. Esto evita que las personas se enfrenten a dificultades financieras extremas y ayuda a estabilizar la economía doméstica.

Igualdad de oportunidades: Los programas de asistencia social pueden ayudar a nivelar el campo de juego al proporcionar apoyo a personas de diversos orígenes socioeconómicos. Esto es fundamental para garantizar que todos tengan igualdad de oportunidades para el éxito y la movilidad económica.

Bienestar de los niños: Los programas de asistencia social, como el apoyo a familias de bajos ingresos, son importantes para el bienestar de los niños. Ayudan a garantizar que los niños tengan acceso a una nutrición adecuada, atención médica y educación, lo que es crucial para su desarrollo y futuro.

Promoción de la salud y el bienestar: Los programas de asistencia social pueden incluir servicios de salud, atención médica y apoyo psicológico para personas con necesidades especiales, como discapacidades o enfermedades crónicas.

Estabilidad social: La existencia de programas de asistencia social puede contribuir a la estabilidad social al reducir la desesperación y la agitación que a menudo se asocian con la pobreza extrema y la inseguridad económica.

Estímulo económico: Durante las recesiones económicas, los programas de asistencia social pueden desempeñar un papel importante al proporcionar apoyo financiero a las personas y familias afectadas, lo que a su vez estimula el gasto y apoya la recuperación económica.

Empoderamiento y autonomía: Los programas de asistencia social también pueden incluir servicios de capacitación y asesoramiento para ayudar a las personas a adquirir habilidades y conocimientos que les permitan superar las dificultades económicas de manera sostenible.

Los programas de asistencia social pueden variar ampliamente en su alcance y enfoque, pero su objetivo principal es proporcionar un sistema de seguridad que proteja a las personas en tiempos de necesidad. La combinación de estos programas con políticas de empleo y educación puede ayudar a abordar la pobreza y promover un mayor bienestar económico y social.

Seguridad y defensa: Los gastos en seguridad y defensa son esenciales para la protección de la nación y sus ciudadanos. Esto incluye la financiación de las fuerzas armadas y las agencias encargadas de mantener la seguridad pública.

Los gastos en seguridad y defensa son una prioridad fundamental para la protección de la nación y sus ciudadanos. Estos gastos abarcan una variedad de aspectos, desde la financiación de las fuerzas armadas hasta la inversión en agencias encargadas de mantener la seguridad pública. A continuación, se destacan las razones por las cuales estos gastos son esenciales:

Defensa nacional: El gasto en seguridad y defensa es fundamental para la defensa de la nación contra amenazas externas y la protección de la soberanía. Esto incluye la financiación de las fuerzas armadas, la infraestructura militar y la preparación para enfrentar conflictos o desafíos a la seguridad nacional.

Seguridad pública: Además de la defensa nacional, el gasto en seguridad y defensa incluye la financiación de agencias encargadas de mantener la seguridad pública a nivel nacional, regional y local. Esto abarca a la policía, los servicios de emergencia, la seguridad fronteriza y la lucha contra el crimen.

Prevención y respuesta a amenazas: Los recursos destinados a seguridad y defensa permiten a un país prevenir y responder a amenazas internas y externas, como actos terroristas, desastres naturales, ciberataques y pandemias.

Promoción de la paz y estabilidad: Una fuerte capacidad de defensa y seguridad pública contribuye a la promoción de la paz y la estabilidad tanto a nivel nacional como internacional. Esto disuade a los actores hostiles y ayuda a mantener un ambiente seguro para el desarrollo económico y social.

Capacidad de respuesta a crisis: Los gastos en seguridad y defensa son esenciales para garantizar que un país esté preparado para responder a situaciones de crisis y emergencia, como desastres naturales, conflictos armados y otras amenazas graves.

Protección de derechos y libertades: Las agencias de seguridad y defensa también desempeñan un papel en la protección de los derechos y libertades de los ciudadanos, al garantizar que la ley se aplique de manera justa y equitativa.

Cooperación internacional: La cooperación y la alianza con otros países en materia de seguridad y defensa pueden contribuir a la seguridad colectiva y a la respuesta a amenazas globales. Esto incluye la participación en acuerdos y tratados internacionales.

Estabilidad económica: La seguridad y la estabilidad son fundamentales para el desarrollo económico y la inversión en un país. Un entorno seguro es atractivo para los inversionistas y fomenta el crecimiento económico.

Es importante señalar que la asignación de recursos a seguridad y defensa es una cuestión delicada que requiere un equilibrio entre las necesidades de seguridad y los demás aspectos del gasto público, como la inversión en infraestructura, educación y atención médica. La toma de decisiones en esta área se basa en la evaluación de amenazas, la política nacional y las prioridades estratégicas.

Investigación y desarrollo: Los gastos en investigación y desarrollo pueden estimular la innovación y la tecnología. Esto puede tener un impacto positivo en la competitividad económica y el crecimiento a largo plazo.

La inversión en investigación y desarrollo (I+D) desempeña un papel crítico en el estímulo de la innovación, el avance tecnológico y el crecimiento económico a largo plazo. Los gastos en I+D tienen un impacto significativo en diversos aspectos de la economía y la sociedad. Aquí se resaltan las razones por las cuales la inversión en I+D es esencial:

Innovación tecnológica: La I+D impulsa la innovación al fomentar la creación y mejora de tecnologías, productos y servicios. Esta innovación puede llevar a la aparición de nuevas industrias, el desarrollo de tecnologías de vanguardia y la mejora de la calidad de vida.

Competitividad económica: Los países que invierten en I+D tienden a ser más competitivos en la economía global. La innovación tecnológica les permite producir bienes y servicios de mayor calidad y eficiencia, lo que les da una ventaja competitiva.

Crecimiento a largo plazo: La inversión en I+D es un impulsor clave del crecimiento económico a largo plazo. Las nuevas tecnologías y productos generados a través de la I+D pueden abrir nuevas oportunidades de mercado y aumentar la productividad.

Empleo de alta calidad: La I+D crea empleos altamente especializados en áreas como la investigación científica, la ingeniería y el desarrollo de software. Estos empleos suelen ser bien remunerados y contribuyen al crecimiento del empleo de alta calidad.

Solución de problemas complejos: La I+D aborda problemas complejos y desafiantes, como la búsqueda de soluciones para enfermedades, el cambio climático, la energía sostenible y la seguridad cibernética. Estas soluciones son fundamentales para el bienestar de la sociedad.

Atracción de inversionistas y talento: Las regiones que invierten en I+D tienden a atraer inversionistas y talento de todo el mundo. Esto crea un entorno favorable para la inversión y la colaboración en investigación.

Calidad de vida: La I+D contribuye al desarrollo de tecnologías y tratamientos que mejoran la calidad de vida de las personas. Esto incluye avances en atención médica, comunicaciones, transporte y energía.

Resiliencia económica: Las inversiones en I+D pueden diversificar la economía y reducir su dependencia de sectores económicos específicos. Esto puede hacer que una economía sea más resistente a las crisis y a los cambios en las condiciones económicas globales.

Colaboración y cooperación: La I+D a menudo involucra la colaboración entre gobiernos, instituciones académicas y empresas privadas, lo que fomenta la cooperación y la transferencia de conocimientos.

La inversión en I+D puede provenir tanto del sector público como del sector privado. Los gobiernos a menudo establecen políticas y programas para fomentar la I+D, mientras que las empresas privadas también invierten en investigación para impulsar la innovación y la ventaja competitiva. La colaboración entre estos dos sectores es esencial para aprovechar al máximo el potencial de la I+D.

Los impuestos permiten al gobierno financiar sus operaciones y programas, redistribuir ingresos, regular la economía y mantener la estabilidad fiscal. Los gastos públicos son una inversión en la sociedad y la economía, con un impacto significativo en el crecimiento, la educación, la salud y el bienestar de la población. El equilibrio adecuado entre impuestos y gastos es esencial para mantener la estabilidad económica y promover el desarrollo sostenible.

6.El ciclo económico: auge y recesión

El ciclo económico es una fluctuación recurrente de la actividad económica en una economía a lo largo del tiempo. Se caracteriza por la alternancia entre periodos de auge y recesión. Estos ciclos económicos son una parte normal de la vida económica y pueden tener un impacto significativo en la prosperidad de una nación. Aquí se describen las principales fases del ciclo económico:

Auge: Durante la fase de auge, la economía experimenta un crecimiento sólido. La producción aumenta, el empleo es alto, los ingresos aumentan y las empresas están en pleno funcionamiento. Los inversores y consumidores tienen confianza en la economía, lo que se traduce en un aumento de la inversión y el gasto.

El auge es una fase del ciclo económico caracterizada por un crecimiento sólido y generalizado en la actividad económica. Durante esta etapa, varios indicadores económicos muestran resultados positivos, y la economía se encuentra en su punto más alto.

Crecimiento económico: Durante el auge, la economía experimenta un crecimiento positivo y sostenido. Esto se refleja en un aumento en la producción de bienes y servicios, lo que contribuye al aumento del producto interno bruto (PIB).

Pleno empleo: Durante esta fase, la tasa de desempleo tiende a ser baja, ya que las empresas están operando a su capacidad máxima y buscan contratar trabajadores para satisfacer la demanda creciente de bienes y servicios.

Aumento de los ingresos: A medida que la producción y el empleo aumentan, los ingresos de los trabajadores tienden a incrementarse. Esto puede llevar a un mayor poder adquisitivo y un aumento en el nivel de vida de la población.

Confianza del consumidor e inversor: La confianza de los consumidores y los inversores suele ser alta durante el auge. Los consumidores están dispuestos a gastar y los inversores están dispuestos a tomar riesgos en el mercado, lo que fomenta la inversión empresarial y el gasto del consumidor.

Inversiones y gasto: Durante el auge, las empresas pueden invertir en expansión, nuevas instalaciones y tecnología. Además, los consumidores tienden a gastar más en bienes y servicios, lo que impulsa la demanda y la producción.

Beneficios empresariales: Las empresas a menudo experimentan un aumento en sus beneficios durante el auge, ya que ven un aumento en la demanda de sus productos y servicios.

Estabilidad financiera: Durante esta fase, los mercados financieros suelen ser estables, y los inversores pueden obtener rendimientos favorables en sus inversiones.

El auge es una fase deseada en el ciclo económico, ya que generalmente se asocia con la prosperidad económica y una mejora en la calidad de vida de la población. Sin embargo, es importante destacar que el auge no es sostenible indefinidamente, y a menudo se ve seguido de una fase de recesión o desaceleración económica. La gestión adecuada de la economía durante el auge es esencial para evitar tensiones inflacionarias y para prepararse para las fases menos favorables del ciclo económico.

Pico: El pico del ciclo económico marca el punto más alto de la actividad económica. En esta etapa, la economía se encuentra en su punto más alto, con pleno empleo y una producción en su capacidad máxima. Sin embargo, esta fase es insostenible a largo plazo y a menudo se asocia con tensiones inflacionarias.

El pico del ciclo económico es una etapa que marca el punto más alto de la actividad económica. Durante esta fase, la economía se encuentra en su punto más alto, con una producción en su capacidad máxima y una tasa de empleo cercana al pleno empleo. A pesar de la aparente prosperidad, esta etapa se asocia con ciertas características y desafíos que vale la pena destacar:

Producción en su capacidad máxima: Durante el pico, las empresas están operando a plena capacidad para satisfacer la creciente demanda de bienes y servicios. Esto a menudo se traduce en un aumento en la producción y la utilización de recursos al máximo.

Pleno empleo: En esta etapa, la tasa de desempleo suele ser baja, y muchas personas están empleadas. Las empresas pueden tener dificultades para encontrar trabajadores disponibles para llenar puestos vacantes.

Tensiones inflacionarias: Un desafío común durante el pico es el aumento de la presión inflacionaria. La alta demanda de bienes y servicios puede llevar al aumento de los precios a medida que las empresas intentan cubrir costos más altos y mantener sus márgenes de beneficio.

Escasez de recursos: La alta utilización de recursos durante el pico puede llevar a la escasez de materias primas, energía y mano de obra. Esto puede aumentar los costos de producción y agravar las tensiones inflacionarias.

Alza de tasas de interés: Para contrarrestar la inflación, los bancos centrales a menudo aumentan las tasas de interés. Esto puede reducir la inversión y el gasto, lo que a su vez puede contribuir a la desaceleración económica.

Saturación del mercado: En algunos casos, la demanda puede llegar a su punto máximo y los mercados pueden saturarse. Esto puede resultar en una disminución de las ventas y la producción.

Riesgo de burbujas económicas: Durante el pico, los activos, como bienes raíces o acciones, pueden experimentar aumentos significativos en su valor. Esto puede llevar a la formación de burbujas económicas, que son insostenibles y pueden estallar, causando caídas en los precios y problemas financieros.

Es importante tener en cuenta que la fase del pico es insostenible a largo plazo, y a menudo está seguida de una fase de recesión o desaceleración económica. La gestión adecuada de la economía en esta etapa es esencial para evitar tensiones inflacionarias excesivas y para prepararse para los desafíos económicos que pueden surgir en las fases siguientes del ciclo económico.

Recesión: La recesión es una fase en la que la actividad económica comienza a declinar. La producción disminuye, el empleo se contrae, y la inversión y el gasto caen. Las empresas pueden enfrentar dificultades financieras, y los inversores y consumidores pueden volverse más cautelosos. La recesión puede ser causada por diversos factores, como una disminución de la demanda, shocks externos o problemas financieros.

La recesión es una fase del ciclo económico en la que la actividad económica disminuye, lo que se traduce en una serie de desafíos económicos y financieros.

Disminución de la producción: Durante una recesión, la producción de bienes y servicios disminuye. Las empresas pueden reducir la producción o incluso cerrar, lo que lleva a una caída en el Producto Interno Bruto (PIB).

Contracción del empleo: La recesión suele estar acompañada de una contracción del empleo. Las empresas pueden despedir trabajadores o dejar de contratar nuevos empleados. La tasa de desempleo tiende a aumentar, lo que afecta negativamente a los ingresos y la seguridad financiera de las personas.

Inversión y gasto reducidos: Durante una recesión, tanto la inversión empresarial como el gasto de los consumidores tienden a disminuir. Las empresas pueden postergar proyectos de inversión y los consumidores pueden reducir su gasto debido a la incertidumbre económica.

Dificultades financieras de las empresas: Las empresas pueden enfrentar dificultades financieras durante una recesión, especialmente aquellas que tienen deudas significativas o dependen de la demanda del consumidor. La caída de los ingresos y la rentabilidad puede hacer que algunas empresas luchen por sobrevivir.

Caída de la confianza: La recesión a menudo resulta en una disminución de la confianza tanto de los inversores como de los consumidores. La incertidumbre económica y la preocupación por la seguridad financiera pueden llevar a una actitud más cautelosa.

Causas diversas: Las recesiones pueden ser causadas por una variedad de factores, como una disminución de la demanda de bienes y servicios, shocks externos (como crisis financieras internacionales), problemas financieros (como burbujas de activos) o desequilibrios en la economía.

Políticas contracíclicas: En respuesta a una recesión, los gobiernos y los bancos centrales a menudo implementan políticas contracíclicas para estimular la actividad económica. Esto puede incluir recortes de tasas de interés, programas de estímulo fiscal y otras medidas diseñadas para impulsar la inversión y el gasto.

Las recesiones son una parte normal del ciclo económico y pueden variar en duración y severidad. La gestión adecuada de la política económica y financiera es esencial para superar las dificultades económicas y facilitar la transición a la fase de recuperación económica.

Depresión: La depresión es una recesión prolongada y severa. Durante una depresión, la producción y el empleo pueden caer significativamente, y la economía puede entrar en una espiral negativa de caída de precios y gastos. Las depresiones son raras pero pueden ser devastadoras para la economía y la sociedad.

La depresión es una fase del ciclo económico caracterizada por una recesión prolongada y severa. A diferencia de las recesiones típicas, las depresiones son raras pero extremadamente devastadoras para la economía y la sociedad.

Caída significativa de la producción: Durante una depresión, la producción de bienes y servicios puede experimentar una disminución significativa y prolongada. Esto puede llevar a una reducción sustancial del Producto Interno Bruto (PIB).

Desempleo elevado: La tasa de desempleo durante una depresión tiende a ser muy alta, y la duración del desempleo puede ser prolongada. Muchas empresas pueden cerrar o reducir drásticamente su fuerza laboral.

Espiral negativa de precios y gastos: En una depresión, los precios pueden caer debido a la falta de demanda y el exceso de capacidad productiva. Esto puede llevar a la deflación, que es la disminución generalizada y prolongada de los precios, lo que a su vez puede reducir los ingresos y el gasto de los consumidores y las empresas.

Colapso financiero: Las depresiones a menudo están acompañadas de problemas financieros generalizados, incluida la caída de los precios de activos como bienes raíces y acciones, así como la insolvencia de instituciones financieras.

Desconfianza generalizada: La confianza en la economía suele ser baja durante una depresión, lo que puede llevar a la inversión empresarial reducida y al aplazamiento de decisiones de gasto por parte de los consumidores.

Necesidad de intervención gubernamental: Durante una depresión, es común que el gobierno intervenga en la economía para tratar de estabilizarla. Esto puede incluir la implementación de políticas fiscales y monetarias expansivas, así como medidas para apoyar el sistema financiero.

Duración prolongada: A diferencia de las recesiones típicas, las depresiones pueden durar varios años y, en algunos casos, incluso una década o más.

Las depresiones son raras y generalmente están relacionadas con factores económicos y financieros complejos. A lo largo de la historia, se han producido algunas depresiones notables, como la Gran Depresión de la década de 1930. La gestión de una depresión es un desafío importante y requiere una coordinación significativa entre el gobierno, el sector privado y las instituciones financieras para impulsar la recuperación económica y restablecer la confianza en la economía.

Fondo: El fondo del ciclo económico marca el punto más bajo de la recesión o la depresión. En esta etapa, la economía toca fondo y comienza a recuperarse. Las tasas de interés pueden ser bajas, lo que estimula la inversión y el gasto. A medida que la economía se estabiliza, la confianza de los inversores y consumidores comienza a regresar.

El fondo del ciclo económico es la etapa que marca el punto más bajo de una recesión o depresión económica. Durante esta fase, la economía ha alcanzado su nivel más bajo en términos de producción, empleo y actividad económica en general.

Punto más bajo de la actividad económica: En el fondo, la economía ha tocado fondo y la mayoría de los indicadores económicos han llegado a su nivel más bajo. La producción y el empleo se han contraído significativamente, y la confianza en la economía está en su punto más bajo.

Tasas de interés bajas: Para estimular la inversión y el gasto, los bancos centrales a menudo reducen las tasas de interés a niveles bajos. Esto puede hacer que los préstamos sean más asequibles y fomentar la inversión empresarial y el gasto de los consumidores.

Estabilización: A medida que la economía toca fondo, comienza a estabilizarse. La disminución de la producción y el empleo se detiene, y algunos indicadores económicos pueden comenzar a mostrar signos de estabilización o mejora.

Recuperación gradual: Aunque la recuperación económica no es inmediata, el fondo marca el inicio de la recuperación gradual. A medida que la economía se estabiliza, se espera que la producción y el empleo comiencen a recuperarse, aunque este proceso puede llevar tiempo.

Confianza en recuperación: A medida que los indicadores económicos muestran signos de estabilización y mejora, la confianza de los inversores y consumidores comienza a regresar. La expectativa de una recuperación puede estimular la inversión y el gasto.

Intervención gubernamental: Durante el fondo del ciclo económico, es común que el gobierno implemente políticas económicas y fiscales expansivas para respaldar la recuperación. Estas políticas pueden incluir estímulos fiscales, inversiones en infraestructura y medidas para apoyar el sistema financiero.

Volatilidad en los mercados financieros: A medida que la economía se estabiliza y comienza a recuperarse, los mercados financieros pueden experimentar cierta volatilidad a medida que los inversores reevalúan sus estrategias y ajustan sus carteras.

La fase del fondo del ciclo económico marca el inicio de la recuperación, pero la recuperación en sí puede ser un proceso gradual y lleva tiempo. La gestión adecuada de la economía y la implementación de políticas económicas eficaces son esenciales para impulsar la recuperación y restaurar la confianza en la economía.

Recuperación: Durante la recuperación, la economía comienza a crecer nuevamente. La producción aumenta, el empleo se recupera y la confianza vuelve a los mercados. La inversión y el gasto aumentan, y la economía se aleja de la recesión.

La recuperación es una fase del ciclo económico en la que la economía comienza a crecer nuevamente después de una recesión o depresión. Durante esta etapa, se producen una serie de cambios y mejoras en la actividad económica.

Crecimiento económico: La producción de bienes y servicios comienza a aumentar, lo que se traduce en un crecimiento económico. La economía se aleja de la contracción y se dirige hacia una fase de expansión.

Recuperación del empleo: A medida que la economía crece, la tasa de desempleo tiende a disminuir gradualmente. Las empresas pueden comenzar a contratar nuevamente y a llenar puestos vacantes.

Aumento de la inversión: La confianza en la economía generalmente aumenta durante la recuperación. Esto estimula la inversión empresarial, ya que las empresas pueden estar más dispuestas a emprender nuevos proyectos y expandir sus operaciones.

Incremento del gasto: Los consumidores también tienden a aumentar su gasto durante la recuperación, ya que se sienten más seguros en cuanto a sus perspectivas económicas. Esto puede impulsar la demanda de bienes y servicios.

Normalización de los mercados financieros: Durante la recuperación, los mercados financieros suelen experimentar una mayor estabilidad y un aumento en los precios de los activos, como acciones y bienes raíces.

Intervención gubernamental sostenida: Aunque la recuperación es una señal positiva, el gobierno a menudo continúa implementando políticas económicas para respaldar el crecimiento y la estabilidad.

Dinámica de negocios y mercados laborales: Durante la recuperación, las empresas pueden ajustar sus estrategias comerciales para aprovechar las nuevas oportunidades de crecimiento. Esto puede incluir la expansión de la producción, la introducción de nuevos productos y la búsqueda de mercados internacionales.

Expectativas positivas: A medida que la economía se recupera, la confianza de los inversores y consumidores suele ser más positiva. Esto puede llevar a un ciclo de retroalimentación positiva, donde las expectativas positivas impulsan aún más el crecimiento económico.

La recuperación puede ser un proceso gradual y llevar tiempo. No todas las áreas de la economía se recuperan al mismo ritmo, y la velocidad y la duración de la recuperación pueden variar según diversos factores, como la gravedad de la recesión y las políticas gubernamentales implementadas. La gestión adecuada de la economía en esta fase es esencial para garantizar una recuperación sostenible y un crecimiento económico continuo.

Expansión: La expansión es la fase en la que la economía está en pleno crecimiento. La producción está en su punto máximo, el empleo es alto y los ingresos aumentan. La confianza de los inversores y consumidores se mantiene alta, y la economía se encuentra en un auge.

La expansión es la fase del ciclo económico en la que la economía se encuentra en pleno crecimiento y experimenta un aumento significativo en la actividad económica. Durante esta etapa, varios indicadores económicos muestran signos de crecimiento y prosperidad. A continuación, se describen las características típicas de la fase de expansión:

Crecimiento económico sólido: Durante la expansión, la producción de bienes y servicios está en su punto máximo. La economía experimenta un crecimiento sólido y constante del Producto Interno Bruto (PIB).

Pleno empleo: El empleo es alto durante la expansión, y la tasa de desempleo tiende a ser baja. Las empresas están contratando activamente, y es posible que exista una escasez de trabajadores calificados en ciertas industrias.

Aumento de los ingresos: Los ingresos de las personas y las empresas aumentan durante la expansión. Los trabajadores pueden ver incrementos en sus salarios, y las empresas disfrutan de mayores márgenes de beneficio.

Confianza en la economía: La confianza de los inversores y consumidores suele ser alta durante la expansión, ya que las perspectivas económicas son positivas. Esto puede llevar a un mayor gasto de inversión y consumo.

Auge en la inversión: Las empresas están dispuestas a invertir en nuevos proyectos y expansión durante la expansión. La inversión empresarial tiende a ser robusta, lo que contribuye al crecimiento económico.

Mercados financieros en auge: Los mercados financieros suelen estar en auge durante la expansión, con precios de acciones y bienes raíces en aumento. Los inversores pueden ver rendimientos positivos en sus carteras de inversión.

Políticas gubernamentales conservadoras: Durante la expansión, el gobierno a menudo se enfoca en políticas fiscales y monetarias más conservadoras para evitar el sobrecalentamiento de la economía y la inflación.

Dinamismo empresarial: Durante la expansión, las empresas pueden buscar nuevas oportunidades de crecimiento y diversificación. La competencia es alta, y la innovación puede ser un impulsor clave de la actividad empresarial.

Aunque la expansión es una fase positiva del ciclo económico, también puede llevar a desafíos económicos, como la inflación y el aumento de los precios de los activos. La gestión adecuada de la economía es esencial para mantener un crecimiento sostenible y evitar desequilibrios económicos durante esta fase.

Estos ciclos económicos son una parte natural de la economía y pueden ser influenciados por una variedad de factores, como cambios en la demanda, políticas gubernamentales, eventos globales y desarrollos en los mercados financieros. Los gobiernos y los responsables de la política económica a menudo toman medidas para gestionar estos ciclos y minimizar sus impactos negativos, como implementar políticas contracíclicas durante las recesiones y ajustar las tasas de interés para controlar la inflación durante los auge. El entendimiento y la gestión de estos ciclos son esenciales para mantener la estabilidad y el crecimiento económico a largo plazo.

7.La inflación y su impacto en tu bolsillo

La inflación es el aumento sostenido y generalizado de los precios de bienes y servicios en una economía a lo largo del tiempo. Puede tener un impacto significativo en el poder adquisitivo de las personas y en su capacidad para mantener su nivel de vida. A continuación, se describen algunos de los impactos de la inflación en tu bolsillo:

Reducción del poder adquisitivo: Cuando la inflación es alta, tu dinero puede comprar menos bienes y servicios con el tiempo. Esto significa que, si tus ingresos no aumentan al mismo ritmo que la inflación, tu poder adquisitivo se verá reducido, lo que afecta tu capacidad para comprar lo mismo que antes.

La reducción del poder adquisitivo es uno de los efectos más evidentes de la inflación en el bolsillo de las personas. Cuando los precios de bienes y servicios aumentan debido a la inflación, la cantidad de bienes y servicios que puedes comprar con la misma cantidad de dinero disminuye. Esto significa que necesitas gastar más dinero para comprar los mismos productos o servicios que podías adquirir previamente a un precio más bajo.

La reducción del poder adquisitivo puede tener un impacto significativo en la calidad de vida de las personas, ya que limita su capacidad para satisfacer sus necesidades y deseos con sus ingresos actuales. Para contrarrestar este efecto, es importante que los ingresos, como salarios y rentas, aumenten al menos al mismo ritmo que la tasa de inflación. De lo contrario, las personas pueden encontrarse en una situación en la que les resulte más difícil llegar a fin de mes y mantener su nivel de vida.

La planificación financiera y la inversión cuidadosa son estrategias que las personas utilizan para proteger su poder adquisitivo en tiempos de inflación. Al invertir en activos que históricamente han superado la tasa de inflación, como acciones o bienes raíces, es posible mantener el valor de los activos y preservar el poder adquisitivo a lo largo del tiempo.

Costo de vida: La inflación puede aumentar el costo de vida. Los productos y servicios esenciales, como alimentos, vivienda y atención médica, tienden a volverse más caros durante periodos de inflación alta, lo que puede afectar tu presupuesto mensual.

El aumento del costo de vida es otro efecto importante de la inflación en el bolsillo de las personas. Cuando los precios de bienes y servicios esenciales, como alimentos, vivienda y atención médica, aumentan debido a la inflación, los consumidores enfrentan un mayor gasto en sus necesidades cotidianas. Esto puede tener un impacto directo en el presupuesto mensual de las familias y en su calidad de vida.

Alimentos: Los alimentos son una parte fundamental del presupuesto de cualquier hogar, y los aumentos de precios pueden hacer que los comestibles sean más costosos. Las familias pueden verse obligadas a ajustar sus hábitos alimenticios o buscar productos más económicos.

los alimentos son una de las categorías de gastos más esenciales para cualquier hogar, y los aumentos en los precios de los alimentos debido a la inflación pueden tener un impacto significativo en el presupuesto de las familias. Aquí hay algunas consideraciones adicionales sobre cómo la inflación puede afectar la compra de alimentos:

Ajuste de hábitos alimenticios: Cuando los precios de los alimentos aumentan, las familias pueden verse obligadas a ajustar sus hábitos alimenticios. Esto podría significar comprar productos más económicos, buscar alternativas más asequibles o reducir el consumo de ciertos alimentos.

Efecto en la nutrición: La inflación en los precios de los alimentos puede tener un impacto en la nutrición de las personas. Las familias pueden verse tentadas a optar por alimentos menos nutritivos pero más económicos, lo que puede afectar negativamente su salud a largo plazo.

Búsqueda de ofertas: En tiempos de inflación, es común que las personas busquen ofertas y descuentos en sus compras de alimentos. Utilizar cupones, aprovechar las promociones y comprar a granel pueden ser estrategias para reducir los gastos en alimentos.

Planificación de comidas: La planificación de comidas puede ayudar a las familias a optimizar su presupuesto. Al crear un plan de comidas y una lista de compras, es posible minimizar el desperdicio de alimentos y gastar de manera más eficiente.

Producción propia: Algunas personas optan por cultivar sus propios alimentos, ya sea en un jardín o en un espacio interior. Esto puede ser una forma de reducir los costos y garantizar el acceso a alimentos frescos.

Compras a granel: Comprar alimentos a granel o en cooperativas puede ser una estrategia para obtener precios más bajos por unidad y reducir el impacto de la inflación en el presupuesto de alimentos.

Diversificación de la dieta: La diversificación de la dieta puede ayudar a las familias a enfrentar aumentos de precios en ciertos alimentos. Consumir una variedad de alimentos puede hacer que la dieta sea más asequible y equilibrada.

La gestión inteligente de los gastos en alimentos es esencial para mantener un presupuesto equilibrado, especialmente en momentos de inflación. Además, estar atento a las tendencias de precios y ser proactivo en la búsqueda de ofertas y alternativas puede ayudar a las familias a minimizar el impacto de la inflación en su capacidad para alimentarse adecuadamente.

Vivienda: El aumento de los precios de la vivienda, ya sea a través de alquileres más altos o mayores costos de vivienda, puede ejercer presión sobre el presupuesto de las familias. Esto puede dificultar que las personas encuentren viviendas asequibles.

Atención médica: Los servicios de atención médica y los costos de medicamentos también pueden aumentar durante la inflación. Esto puede resultar en gastos adicionales para las personas, especialmente aquellas sin seguro médico.

Transporte: Los precios de la gasolina y el transporte público también pueden verse afectados por la inflación, lo que aumenta los costos de desplazamiento diario y de viajes.

Para hacer frente al aumento del costo de vida durante la inflación, es importante que las personas revisen su presupuesto y consideren ajustar sus gastos en consecuencia. Esto puede incluir buscar ofertas, reducir gastos no esenciales y mantener un enfoque en la eficiencia en el consumo. También es crucial que las personas busquen maneras de aumentar sus ingresos, como negociar un aumento salarial o buscar oportunidades de ingresos adicionales.

Además, la inversión y la planificación financiera a largo plazo pueden ayudar a las personas a proteger su capacidad para hacer frente a los mayores costos de vida que pueden surgir durante periodos de inflación.

Impacto en el ahorro: La inflación puede erosionar el valor de tus ahorros. Si tienes dinero ahorrado en cuentas de ahorro o inversiones con tasas de interés fijas, es posible que tus ahorros no se mantengan al ritmo de la inflación, lo que significa que estás perdiendo poder adquisitivo con el tiempo.

El impacto de la inflación en el ahorro es un tema importante y puede tener graves implicaciones en el crecimiento y la preservación del valor de tus ahorros a lo largo del tiempo.

Pérdida de poder adquisitivo: La inflación reduce el poder adquisitivo de tus ahorros. Esto significa que, con el tiempo, la misma cantidad de dinero tendrá menos capacidad para comprar bienes y servicios, lo que puede afectar tus metas financieras a largo plazo.

Cuentas de ahorro: Las cuentas de ahorro tradicionales generalmente ofrecen tasas de interés fijas o muy bajas. Cuando la tasa de inflación supera la tasa de interés en tu cuenta de ahorro, tus ahorros no crecerán lo suficiente para mantener su valor real.

Inversiones con tasas fijas: Las inversiones con tasas de interés fijas, como bonos de bajo rendimiento, también pueden verse afectadas por la inflación. Si la tasa de interés fija es menor que la tasa de inflación, el rendimiento real de la inversión será negativo.

Inversiones inteligentes: Para combatir el impacto de la inflación en tus ahorros, es importante considerar inversiones que tengan la capacidad de superar la tasa de inflación a largo plazo. Esto incluye inversiones en acciones, bienes raíces u otros activos que históricamente han proporcionado rendimientos superiores a la inflación.

Diversificación: Diversificar tus inversiones puede ayudarte a reducir el riesgo y proteger tu cartera contra los efectos de la inflación. La diversificación implica invertir en una variedad de activos, lo que puede mitigar las pérdidas en un área específica de la inversión.

Planificación a largo plazo: La planificación financiera a largo plazo es fundamental para proteger tus ahorros. Esto incluye la construcción de un portafolio de inversiones que tenga en cuenta tus metas financieras y la capacidad de generar rendimientos reales positivos.

Revisión continua: Es importante revisar y ajustar tus inversiones y estrategias de ahorro a medida que cambian las condiciones económicas y la tasa de inflación. Mantener un enfoque constante en la gestión de tus finanzas personales es esencial para proteger tu patrimonio.

La inflación puede tener un impacto significativo en el valor de tus ahorros a lo largo del tiempo. Para proteger tus ahorros de la erosión causada por la inflación, es esencial considerar estrategias de inversión que tengan la capacidad de generar rendimientos reales positivos y mantener el poder adquisitivo de tus ahorros. La planificación financiera a largo plazo y la diversificación de inversiones son prácticas recomendadas para mitigar el impacto de la inflación en tus ahorros.

Inversión y jubilación: La inflación puede afectar tus inversiones y tus planes de jubilación. Si tus inversiones no generan rendimientos que superen la tasa de inflación, tu capacidad para acumular riqueza a largo plazo puede verse comprometida.

La inflación ciertamente tiene un impacto significativo en las inversiones y en los planes de jubilación de las personas. Aquí hay algunas consideraciones clave sobre cómo la inflación puede afectar tus inversiones y tu jubilación:

Poder adquisitivo en la jubilación: Cuando te jubilas, tus ingresos pueden depender en gran medida de tus ahorros y de las inversiones que hayas acumulado a lo largo de tu vida laboral. Si la inflación reduce el poder adquisitivo de tus ahorros y tus inversiones, esto puede afectar la calidad de vida en la jubilación.

Planificación de inversiones: Es esencial planificar tus inversiones de manera que tengan el potencial de superar la tasa de inflación a lo largo del tiempo. Las inversiones conservadoras con bajos rendimientos pueden no ser adecuadas si la inflación es alta, ya que podrían no generar suficientes ingresos para mantener tu nivel de vida en la jubilación.

Diversificación de cartera: La diversificación es clave para proteger tu cartera de los efectos de la inflación. Invertir en una variedad de activos, como acciones, bienes raíces, bonos y otros, puede ayudar a mitigar el riesgo y mantener el crecimiento a largo plazo de tus inversiones.

Rendimiento real positivo: Buscar inversiones que generen un rendimiento real positivo, es decir, que superen la tasa de inflación, es fundamental para proteger tus planes de jubilación. Las acciones y otros activos de mayor rendimiento histórico a menudo ofrecen la oportunidad de alcanzar este objetivo.

Revisión periódica: Es importante revisar y ajustar tus inversiones y planes de jubilación periódicamente para asegurarte de que sigan siendo apropiados en un entorno de inflación cambiante. Puedes necesitar realizar ajustes en tu cartera o estrategia de inversión a medida que cambien las circunstancias económicas.

Ahorro adicional: Si la inflación amenaza con reducir el valor de tus ahorros y las inversiones existentes, es posible que debas considerar aumentar tus ahorros y contribuciones a planes de jubilación, como cuentas de jubilación individuales (IRA) o 401(k), para compensar el impacto de la inflación.

La planificación financiera a largo plazo es esencial para asegurarte de que puedas mantener tu calidad de vida en la jubilación a pesar de la inflación. Los asesores financieros pueden ser recursos valiosos para ayudarte a desarrollar estrategias de inversión y jubilación que sean resistentes a la erosión del poder adquisitivo causada por la inflación.

Tasas de interés: Para combatir la inflación, los bancos centrales a menudo aumentan las tasas de interés. Esto puede tener un impacto en tus préstamos y deudas, ya que los costos de endeudamiento tienden a aumentar, lo que puede afectar tus pagos de préstamos hipotecarios, tarjetas de crédito y otros préstamos.

Para combatir la inflación, los bancos centrales suelen aumentar las tasas de interés como parte de su política monetaria. Este aumento de las tasas de interés puede tener un impacto en los préstamos y las deudas de los consumidores.

Costo de endeudamiento: Cuando las tasas de interés aumentan, los costos de endeudamiento también tienden a aumentar. Esto significa que los préstamos, como hipotecas, préstamos para automóviles, tarjetas de crédito y préstamos estudiantiles, pueden volverse más caros. Los consumidores que tienen tasas de interés variables en sus préstamos verán un aumento en sus pagos mensuales.

Hipotecas: Los préstamos hipotecarios suelen ser uno de los mayores gastos para la mayoría de las personas. Un aumento en las tasas de interés puede llevar a pagos mensuales más altos en las hipotecas, lo que puede afectar el presupuesto de los propietarios de viviendas.

Tarjetas de crédito: Las tarjetas de crédito a menudo tienen tasas de interés variables que están vinculadas a las tasas de interés del mercado. Cuando las tasas de interés aumentan, los saldos de las tarjetas de crédito pueden acumularse más rápidamente y los pagos mensuales pueden aumentar.

Préstamos estudiantiles: Los préstamos estudiantiles pueden ser una carga significativa para los graduados. Un aumento en las tasas de interés puede resultar en pagos mensuales más altos para aquellos que tienen préstamos estudiantiles de tasa variable.

Refinanciamiento: Un aumento en las tasas de interés puede dificultar el proceso de refinanciamiento de préstamos para obtener tasas más bajas. Aquellos que estaban considerando refinanciar sus hipotecas u otros préstamos pueden encontrar menos atractivas las tasas de interés disponibles.

Ahorro: Por otro lado, el aumento de las tasas de interés puede beneficiar a los ahorradores al proporcionar tasas de interés más atractivas en cuentas de ahorro, certificados de depósito (CD) y otras inversiones de bajo riesgo.

La relación entre las tasas de interés y la inflación es un aspecto fundamental de la política monetaria y tiene un impacto directo en las finanzas personales. Los consumidores deben estar atentos a las tendencias de las tasas de interés y considerar cómo pueden afectar sus préstamos y deudas, así como sus decisiones de ahorro e inversión.

Planificación financiera: La inflación puede complicar la planificación financiera a largo plazo. Es importante considerar la inflación al crear un presupuesto y un plan de jubilación, ya que puede afectar tus necesidades futuras de gastos y ahorro.

La consideración de la inflación en la planificación financiera a largo plazo es esencial para asegurar que tus metas y necesidades futuras estén protegidas contra la erosión del poder adquisitivo. Aquí hay algunas pautas importantes a tener en cuenta al planificar tus finanzas en un entorno de inflación:

Presupuesto realista: Al crear un presupuesto, es fundamental tener en cuenta la inflación. Los costos de vida, como alimentos, vivienda, atención médica y servicios públicos, tienden a aumentar con el tiempo debido a la inflación. Asegúrate de considerar estos aumentos en tus estimaciones de gastos futuros.

Ahorro e inversión: Ajusta tus objetivos de ahorro y estrategias de inversión para tener en cuenta la inflación. Es importante que tus inversiones generen un rendimiento que supere la tasa de inflación para mantener y aumentar tu poder adquisitivo.

Diversificación de inversiones: La diversificación de tu cartera de inversiones puede ayudarte a protegerte contra los efectos negativos de la inflación. Invierte en una variedad de activos, como acciones, bienes raíces y bonos, para mitigar el riesgo y buscar rendimientos reales positivos.

Planes de jubilación: Al planificar tu jubilación, considera cómo la inflación afectará tus necesidades de gastos futuros. Asegúrate de que tus ingresos de jubilación, como pensiones, seguridad social y fondos de jubilación, sean suficientes para mantener tu calidad de vida a medida que aumentan los costos de vida.

Seguro: Revisa tus pólizas de seguro, como el seguro de salud, el seguro de vida y el seguro de propiedad, para asegurarte de que ofrezcan suficiente cobertura en un entorno de inflación.

Revisión periódica: La planificación financiera no es estática. Debes revisar y ajustar tus planes financieros periódicamente para asegurarte de que sigan siendo apropiados en un entorno de inflación cambiante.

Consultar a un asesor financiero: Un asesor financiero puede proporcionarte orientación personalizada sobre cómo abordar la inflación en tu planificación financiera. Pueden ayudarte a desarrollar estrategias y tomar decisiones informadas.

La inflación es una consideración crítica en la planificación financiera a largo plazo, ya que puede tener un impacto significativo en tus finanzas personales y tu calidad de vida. Al tener en cuenta la inflación y tomar medidas proactivas para mitigar su impacto, puedes ayudar a asegurar un futuro financiero más sólido y resistente a la erosión del poder adquisitivo.

Inversiones: La inflación puede influir en tus decisiones de inversión. Los inversores a menudo buscan activos que ofrezcan rendimientos que superen la tasa de inflación para mantener su poder adquisitivo.

Es cierto que la inflación puede tener un impacto significativo en las decisiones de inversión. Los inversores buscan proteger y hacer crecer su riqueza, y esto implica tener en cuenta la inflación. Aquí hay algunas formas en las que la inflación puede influir en tus decisiones de inversión:

Rendimiento real positivo: Los inversores buscan activos que ofrezcan un rendimiento real positivo, es decir, un rendimiento que supere la tasa de inflación. Esto asegura que sus inversiones no pierdan valor en términos reales debido a la erosión del poder adquisitivo causada por la inflación.

Diversificación: La inflación puede afectar a diferentes activos de diferentes maneras. Al diversificar tu cartera de inversión en una variedad de clases de activos, como acciones, bonos, bienes raíces y materias primas, puedes mitigar el riesgo y buscar rendimientos reales positivos en conjunto.

Acciones: Las acciones suelen ser una inversión a largo plazo que puede proporcionar rendimientos que históricamente han superado la inflación. Sin embargo, es importante investigar y seleccionar acciones de manera cuidadosa para lograr este objetivo.

Bonos indexados a la inflación: Algunos bonos, como los bonos del Tesoro indexados a la inflación, están diseñados para proteger contra la inflación.

Sus pagos de intereses y su valor principal se ajustan con la inflación, lo que los hace más atractivos en un entorno inflacionario.

Bienes raíces: La inversión en bienes raíces, como propiedades comerciales o bienes raíces de inversión (REIT), puede proporcionar protección contra la inflación, ya que los alquileres y el valor de la propiedad tienden a aumentar con la inflación.

Materias primas: Las materias primas, como el oro, el petróleo y los metales preciosos, a menudo se consideran inversiones inflacionarias, ya que sus precios pueden aumentar en respuesta a la inflación.

Revisión periódica: Dado que las condiciones económicas y las tasas de inflación pueden cambiar con el tiempo, es importante revisar y ajustar tu cartera de inversión periódicamente para asegurarte de que siga siendo adecuada en un entorno inflacionario cambiante.

Asesoramiento financiero: Consultar a un asesor financiero puede ser beneficioso para desarrollar una estrategia de inversión que tenga en cuenta la inflación y tus objetivos financieros a largo plazo.

La inflación es un factor importante a considerar al tomar decisiones de inversión, ya que puede afectar significativamente la rentabilidad real de tus activos. Buscar activos y estrategias de inversión que ofrezcan protección contra la inflación es esencial para mantener y hacer crecer tu riqueza en un entorno económico inflacionario.

Efecto psicológico: La percepción de la inflación puede tener un efecto psicológico en las decisiones de gasto. Cuando las personas anticipan una inflación futura, pueden optar por gastar más temprano en lugar de ahorrar, lo que puede tener un impacto en la economía en su conjunto.

El efecto psicológico de la inflación es una consideración importante en la economía y en las decisiones de gasto de las personas. Aquí hay algunas formas en las que la percepción de la inflación puede influir en el comportamiento económico:

Gasto anticipado: Cuando las personas anticipan un aumento futuro en los precios debido a la inflación, pueden optar por gastar más temprano en bienes y servicios, en lugar de ahorrar o invertir. Esto se debe a la creencia de que su dinero perderá valor con el tiempo, por lo que prefieren comprar ahora antes de que los precios aumenten.

Demanda anticipada: La percepción de la inflación también puede impulsar la demanda anticipada de productos y servicios. Las personas pueden comprar bienes duraderos, como automóviles o electrodomésticos, antes de que los precios suban, lo que puede dar lugar a picos de demanda en ciertos sectores.

Efecto sobre el endeudamiento: La percepción de la inflación puede influir en las decisiones de endeudamiento. Algunos individuos pueden optar por endeudarse a tasas de interés fijas antes de que las tasas aumenten debido a la inflación, lo que puede aumentar la demanda de crédito.

Expectativas de salario: Los trabajadores también pueden ajustar sus expectativas salariales en respuesta a la inflación percibida. Pueden buscar aumentos salariales más altos para mantener su poder adquisitivo en un entorno de inflación.

Confianza del consumidor: La percepción de la inflación puede influir en la confianza del consumidor. Si las personas sienten que sus ingresos no están aumentando lo suficiente para compensar la inflación, pueden volverse menos optimistas sobre su situación financiera y reducir su gasto, lo que puede afectar la economía en su conjunto.

Ciclo económico: En algunos casos, la percepción de la inflación puede convertirse en una profecía autocumplida. Si las personas actúan en consecuencia y aumentan su gasto anticipado, esto puede impulsar la demanda y, a su vez, contribuir a un aumento real de los precios.

Es importante tener en cuenta que la percepción de la inflación no siempre se alinea perfectamente con las tasas de inflación reales, y las expectativas pueden variar entre las personas y las regiones. Sin embargo, la percepción juega un papel importante en la economía y puede influir en el comportamiento económico individual y colectivo. Las políticas económicas y las comunicaciones del gobierno también pueden desempeñar un papel en la formación de las expectativas de inflación.

La inflación es una parte normal de las economías y puede ser beneficiosa en cierta medida, ya que indica un crecimiento económico. Sin embargo, la inflación excesiva o descontrolada puede tener efectos negativos en la estabilidad económica y en el bienestar de las personas. La gestión de la inflación es una preocupación importante para los responsables de la política económica y los bancos centrales.

8.El desempleo: causas y consecuencias.

El desempleo es una condición en la que las personas que están dispuestas y capacitadas para trabajar no pueden encontrar empleo remunerado. Puede tener diversas causas y consecuencias, y su estudio es fundamental en la economía y en la formulación de políticas económicas. Aquí se explican algunas de las causas y consecuencias del desempleo:

Causas del desempleo:

Causas cíclicas: El desempleo cíclico se produce debido a las fluctuaciones económicas, como recesiones. En tiempos de recesión, las empresas pueden reducir su producción y recortar empleos para ahorrar costos.

El desempleo cíclico es una de las causas más comunes del desempleo y está estrechamente relacionado con las fluctuaciones económicas.

Fluctuaciones económicas: En la economía, las expansiones y recesiones son parte del ciclo económico. Durante las recesiones, la actividad económica disminuye, las empresas pueden experimentar una disminución en la demanda de sus productos y, como resultado, pueden reducir su producción y recortar empleos.

Disminución de la demanda: Durante una recesión, las familias y las empresas a menudo reducen sus gastos. Esto puede llevar a una disminución en la demanda de bienes y servicios, lo que afecta a las empresas y sus operaciones.

Recorte de empleos: Para adaptarse a la disminución de la demanda y reducir costos, muchas empresas recortan empleos o reducen las horas de trabajo de sus empleados. Esto puede resultar en un aumento del desempleo, ya que hay menos oportunidades laborales disponibles.

Círculo vicioso: El desempleo cíclico puede dar lugar a un ciclo vicioso. Cuando las personas pierden sus empleos o tienen miedo de perderlos, tienden a reducir su gasto, lo que puede exacerbar la recesión al reducir aún más la demanda de bienes y servicios.

Políticas contracíclicas: Para abordar el desempleo cíclico, los gobiernos y los bancos centrales a menudo implementan políticas contracíclicas. Esto puede incluir la reducción de las tasas de interés para estimular el gasto y la inversión, así como la implementación de programas de estímulo fiscal para impulsar la demanda agregada.

Duración variable: La duración del desempleo cíclico puede variar según la gravedad de la recesión y la rapidez con la que se recupere la economía. En algunas recesiones, el desempleo cíclico puede ser de corta duración, mientras que en otras, puede prolongarse si la recuperación económica es lenta.

El desempleo cíclico es una parte natural del ciclo económico y a menudo se considera menos estructural que otras formas de desempleo, como el desempleo estructural. Las políticas económicas y la gestión macroeconómica son clave para atenuar el impacto del desempleo cíclico y ayudar a la economía a recuperarse de las recesiones.

Causas estructurales: El desempleo estructural se debe a desajustes entre las habilidades de los trabajadores y las demandas del mercado laboral. Puede ocurrir cuando las industrias cambian, adoptan nuevas tecnologías o se desplazan geográficamente.

El desempleo estructural es una forma de desempleo que se produce debido a desajustes en el mercado laboral, específicamente entre las habilidades y la formación de los trabajadores y las demandas de los empleadores.

Causas del desempleo estructural:

Cambios en la demanda laboral: El desempleo estructural puede ocurrir cuando ciertas habilidades o ocupaciones se vuelven menos demandadas en la economía debido a cambios en la tecnología, la preferencia del consumidor o la evolución de las industrias.

Falta de movilidad laboral: A menudo, los trabajadores desempleados debido a desajustes estructurales no pueden cambiar fácilmente de una industria o ubicación a otra debido a restricciones geográficas o limitaciones de habilidades.

Deslocalización de industrias: Cuando las empresas trasladan sus operaciones a áreas geográficas diferentes, los trabajadores que no pueden seguir a sus empleadores pueden enfrentar desempleo estructural. Esto puede ocurrir debido a factores como costos laborales más bajos en otras regiones o la búsqueda de mercados más grandes.

Cambios tecnológicos: La automatización y la adopción de nuevas tecnologías pueden hacer que ciertos trabajadores queden obsoletos si no tienen las habilidades necesarias para trabajar con la nueva tecnología.

Desajuste de habilidades: Los trabajadores que no poseen las habilidades requeridas para las ocupaciones disponibles pueden enfrentar desempleo estructural. Esto puede deberse a la falta de formación o educación adecuada.

Consecuencias del desempleo estructural:

Pérdida de ingresos: El desempleo estructural a menudo resulta en una pérdida de ingresos para los trabajadores afectados, ya que pueden tener dificultades para encontrar empleo en sus campos de especialización.

Subutilización de habilidades: Cuando los trabajadores calificados están desempleados o se ven obligados a aceptar trabajos que no utilizan plenamente sus habilidades, se produce una subutilización de talento y recursos.

Costos para la economía: El desempleo estructural puede tener un costo para la economía en términos de talento infrautilizado y pérdida de productividad.

Desigualdad económica: El desempleo estructural a menudo afecta a ciertos grupos de trabajadores, lo que puede contribuir a la desigualdad económica.

Necesidad de formación y reciclaje laboral: Para abordar el desempleo estructural, es necesario invertir en formación y reciclaje laboral para que los trabajadores puedan adquirir las habilidades necesarias para los empleos disponibles.

Reubicación laboral: En algunos casos, el desempleo estructural puede requerir que los trabajadores se reubiquen geográficamente para encontrar empleo en sus campos de especialización.

El desempleo estructural suele ser un desafío a largo plazo que requiere políticas y programas específicos para ayudar a los trabajadores a adaptarse a las cambiantes demandas del mercado laboral. La educación y la formación son herramientas clave para abordar este tipo de desempleo y facilitar la transición de los trabajadores a nuevas oportunidades de empleo.

Causas friccionales: El desempleo friccional es temporal y se produce cuando los trabajadores están en transición entre trabajos o ingresan al mercado laboral. Es común y generalmente de corta duración.

El desempleo friccional es una forma de desempleo que es de corta duración y se produce cuando los trabajadores están en transición entre trabajos o ingresan al mercado laboral. Aquí hay más información sobre el desempleo friccional y sus causas:

Causas del desempleo friccional:

Búsqueda de empleo: El desempleo friccional ocurre cuando los trabajadores están buscando un nuevo trabajo después de haber dejado un empleo anterior o cuando ingresan al mercado laboral por primera vez. Durante este proceso de búsqueda de empleo, es natural que haya un período de desempleo.

Cambios personales: Los cambios personales, como mudarse a una nueva ubicación, cambiar de carrera o simplemente decidir cambiar de trabajo, pueden llevar a un período de desempleo friccional.

Finalización de la educación: Los estudiantes que han completado su educación a menudo experimentan un período de desempleo friccional mientras buscan su primer trabajo después de graduarse.

Voluntad de encontrar un mejor trabajo: Algunos trabajadores pueden estar empleados, pero desean encontrar un trabajo mejor o más adecuado a sus habilidades y metas profesionales. Este proceso de búsqueda también puede resultar en desempleo friccional.

Falta de información o coincidencia: En algunos casos, los trabajadores pueden no estar al tanto de todas las oportunidades de empleo disponibles o pueden tener dificultades para encontrar un trabajo que coincida con sus habilidades y preferencias. Esto puede llevar a un período de desempleo mientras buscan el trabajo adecuado.

Características del desempleo friccional:

Corta duración: El desempleo friccional generalmente es de corta duración. Los trabajadores que están en transición entre trabajos a menudo encuentran nuevas oportunidades laborales en un plazo relativamente breve.

Natural y saludable: El desempleo friccional es una parte natural y saludable del mercado laboral. Indica que los trabajadores tienen la flexibilidad y la voluntad de buscar trabajos que se adapten a sus habilidades y preferencias.

Tasa de desempleo constante: En una economía en funcionamiento, siempre habrá una cierta cantidad de desempleo friccional, ya que las personas cambian de empleo y se incorporan al mercado laboral. Esto contribuye a la tasa de desempleo general de una economía.

Facilitado por la información: En la era de la información, la búsqueda de empleo se ha vuelto más accesible a través de sitios web de búsqueda de trabajo, redes profesionales en línea y otros recursos que ayudan a los trabajadores a encontrar oportunidades laborales.

El desempleo friccional es considerado una forma de desempleo "bueno" en el sentido de que refleja una economía dinámica donde las personas tienen la capacidad y la voluntad de buscar trabajos que se ajusten a sus necesidades y aspiraciones. Sin embargo, las políticas y programas que facilitan la búsqueda de empleo y la transición laboral pueden ayudar a reducir la duración del desempleo friccional y facilitar la inserción de los trabajadores en el mercado laboral.

Causas estacionales: El desempleo estacional es común en industrias que dependen de factores estacionales, como el turismo o la agricultura. Los trabajadores pueden quedar desempleados durante los periodos de menor demanda.

El desempleo estacional es una forma de desempleo que ocurre debido a fluctuaciones predecibles y cíclicas en la demanda de empleo en ciertas industrias o sectores.

Causas del desempleo estacional:

Dependencia de factores estacionales: El desempleo estacional es común en industrias que dependen de factores estacionales, como el turismo, la agricultura, la construcción de carreteras, el esquí o la venta minorista durante las festividades. Estas industrias experimentan aumentos temporales en la demanda de empleo durante ciertas épocas del año y disminuyen la demanda en otras.

Cambios climáticos: Las estaciones climáticas pueden influir en la demanda de empleo en sectores como la agricultura. Por ejemplo, los trabajadores agrícolas pueden quedar desempleados durante la temporada baja de cultivos.

Eventos festivos: Las festividades y eventos especiales pueden generar un aumento en la demanda de empleo en sectores minoristas y de hospitalidad. Por ejemplo, se contratan trabajadores temporales para las ventas navideñas.

Turismo estacional: Las áreas turísticas pueden experimentar un aumento en la demanda de empleo durante la temporada alta de turismo y un descenso durante la temporada baja.

Construcción estacional: En regiones con climas extremos, la construcción de carreteras y edificios puede estar restringida por las condiciones climáticas. Esto puede dar lugar a despidos temporales en invierno y a la contratación en primavera y verano.

Características del desempleo estacional:

Predecible: El desempleo estacional es predecible y sigue patrones estacionales. Las empresas que operan en industrias afectadas por este tipo de desempleo suelen estar preparadas para ello.

Temporal: El desempleo estacional es temporal y suele estar vinculado a eventos o temporadas específicas del año. Los trabajadores que quedan desempleados en estas industrias a menudo pueden prever cuándo volverán a trabajar.

Vuelta al trabajo: Los trabajadores que enfrentan desempleo estacional a menudo regresan a sus empleos anteriores o encuentran empleo en el mismo sector durante la temporada alta.

Apoyo financiero: Algunos trabajadores pueden recurrir a programas de apoyo financiero o desempleo estacional para ayudar a cubrir sus necesidades económicas durante los períodos de desempleo.

El desempleo estacional es una característica común en ciertas industrias y regiones y es generalmente considerado una parte normal del mercado laboral. Las políticas gubernamentales y las prácticas empresariales suelen tener en cuenta el desempleo estacional, y las empresas a menudo planifican sus niveles de personal en consecuencia para adaptarse a las variaciones estacionales en la demanda de empleo.

Causas voluntarias: Algunas personas eligen estar desempleadas debido a razones personales, como la búsqueda de una mejor oportunidad, la decisión de regresar a la educación o la jubilación anticipada.

El desempleo voluntario se refiere a la situación en la que una persona elige estar desempleada por razones personales, ya sea temporalmente o de manera más permanente.

Causas del desempleo voluntario:

Búsqueda de una mejor oportunidad: Algunas personas optan por dejar su trabajo actual voluntariamente en busca de una oportunidad laboral que consideren más satisfactoria en términos de salario, condiciones de trabajo, ubicación o desarrollo profesional. Este período de desempleo puede ser relativamente corto si encuentran rápidamente una nueva oportunidad laboral.

Regreso a la educación: Algunas personas deciden dejar de trabajar temporalmente para regresar a la educación, como obtener un título universitario adicional o participar en programas de formación o capacitación. Esta decisión a menudo se toma con el objetivo de mejorar sus perspectivas profesionales a largo plazo.

Jubilación anticipada: En algunos casos, los trabajadores pueden optar por jubilarse antes de la edad de jubilación típica. Esto puede deberse a que han acumulado suficientes ahorros o tienen otros planes, como disfrutar de una jubilación temprana.

Reubicación: Algunas personas pueden decidir trasladarse a una ubicación diferente, lo que podría requerir dejar su trabajo actual antes de encontrar una nueva oportunidad en el nuevo lugar.

Descanso o receso personal: Algunos individuos eligen tomar un descanso del trabajo por razones personales, como cuidar de la familia, viajar, dedicarse a proyectos personales o simplemente tomar un tiempo libre.

Características del desempleo voluntario:

Decisiones personales: El desempleo voluntario es el resultado de decisiones personales y no está necesariamente relacionado con factores económicos o empresariales.

Temporales o permanentes: El desempleo voluntario puede ser temporal, con la intención de encontrar una nueva oportunidad laboral en el futuro, o puede ser permanente si la persona decide retirarse o no regresar al mercado laboral.

Condiciones planificadas: Las personas que optan por el desempleo voluntario a menudo lo hacen con un plan o una estrategia en mente. Por ejemplo, pueden tener un ahorro suficiente para cubrir sus gastos durante el período de desempleo planificado.

Flexibilidad personal: El desempleo voluntario refleja la capacidad de las personas para tomar decisiones sobre su vida laboral y su carrera con base en sus objetivos y prioridades personales.

El desempleo voluntario es una elección que las personas pueden tomar en función de sus circunstancias y objetivos personales. Aunque puede conllevar desafíos financieros temporales, también puede proporcionar oportunidades para un mayor desarrollo personal y profesional, así como para alcanzar metas personales específicas.

Consecuencias del desempleo:

Pérdida de ingresos: El desempleo resulta en la pérdida de ingresos para las personas desempleadas, lo que puede afectar su calidad de vida y capacidad para satisfacer sus necesidades básicas.

La pérdida de ingresos es una de las consecuencias más significativas del desempleo. Cuando las personas pierden sus empleos, se enfrentan a la pérdida de una fuente constante de ingresos, lo que puede tener un impacto significativo en su calidad de vida y bienestar financiero. Aquí hay más información sobre cómo la pérdida de ingresos puede afectar a las personas desempleadas:

Dificultades económicas: La pérdida de ingresos puede resultar en dificultades económicas, ya que las personas desempleadas pueden tener dificultades para pagar sus gastos básicos, como vivienda, alimentación, servicios públicos y atención médica. Esto puede dar lugar a deudas, atrasos en los pagos y problemas financieros.

Impacto en el estilo de vida: Las personas desempleadas pueden verse obligadas a ajustar su estilo de vida y reducir gastos no esenciales, como entretenimiento, viajes y compras. Esto puede afectar su calidad de vida y bienestar emocional.

Estrés financiero: La pérdida de ingresos puede causar estrés financiero, lo que a su vez puede tener un impacto negativo en la salud mental y física de las personas. El estrés financiero puede llevar a la ansiedad, la depresión y otros problemas de salud.

Dificultades para satisfacer necesidades básicas: Las personas desempleadas pueden enfrentar dificultades para satisfacer sus necesidades básicas, como la alimentación y la vivienda. Pueden recurrir a programas de asistencia social, bancos de alimentos y otros recursos de apoyo para sobrellevar la situación.

Acumulación de deudas: La pérdida de ingresos puede llevar a la acumulación de deudas, ya que algunas personas pueden depender del crédito o préstamos para cubrir sus gastos mientras están desempleadas. Esto puede resultar en una carga financiera a largo plazo.

Impacto en la jubilación y el ahorro: Las personas desempleadas pueden verse obligadas a retirar fondos de sus cuentas de ahorro para hacer frente a sus necesidades inmediatas. Esto puede tener un impacto en sus planes de jubilación y en la capacidad de acumular riqueza a largo plazo.

Cambios en la toma de decisiones: La pérdida de ingresos puede llevar a cambios en las decisiones financieras, como la postergación de metas y objetivos a largo plazo, la venta de activos y la búsqueda de oportunidades laborales menos deseables por necesidad económica.

La pérdida de ingresos como consecuencia del desempleo es un desafío significativo para las personas y las familias. Es fundamental contar con un plan financiero sólido y buscar apoyo y recursos disponibles para sobrellevar esta situación, como asistencia social, programas de capacitación y asesoramiento financiero.

Dificultades financieras: El desempleo a menudo conduce a dificultades financieras, como la incapacidad para pagar facturas, préstamos y gastos diarios.

Impacto en la salud mental: El desempleo puede tener un impacto negativo en la salud mental, causando estrés, ansiedad y depresión.

Impacto en la economía: El desempleo prolongado puede afectar la economía en su conjunto al reducir el gasto del consumidor y disminuir la producción económica.

El impacto del desempleo en la economía es significativo y puede tener efectos adversos en varios aspectos clave de la actividad económica.

Disminución del gasto del consumidor: Cuando las personas pierden sus empleos o tienen un temor constante de perderlos, tienden a reducir su gasto en bienes y servicios no esenciales. Esto puede llevar a una disminución de la demanda agregada en la economía, lo que afecta negativamente a las empresas y puede llevar a recortes adicionales de empleos.

Menor producción económica: El desempleo prolongado puede resultar en una disminución de la producción económica, ya que las empresas reducen su capacidad de producción para adaptarse a la disminución de la demanda. Esto puede contribuir a una desaceleración económica o incluso a una recesión.

Aumento de la carga sobre la asistencia social: A medida que más personas pierden sus empleos, aumenta la carga sobre los programas de asistencia social, como el seguro de desempleo y otros programas de ayuda gubernamental. Esto puede tener un impacto significativo en los presupuestos gubernamentales y la financiación de estos programas.

Disminución de los ingresos fiscales: El desempleo reduce los ingresos fiscales del gobierno, ya que menos personas están trabajando y generando ingresos sujetos a impuestos. Esto puede llevar a déficits presupuestarios y puede requerir recortes en los servicios públicos o aumentos en los impuestos para compensar la pérdida de ingresos.

Desigualdad de ingresos: El desempleo a menudo afecta de manera desproporcionada a ciertos grupos de la población, lo que puede contribuir a la desigualdad de ingresos y a la polarización económica en la sociedad.

Dificultades para los trabajadores jóvenes: Los períodos de desempleo prolongado pueden tener un impacto duradero en los trabajadores jóvenes, ya que pueden enfrentar dificultades para ingresar al mercado laboral o adquirir experiencia laboral.

Impacto psicológico y social: El desempleo puede tener un impacto significativo en la salud mental y el bienestar social de las personas, lo que a su vez puede tener efectos negativos en la sociedad en su conjunto.

El desempleo prolongado puede tener efectos adversos en la economía, tanto a nivel individual como en términos de la salud económica general de un país. Por lo tanto, los gobiernos y las instituciones económicas suelen implementar políticas y programas para abordar el desempleo y sus impactos.

Pérdida de habilidades: El desempleo prolongado puede resultar en la pérdida de habilidades y experiencias laborales, lo que dificulta la reincorporación al mercado laboral.

Desigualdad y exclusión social: El desempleo puede contribuir a la desigualdad económica y la exclusión social, ya que algunas comunidades y grupos enfrentan tasas de desempleo más altas que otros.

Ciclo de la pobreza: El desempleo a largo plazo puede atrapar a las personas en un ciclo de pobreza, lo que puede ser difícil de romper.

Carga para el sistema de asistencia social: El desempleo prolongado puede aumentar la carga para los sistemas de asistencia social y los programas de apoyo gubernamentales.

Repercusiones políticas y sociales: El desempleo a menudo tiene repercusiones políticas y sociales, ya que puede generar descontento y desafíos para los gobiernos.

Las causas y consecuencias del desempleo pueden variar según la región y la economía específica, y las políticas gubernamentales pueden desempeñar un papel importante en la mitigación del desempleo y sus impactos. La lucha contra el desempleo es un objetivo clave de muchas políticas económicas y programas de formación y reentrenamiento laboral.

9.La importancia de la inversión en el crecimiento económico

La inversión desempeña un papel fundamental en el crecimiento económico y es un factor clave para el desarrollo y la prosperidad de una economía. Aquí se explican algunos de los aspectos más importantes de la inversión en el crecimiento económico:

Aumento de la producción: La inversión en capital físico, como maquinaria, equipos y tecnología, permite a las empresas producir más bienes y servicios de manera más eficiente. Esto lleva a un aumento en la producción económica, lo que es esencial para el crecimiento a largo plazo.

Mayor capacidad de producción: La inversión en maquinaria, equipos y tecnología permite a las empresas aumentar su capacidad de producción. Esto significa que pueden producir una mayor cantidad de bienes y servicios para satisfacer la demanda del mercado, lo que a su vez impulsa el crecimiento económico.

Eficiencia operativa: La inversión en tecnología y equipos más avanzados a menudo conlleva mejoras en la eficiencia operativa. Las empresas pueden producir más con los mismos recursos o incluso con menos recursos, lo que reduce los costos de producción y aumenta la rentabilidad.

Competitividad internacional: Las empresas que invierten en tecnología y equipos de vanguardia a menudo se vuelven más competitivas a nivel internacional. Pueden ofrecer productos de alta calidad a precios competitivos, lo que les permite expandir sus operaciones en mercados globales.

Diversificación de productos: La inversión en maquinaria versátil y tecnología flexible permite a las empresas diversificar su gama de productos. Esto puede ser especialmente beneficioso en tiempos de cambio en la demanda del mercado, ya que las empresas pueden adaptarse más fácilmente a las nuevas tendencias y necesidades del consumidor.

Estímulo a la inversión adicional: El aumento de la producción a través de la inversión a menudo estimula la inversión adicional. A medida que las empresas ven un aumento en la demanda de sus productos, están más dispuestas a invertir en la expansión y mejora de sus operaciones.

Crecimiento del empleo: A medida que las empresas aumentan su capacidad de producción, es probable que contraten a más trabajadores para satisfacer la demanda adicional. Esto contribuye a la reducción del desempleo y al aumento de los ingresos de la población.

El aumento de la producción como resultado de la inversión en capital físico es un factor fundamental en el crecimiento económico, ya que permite a las empresas ser más eficientes, competitivas y adaptativas a las condiciones cambiantes del mercado. Esto beneficia tanto a las empresas como a la economía en su conjunto.

Creación de empleo: La inversión en nuevas empresas y proyectos a menudo conlleva la creación de empleos. A medida que las empresas crecen y expanden sus operaciones, contratan a más trabajadores, lo que reduce la tasa de desempleo y mejora el bienestar de la población.

Reducción del desempleo: La inversión en nuevos negocios y proyectos impulsa la creación de empleo, lo que a su vez reduce la tasa de desempleo en una economía. Cuando las empresas contratan a nuevos empleados, las personas desempleadas tienen la oportunidad de encontrar trabajo y generar ingresos.

Mejora del bienestar económico: La creación de empleo tiene un impacto directo en el bienestar económico de la población. Proporciona a las personas la capacidad de generar ingresos y mantener sus hogares, lo que mejora su calidad de vida y su capacidad para satisfacer sus necesidades básicas.

Estabilidad social: La disponibilidad de empleo establece un elemento de estabilidad social en una comunidad. El desempleo elevado puede dar lugar a tensiones sociales y económicas, mientras que la creación de empleo contribuye a la cohesión social y a la reducción de la delincuencia y la pobreza.

Incremento de los ingresos y el consumo: Cuando las personas tienen empleo y obtienen ingresos, están en una posición mejor para gastar en bienes y servicios. Esto, a su vez, estimula la demanda del mercado y beneficia a las empresas, lo que puede impulsar aún más el crecimiento económico.

Fomento de la inversión adicional: La creación de empleo no solo beneficia a los empleados, sino que también puede estimular la inversión adicional. Las empresas que ven un aumento en la demanda de sus productos pueden estar más dispuestas a expandir sus operaciones e invertir en nuevas oportunidades de negocio.

Desarrollo de habilidades y capacitación: La creación de empleo a menudo implica la inversión en la capacitación y el desarrollo de habilidades de los empleados. Esto no solo beneficia a los trabajadores al mejorar sus perspectivas laborales, sino que también mejora la productividad y la competitividad de las empresas.

La creación de empleo como resultado de la inversión en nuevos negocios y proyectos es fundamental para el crecimiento económico, el bienestar de la población y la estabilidad social. Los empleos no solo proporcionan ingresos a las personas, sino que también impulsan la actividad económica en su conjunto.

Incremento de la productividad: La inversión en tecnología y capacitación de la fuerza laboral puede aumentar la productividad de los trabajadores. Trabajadores más productivos pueden producir más en menos tiempo, lo que contribuye al crecimiento económico.

Mayor producción por trabajador: Cuando se invierte en tecnología y capacitación, los trabajadores pueden realizar sus tareas de manera más eficiente y efectiva. Esto se traduce en una mayor producción por trabajador, lo que impulsa el crecimiento económico al aumentar la producción total.

Reducción de costos: La mayor productividad a menudo conlleva una reducción de los costos de producción. Los procesos más eficientes y la utilización efectiva de la tecnología permiten a las empresas producir bienes y servicios a un costo menor, lo que mejora su rentabilidad y competitividad.

Innovación: La inversión en tecnología a menudo fomenta la innovación en los procesos de producción y productos. Esto puede conducir a la creación de nuevos productos y servicios, lo que amplía las oportunidades de negocio y el crecimiento económico.

Competitividad internacional: Las empresas que aumentan su productividad se vuelven más competitivas en el mercado internacional. Pueden ofrecer productos de alta calidad a precios competitivos, lo que les permite expandir sus operaciones a nivel global y aumentar sus exportaciones.

Mejora de la calidad: La inversión en capacitación también puede mejorar la calidad de los productos y servicios, lo que puede aumentar la satisfacción del cliente y la lealtad a la marca. Los productos de alta calidad a menudo pueden obtener precios más altos en el mercado.

Crecimiento sostenible: El aumento de la productividad contribuye a un crecimiento económico más sostenible a largo plazo. En lugar de depender del aumento de la fuerza laboral, una economía que se enfoca en la productividad puede crecer de manera más constante y estable.

El aumento de la productividad como resultado de la inversión en tecnología y capacitación de la fuerza laboral es esencial para el crecimiento económico sostenible y la competitividad de las empresas en el mercado global. La productividad mejorada beneficia tanto a las empresas como a la economía en su conjunto al reducir los costos y aumentar la producción.

Fomento de la innovación: La inversión en investigación y desarrollo (I+D) y en nuevas tecnologías impulsa la innovación. La innovación es fundamental para el crecimiento económico a largo plazo, ya que permite la creación de nuevos productos, servicios y mercados.

Nuevos productos y servicios: La innovación conduce a la creación de nuevos productos y servicios que pueden satisfacer las necesidades cambiantes de los consumidores. Estos nuevos productos pueden abrir mercados completamente nuevos y generar ingresos adicionales.

Competitividad: Las empresas que invierten en innovación a menudo son más competitivas en el mercado. Pueden ofrecer productos y servicios de mayor calidad, características únicas y ventajas competitivas que las distinguen de sus competidores.

Mejora de la eficiencia: La innovación no se limita a productos y servicios; también se aplica a procesos empresariales. Las mejoras en la eficiencia y la automatización pueden reducir costos y aumentar la productividad.

Crecimiento del empleo: La innovación a menudo conlleva la creación de empleos en sectores relacionados, como investigación y desarrollo, producción y marketing. Esto contribuye a la creación de empleo y al bienestar económico.

Desarrollo sostenible: La innovación también puede estar orientada hacia la sostenibilidad ambiental. El desarrollo de tecnologías más limpias y amigables con el medio ambiente es esencial para abordar los desafíos ambientales y económicos.

Diversificación de la economía: La inversión en innovación puede ayudar a diversificar la economía al fomentar la creación de nuevas industrias y sectores. Esto reduce la dependencia de una única fuente de ingresos y hace que la economía sea más resistente a las crisis.

Desarrollo tecnológico: La innovación contribuye al avance tecnológico, lo que a su vez impulsa el crecimiento económico. La adopción de nuevas tecnologías puede mejorar la calidad de vida y la productividad en general.

Posición global: Los países que invierten en innovación a menudo tienen una posición más fuerte en la economía global. Pueden ser líderes en la exportación de tecnología y conocimientos, lo que les brinda una ventaja competitiva.

La inversión en innovación es una estrategia clave para el crecimiento económico a largo plazo. La innovación no solo genera beneficios económicos directos, como el aumento de los ingresos y la creación de empleo, sino que también impulsa la competitividad y la capacidad de una nación para enfrentar los desafíos del futuro.

Mejora de la infraestructura: La inversión en infraestructura, como carreteras, puentes, puertos y sistemas de transporte, mejora la conectividad y la eficiencia económica. Una infraestructura bien desarrollada facilita el comercio y la inversión, lo que contribuye al crecimiento económico.

:Facilita el comercio: Una infraestructura de transporte eficiente permite el movimiento rápido y rentable de bienes y servicios. Esto beneficia a las empresas al reducir los costos de transporte y mejorar la accesibilidad a los mercados, tanto nacionales como internacionales.

Crea empleos: Los proyectos de infraestructura a gran escala suelen ser fuentes significativas de empleo. La construcción y el mantenimiento de carreteras, puentes, aeropuertos y otros activos requieren una fuerza laboral considerable, lo que puede reducir la tasa de desempleo y aumentar los ingresos de la población.

Aumenta la productividad: La infraestructura de calidad mejora la productividad de las empresas al reducir los tiempos de viaje y los costos operativos. Esto es especialmente importante en sectores como la logística y el transporte.

Atrae inversión: Las áreas con una infraestructura sólida suelen ser más atractivas para la inversión empresarial. Las empresas buscan ubicaciones donde puedan operar de manera eficiente y llegar a sus mercados de manera efectiva.

Mejora la calidad de vida: La infraestructura de calidad también beneficia a los ciudadanos al proporcionar acceso a servicios esenciales, como atención médica, educación y servicios públicos. Esto puede mejorar la calidad de vida y el bienestar de la población.

Sostenibilidad ambiental: La inversión en infraestructura también puede incluir proyectos que promuevan la sostenibilidad ambiental, como la expansión de sistemas de transporte público o la adopción de tecnologías más limpias. Esto contribuye a la reducción de la huella ecológica y al cumplimiento de objetivos ambientales.

Resiliencia y seguridad: La inversión en infraestructura también puede aumentar la resiliencia de una región ante desastres naturales, como inundaciones o terremotos, y mejorar la seguridad de las personas y los bienes.

La inversión en infraestructura desempeña un papel crucial en el crecimiento económico, ya que beneficia a las empresas, a los trabajadores y a la calidad de vida en general. Además, puede atraer inversión y hacer que una región sea más competitiva en la economía global.

Atracción de inversiones extranjeras: Los países que fomentan un entorno propicio para la inversión a menudo atraen inversores extranjeros. Esto puede traer capital adicional al país, estimulando el crecimiento económico y la creación de empleo.

Inyección de capital: Las inversiones extranjeras directas (IED) aportan capital nuevo al país receptor, lo que puede utilizarse para financiar proyectos de inversión, expandir empresas locales y estimular el crecimiento económico.

Creación de empleo: Las empresas extranjeras que invierten en un país suelen generar empleo para la población local. Esto no solo reduce la tasa de desempleo, sino que también mejora los ingresos y la calidad de vida de los trabajadores.

Transferencia de conocimiento y tecnología: Las empresas extranjeras a menudo aportan experiencia, tecnología y mejores prácticas a la economía receptora. Esto puede impulsar la innovación y el desarrollo de la fuerza laboral local.

Estímulo a la competencia: La inversión extranjera puede aumentar la competencia en los mercados locales, lo que a menudo conduce a una mayor eficiencia y mejores ofertas para los consumidores.

Desarrollo de la infraestructura: Las empresas extranjeras pueden contribuir al desarrollo de la infraestructura del país receptor, ya que a menudo requieren una infraestructura sólida para operar eficazmente.

Acceso a mercados internacionales: Las inversiones extranjeras también pueden abrir mercados internacionales para las empresas locales. Las empresas pueden utilizar la red global de su inversor extranjero para expandir sus operaciones a nivel internacional.

Diversificación económica: La inversión extranjera puede ayudar a diversificar la economía de un país, reduciendo su dependencia de sectores o mercados específicos.

Mejora de la balanza de pagos: La IED puede contribuir a una mejora en la balanza de pagos del país receptivo, ya que a menudo genera ingresos por exportaciones y divisas extranjeras.

Para atraer inversiones extranjeras, los países suelen ofrecer incentivos como exenciones fiscales, estabilidad política y legal, protección de los derechos de propiedad, y mano de obra calificada. Sin embargo, es importante equilibrar estos incentivos con regulaciones adecuadas para proteger los intereses nacionales y garantizar que las inversiones extranjeras sean beneficiosas para la economía en su conjunto.

Desarrollo de capital humano: La inversión en educación y formación de la fuerza laboral es fundamental para el crecimiento económico. Los trabajadores bien educados y capacitados son más productivos y contribuyen al desarrollo de industrias de alto valor agregado.

el desarrollo del capital humano a través de la inversión en educación y formación es esencial para el crecimiento económico sostenible. Aquí hay algunas formas en las que la inversión en capital humano beneficia a la economía:

Aumento de la productividad: Los trabajadores educados y capacitados son más productivos, lo que significa que pueden producir más en menos tiempo. Esto contribuye al aumento de la producción económica y al crecimiento.

Innovación: La educación fomenta la innovación al proporcionar a las personas las habilidades y los conocimientos necesarios para desarrollar nuevas ideas y tecnologías. Esto impulsa el crecimiento económico a largo plazo al crear industrias de alto valor agregado.

Mejora de la competitividad: Un país con una fuerza laboral altamente educada es más competitivo en la economía global. Las empresas pueden atraer inversiones y competir en mercados internacionales con trabajadores calificados.

Diversificación económica: La educación y la capacitación pueden ayudar a diversificar la economía al crear una base de habilidades que se puede aplicar en diversas industrias y sectores. Esto reduce la dependencia de una única industria.

Reducción del desempleo: La inversión en educación y formación puede ayudar a reducir la tasa de desempleo al proporcionar a las personas las habilidades necesarias para ingresar al mercado laboral y adaptarse a las cambiantes demandas del mercado.

Reducción de la desigualdad: La educación puede ser una herramienta eficaz para reducir la desigualdad de ingresos, ya que brinda oportunidades a las personas de todos los ámbitos de la vida para mejorar sus perspectivas laborales y aumentar sus ingresos.

Mejora de la calidad de vida: Una fuerza laboral educada y capacitada tiende a disfrutar de una mejor calidad de vida, lo que puede aumentar el bienestar de la población en general.

Preparación para el futuro: En un mundo en constante evolución, la inversión en capital humano prepara a las personas para adaptarse a las nuevas tecnologías y cambios en el mercado laboral, lo que es fundamental en la economía moderna.

En resumen, la inversión en capital humano a través de la educación y la formación es una estrategia de desarrollo económico a largo plazo que tiene efectos positivos en la economía, la sociedad y la calidad de vida de las personas.

Crecimiento sostenible: La inversión en energías renovables y prácticas sostenibles contribuye al crecimiento económico sostenible a largo plazo. Reduce la dependencia de los recursos no renovables y disminuye los impactos negativos en el medio ambiente.

Crecimiento económico verde: La inversión en energías renovables, como la energía solar y eólica, crea empleos en la industria de las energías limpias. Esto fomenta el crecimiento económico al mismo tiempo que reduce las emisiones de gases de efecto invernadero y la dependencia de los combustibles fósiles.

Diversificación económica: Las energías renovables diversifican la economía al crear nuevas industrias y oportunidades de negocios. Esto reduce la vulnerabilidad a los cambios en los precios de los combustibles fósiles y promueve la resiliencia económica.

Eficiencia energética: La inversión en prácticas sostenibles, como la eficiencia energética en edificios y procesos industriales, reduce los costos operativos y aumenta la productividad. Esto beneficia a las empresas y ahorra recursos naturales.

Reducción de costos a largo plazo: Aunque la inversión inicial en tecnologías verdes puede ser alta, a largo plazo, a menudo se traduce en ahorros significativos. Las fuentes de energía renovable a menudo tienen costos operativos más bajos que los combustibles fósiles y pueden proporcionar energía a precios más estables.

Acceso a mercados globales: Las empresas que adoptan prácticas sostenibles y producen productos respetuosos con el medio ambiente pueden acceder a mercados internacionales que exigen productos sostenibles. Esto puede aumentar las exportaciones y el crecimiento económico.

Mejora de la calidad del aire y la salud: La inversión en energías renovables reduce la contaminación del aire y mejora la salud de la población. Menos enfermedades relacionadas con la contaminación del aire significan menores costos de atención médica y una fuerza laboral más saludable y productiva.

Mitigación del cambio climático: Al reducir las emisiones de gases de efecto invernadero, la inversión en energías renovables y prácticas sostenibles contribuye a mitigar el cambio climático. Esto puede prevenir costosos eventos climáticos extremos y daños a la infraestructura.

Seguridad energética: La inversión en energías renovables reduce la dependencia de los recursos energéticos importados y mejora la seguridad energética del país.

Cumplimiento de regulaciones internacionales: La inversión en sostenibilidad también puede ayudar a los países a cumplir con acuerdos internacionales, como el Acuerdo de París sobre el cambio climático, lo que mejora su posición en la comunidad global.

En resumen, la inversión en energías renovables y prácticas sostenibles no solo beneficia a la economía a corto plazo sino que también promueve un crecimiento económico sostenible y responsable a largo plazo, al tiempo que aborda los desafíos ambientales y climáticos.

Desarrollo de pequeñas empresas: La inversión en pequeñas y medianas empresas (PYME) es crucial, ya que estas empresas a menudo son un motor importante del crecimiento económico. Fomentar el acceso a financiamiento y recursos para las PYME puede estimular la innovación y la creación de empleo.

Creación de empleo: Las PYME son una fuente significativa de empleo en muchas economías. Al invertir en el crecimiento de las PYME, se generan oportunidades de trabajo para la población local, lo que reduce el desempleo y mejora el bienestar económico de las comunidades.

Innovación: Las PYME a menudo son ágiles y tienen la capacidad de innovar y adaptarse rápidamente a las cambiantes demandas del mercado. La inversión en PYME fomenta la innovación y el desarrollo de nuevos productos, servicios y tecnologías.

Diversificación económica: El crecimiento de las PYME diversifica la economía al crear nuevas empresas en diversos sectores. Esto reduce la dependencia de las economías de un solo producto o industria, lo que aumenta la resiliencia ante las fluctuaciones económicas.

Fomento del espíritu empresarial: La inversión en PYME fomenta el espíritu empresarial al proporcionar a las personas la oportunidad de iniciar y desarrollar sus propios negocios. Esto es esencial para la formación de emprendedores y la generación de ideas innovadoras.

Mejora de la competitividad: Las PYME pueden competir de manera efectiva en mercados locales e internacionales. El apoyo a las PYME mejora la competitividad de la economía en general y estimula el comercio y la inversión.

Desarrollo de habilidades: Las PYME brindan oportunidades de capacitación y desarrollo de habilidades para los empleados, lo que aumenta la calidad y la calificación de la fuerza laboral.

Crecimiento regional: Las PYME a menudo están ubicadas en áreas rurales o regiones menos desarrolladas. Su crecimiento beneficia a estas comunidades al atraer inversión y actividad económica.

Apoyo a la cadena de suministro: Las PYME a menudo forman parte de la cadena de suministro de empresas más grandes. Su crecimiento y éxito contribuyen a la estabilidad y eficiencia de toda la cadena de suministro.

Inclusión social: Las PYME pueden proporcionar empleo a grupos subrepresentados en la fuerza laboral, como jóvenes, personas mayores o personas con discapacidades. Esto promueve la inclusión social y económica.

Estabilidad económica: Un sector de PYME saludable contribuye a la estabilidad económica al diversificar la economía y proporcionar una red de seguridad durante las recesiones.

La inversión en PYME es esencial para el crecimiento económico sostenible, la creación de empleo y la promoción de la innovación y la diversificación económica. Apoyar a las PYME no solo beneficia a las empresas en sí, sino que también tiene un impacto positivo en toda la economía y en la sociedad en su conjunto.

Estabilidad económica: La inversión también contribuye a la estabilidad económica al crear una base sólida para el crecimiento. Un flujo constante de inversión puede ayudar a mitigar los impactos de las recesiones y crisis económicas.

Amortiguación contra recesiones: Durante las recesiones, la inversión puede actuar como un amortiguador al proporcionar una base económica sólida. La inversión en infraestructura, por ejemplo, puede ayudar a mantener la actividad económica y a crear empleos, incluso en momentos de desaceleración económica.

Generación de empleo: La inversión crea empleos en una variedad de sectores, lo que puede ayudar a absorber el impacto del desempleo durante tiempos difíciles. La inversión en sectores como la construcción y la tecnología a menudo genera empleos de manera inmediata.

Estímulo del crecimiento a largo plazo: Las inversiones en investigación y desarrollo, tecnología y educación contribuyen al crecimiento económico a largo plazo. Esto no solo ayuda en tiempos de auge económico, sino que también sienta las bases para un crecimiento sostenible a lo largo del tiempo.

Mejora de la productividad: Las inversiones en tecnología y capacitación aumentan la productividad de la fuerza laboral y la eficiencia de las empresas. Esto contribuye a un crecimiento económico constante y a una mayor resiliencia frente a crisis económicas.

Diversificación económica: Las inversiones en diferentes sectores de la economía diversifican la base económica, reduciendo la dependencia de una sola industria. Esta diversificación puede ayudar a evitar caídas catastróficas en situaciones de crisis en un sector en particular.

Creación de confianza: La inversión constante puede crear un clima de confianza tanto para los inversores nacionales como extranjeros. La confianza es esencial para mantener la estabilidad económica, ya que atrae inversiones y promueve la inversión empresarial.

Generación de ingresos fiscales: Las inversiones a menudo generan ingresos fiscales para el gobierno a través de impuestos, lo que permite al gobierno mantener los servicios públicos y proporcionar un colchón de seguridad durante crisis económicas.

La inversión juega un papel esencial en la estabilidad económica al crear empleo, impulsar el crecimiento y la productividad, y proporcionar una base económica sólida que puede ayudar a mitigar los impactos de las recesiones y crisis económicas. La inversión constante y estratégica es un componente clave para mantener una economía estable y en crecimiento.

En resumen, la inversión desempeña un papel crucial en el crecimiento económico al impulsar la producción, la productividad y la innovación. Los gobiernos y las empresas a menudo trabajan en conjunto para fomentar un entorno propicio para la inversión, ya que esto beneficia a la economía en su conjunto y mejora la calidad de vida de la población.

10.Cómo funciona el sistema bancario

El sistema bancario es un componente fundamental de la economía y desempeña un papel importante en la intermediación financiera, lo que significa que facilita la transferencia de fondos desde los ahorradores e inversionistas hacia quienes necesitan financiamiento, como individuos, empresas y gobiernos. A continuación, se explica cómo funciona el sistema bancario:

Captación de depósitos: Los bancos aceptan depósitos de clientes, que pueden ser cuentas de ahorro, cuentas corrientes (cheques) o certificados de depósito, entre otros. Los depositantes confían en los bancos para mantener su dinero seguro y, a cambio, pueden recibir intereses sobre esos depósitos.

Cuentas de ahorro: Las cuentas de ahorro son una forma común de depósito en la que los clientes pueden depositar dinero que no planean utilizar de inmediato. A cambio, los bancos generalmente pagan intereses sobre los saldos de las cuentas de ahorro. Estas cuentas son ideales para el ahorro a corto y largo plazo.

Cuentas corrientes (cheques): Las cuentas corrientes, también conocidas como cuentas de cheques, permiten a los clientes realizar transacciones diarias, como escribir cheques, realizar pagos con tarjeta de débito y transferencias electrónicas. Los fondos en estas cuentas suelen estar disponibles para el titular de la cuenta de manera inmediata o a corto plazo.

Certificados de depósito (CD): Los certificados de depósito son cuentas a plazo fijo en las que los clientes acuerdan depositar una cantidad específica de dinero por un período determinado, a menudo de varios meses a varios años. A cambio, los bancos suelen pagar tasas de interés más altas en comparación con las cuentas de ahorro o corrientes. Los fondos generalmente no están disponibles para retiros hasta que expire el plazo acordado.

Cuentas del mercado monetario: Las cuentas del mercado monetario son una opción que combina las características de las cuentas de ahorro y los certificados de depósito. Ofrecen tasas de interés más altas que las cuentas de ahorro tradicionales y pueden permitir cierto acceso a los fondos a través de cheques y transferencias, aunque con restricciones.

Los bancos juegan un papel importante en mantener seguros los depósitos y garantizar el acceso a los fondos cuando los clientes lo necesitan. Además, suelen ofrecer una variedad de opciones de depósito para adaptarse a las necesidades y objetivos de ahorro de sus clientes. Los depósitos captados por los bancos son una fuente importante de financiamiento para sus actividades, como otorgar préstamos a individuos y empresas.

Concesión de préstamos: Los bancos utilizan parte de los depósitos que captan para otorgar préstamos a individuos, empresas y otros prestatarios.

Los préstamos pueden ser para una variedad de propósitos, como comprar una casa, financiar un negocio o pagar gastos de estudios.

Préstamos hipotecarios: Los bancos otorgan préstamos hipotecarios para ayudar a las personas a comprar viviendas. Los prestatarios pueden solicitar un préstamo hipotecario para financiar la compra de una casa, y la propiedad adquirida suele servir como garantía. Los bancos evalúan la solvencia crediticia de los solicitantes antes de aprobar un préstamo hipotecario.

Préstamos comerciales: Las empresas recurren a los bancos para obtener financiamiento para sus operaciones y proyectos. Los préstamos comerciales pueden utilizarse para cubrir gastos de capital, capital de trabajo, expansión o cualquier otra necesidad empresarial. Los bancos revisan la salud financiera de la empresa y sus planes antes de aprobar un préstamo comercial.

Préstamos personales: Los préstamos personales son préstamos no garantizados que los individuos pueden utilizar para una variedad de propósitos, como la consolidación de deudas, gastos médicos o viajes. Dado que no hay garantía respaldando estos préstamos, los bancos a menudo evalúan la solvencia crediticia del prestatario antes de aprobarlos.

Préstamos estudiantiles: Los bancos y otras instituciones financieras otorgan préstamos estudiantiles para ayudar a financiar la educación superior. Estos préstamos pueden ser emitidos directamente por el gobierno (préstamos estudiantiles federales) o por entidades privadas. Los términos y tasas de interés de los préstamos estudiantiles pueden variar según el prestamista y el tipo de préstamo.

Tarjetas de crédito: Las tarjetas de crédito son una forma común de financiamiento a corto plazo que ofrecen los bancos. Los titulares de tarjetas pueden realizar compras y pagos a crédito, y luego deben reembolsar el saldo adeudado, generalmente con intereses. Las tarjetas de crédito pueden ser útiles para cubrir gastos diarios o realizar compras importantes.

Es importante destacar que los bancos ganan dinero a través de la concesión de préstamos al cobrar intereses y, en algunos casos, comisiones y tarifas. Los préstamos son una fuente crucial de financiamiento tanto para individuos como para empresas, y los bancos desempeñan un papel esencial en la intermediación financiera al conectar a los prestatarios con los ahorristas o depositantes.

Intermediación financiera: Los bancos actúan como intermediarios financieros, ya que conectan a los ahorradores con quienes necesitan financiamiento. Los bancos ganan dinero prestando a tasas de interés más altas de lo que pagan en depósitos. La diferencia entre las tasas de interés se conoce como margen de interés neto.

Ahorradores: Las personas y las empresas depositan su dinero en cuentas bancarias, como cuentas de ahorro o cuentas corrientes. Estos depósitos generan interés, lo que permite a los ahorradores ganar algo de dinero con sus fondos mientras los mantienen seguros en el banco. Los ahorradores también pueden acceder a su dinero cuando lo necesiten.

Préstamos: Los bancos toman los depósitos de los ahorradores y los utilizan para otorgar préstamos a personas y empresas que necesitan financiamiento. Estos préstamos pueden ser para una variedad de propósitos, como comprar una casa, financiar un negocio o cubrir gastos personales. Los prestatarios pagan intereses sobre los préstamos que reciben.

Margen de interés neto: La diferencia entre la tasa de interés que los bancos pagan a los ahorradores por sus depósitos y la tasa de interés que cobran a los prestatarios es lo que se conoce como el "margen de interés neto". Los bancos ganan dinero con esta diferencia, ya que la tasa de interés que cobran generalmente es más alta que la que pagan.

Riesgo y solvencia: Los bancos deben administrar el riesgo al otorgar préstamos para garantizar que los prestatarios sean solventes y puedan reembolsar sus deudas. Esto implica evaluar la solvencia crediticia de los prestatarios y establecer políticas de préstamos responsables.

Función económica: La intermediación financiera realizada por los bancos es fundamental para la economía en su conjunto. Permite la canalización de fondos de los ahorristas hacia inversiones productivas y proyectos que impulsan el crecimiento económico.

Los bancos desempeñan un papel crucial al conectar a las personas que desean ahorrar con aquellas que necesitan financiamiento, contribuyendo así al funcionamiento del sistema financiero y al crecimiento económico. La intermediación financiera es un aspecto esencial del sistema bancario.

Gestión de riesgos: Los bancos también juegan un papel en la gestión de riesgos financieros. Evalúan la solvencia de los prestatarios antes de otorgar préstamos y aplican políticas de evaluación de riesgos para minimizar pérdidas por impagos.

Evaluación de la solvencia: Antes de otorgar préstamos, los bancos realizan una evaluación detallada de la solvencia de los prestatarios. Esto implica revisar la situación financiera, la capacidad de pago, el historial crediticio y otros factores que puedan afectar la capacidad del prestatario para reembolsar el préstamo.

Políticas de préstamos responsables: Los bancos establecen políticas de préstamos responsables que definen los criterios para otorgar préstamos. Estas políticas se diseñan para minimizar los riesgos y asegurarse de que los prestatarios tengan la capacidad de cumplir con sus obligaciones financieras.

Diversificación de la cartera de préstamos: Los bancos diversifican sus carteras de préstamos al otorgar préstamos a diferentes tipos de prestatarios y sectores económicos. Esto reduce el riesgo de que los problemas financieros de un grupo de prestatarios afecten en gran medida la salud financiera del banco.

Provisión para pérdidas crediticias: Los bancos también establecen reservas para cubrir posibles pérdidas crediticias. Esto significa que destinan una porción de sus ganancias a reservas que pueden utilizarse para cubrir pérdidas en caso de que los prestatarios no cumplan con sus pagos.

Evaluación continua de riesgos: La gestión de riesgos es un proceso continuo. Los bancos realizan un seguimiento constante de la calidad de sus carteras de préstamos y ajustan sus estrategias en función de las condiciones económicas cambiantes.

Regulación y supervisión: Los bancos también están sujetos a regulaciones y supervisión por parte de las autoridades financieras. Esto asegura que cumplan con estándares de solvencia y prácticas de gestión de riesgos sólidas.

La gestión de riesgos es esencial para garantizar que los bancos operen de manera segura y protejan los fondos de los depositantes. También contribuye a la estabilidad del sistema financiero en su conjunto al evitar crisis financieras y garantizar que los bancos sean solventes y seguros.

Facilitación de pagos y transacciones: Los bancos proporcionan servicios de procesamiento de pagos, como transferencias electrónicas, cheques y tarjetas de crédito. Esto facilita las transacciones diarias y el comercio.Transferencias electrónicas: Los bancos permiten a los clientes transferir dinero de una cuenta a otra de manera electrónica. Esto es útil para realizar pagos a proveedores, enviar dinero a familiares o amigos, o mover fondos entre cuentas personales.

Cheques: Los cheques son una forma común de pago. Los clientes pueden emitir cheques para pagar bienes y servicios, y los beneficiarios pueden depositarlos en sus propias cuentas bancarias.

Tarjetas de crédito y débito: Los bancos emiten tarjetas de crédito y débito que los clientes pueden usar para hacer compras. Las tarjetas de débito están vinculadas a una cuenta bancaria y deducen los fondos directamente de esa cuenta. Las tarjetas de crédito permiten a los clientes realizar compras a crédito y pagarlas más tarde, con la opción de financiamiento si es necesario.

Banca en línea y aplicaciones móviles: Los bancos ofrecen servicios en línea y aplicaciones móviles que permiten a los clientes acceder a sus cuentas, realizar pagos y transferencias, y monitorear sus transacciones desde sus dispositivos electrónicos.

Compensación y liquidación: Los bancos actúan como intermediarios en el proceso de compensación y liquidación de transacciones financieras. Aseguran que los fondos se transfieran de manera segura entre cuentas y que los pagos se realicen de manera oportuna.

Cajeros automáticos (ATM): Los bancos instalan cajeros automáticos en ubicaciones convenientes para que los clientes retiren efectivo, consulten sus saldos y realicen otras transacciones básicas las 24 horas del día.

Pagos electrónicos: Los bancos también facilitan los pagos electrónicos a través de sistemas como ACH (Automated Clearing House) y sistemas de transferencia de fondos interbancarios, que permiten a las empresas pagar a empleados y proveedores de manera eficiente.

La facilidad y seguridad de estas transacciones son fundamentales para el funcionamiento del comercio y las finanzas en la sociedad actual, y los bancos desempeñan un papel central en proporcionar estos servicios.

Oferta de servicios financieros: Además de préstamos y cuentas de depósito, los bancos ofrecen una amplia gama de servicios financieros, como cuentas de jubilación, inversiones, seguros, servicios de custodia y servicios de banca en línea.

Cuentas de jubilación: Los bancos ofrecen cuentas de jubilación, como cuentas IRA (Individual Retirement Account) y cuentas 401(k), que permiten a las personas ahorrar para su jubilación de manera eficiente y, a menudo, con beneficios fiscales.

Inversiones: Los bancos proporcionan servicios de inversión, que pueden incluir la compra y venta de acciones, bonos, fondos mutuos y otros valores. También pueden ofrecer servicios de asesoramiento financiero para ayudar a los clientes a planificar y administrar sus inversiones.

Seguros: Algunos bancos ofrecen productos de seguros, como pólizas de vida, seguros de salud, seguros de automóviles y seguros de hogar. Estos productos brindan protección financiera en caso de eventos imprevistos.

Servicios de custodia: Los bancos pueden actuar como custodios de activos financieros, como valores y bienes raíces. Proporcionan servicios de custodia para mantener y gestionar activos en nombre de sus clientes, lo que es común en el ámbito de la inversión.

Banca en línea: La mayoría de los bancos ofrecen servicios de banca en línea y aplicaciones móviles que permiten a los clientes acceder a sus cuentas, realizar transacciones, pagar facturas y administrar sus finanzas de manera conveniente desde cualquier lugar.

Banca comercial: Para las empresas, los bancos ofrecen una amplia gama de servicios financieros comerciales, que incluyen cuentas comerciales, préstamos comerciales, servicios de pago, servicios de nómina y financiamiento de capital de trabajo.

Transferencias internacionales: Los bancos facilitan transferencias internacionales de fondos, permitiendo a los clientes enviar dinero a otros países de manera segura.

Servicios de gestión de activos: Para clientes de alto patrimonio neto, los bancos ofrecen servicios de gestión de activos, que implican la administración de inversiones y la planificación financiera personalizada.

Estos servicios financieros permiten a los clientes satisfacer sus necesidades de ahorro, inversión, planificación financiera y protección. Los bancos desempeñan un papel clave en la intermediación entre los ahorradores y aquellos que requieren financiamiento, lo que contribuye al funcionamiento del sistema financiero y al crecimiento económico.

Reserva y regulación: Los bancos deben cumplir con regulaciones financieras y mantener reservas adecuadas para asegurarse de que tienen suficiente efectivo o activos líquidos para enfrentar situaciones de retiro de depósitos. Las autoridades reguladoras supervisan y regulan las actividades bancarias para garantizar la estabilidad del sistema financiero.

Reserva: Los bancos están obligados a mantener reservas adecuadas para garantizar la liquidez y la solidez de sus operaciones. Estas reservas se utilizan para hacer frente a retiros de depósitos y otras obligaciones financieras. Las reservas pueden incluir efectivo en caja, depósitos en el banco central y otros activos líquidos. Los requisitos de reserva varían según la regulación y la jurisdicción, y las autoridades financieras pueden establecer estándares mínimos para garantizar la estabilidad y la solvencia bancaria.

Regulación financiera: Los bancos están sujetos a una amplia variedad de regulaciones financieras para proteger los intereses de los depositantes, garantizar la estabilidad del sistema financiero y prevenir prácticas financieras riesgosas. Las regulaciones pueden abordar áreas como la solvencia, la gestión de riesgos, la contabilidad, la divulgación de información, la protección del consumidor y la prevención del lavado de dinero. Las regulaciones financieras son establecidas por las autoridades regulatorias, como las agencias gubernamentales y los bancos centrales, y su cumplimiento es supervisado de cerca.

Supervisión y regulación bancaria: Las autoridades reguladoras, como las agencias gubernamentales, los bancos centrales y las comisiones de valores, supervisan las actividades de los bancos y aplican las regulaciones financieras. Esta supervisión se lleva a cabo para garantizar el cumplimiento de las regulaciones y proteger los intereses de los depositantes y la estabilidad financiera. Las autoridades pueden realizar inspecciones periódicas, requerir informes financieros y tomar medidas regulatorias si un banco no cumple con los estándares necesarios.

La regulación y supervisión bancaria son esenciales para garantizar que los bancos operen de manera segura y que los depósitos de los clientes estén protegidos. Además, estas medidas contribuyen a la estabilidad del sistema financiero en su conjunto y ayudan a prevenir crisis financieras. Las regulaciones y la supervisión son particularmente importantes en momentos de incertidumbre económica y crisis, ya que ayudan a mitigar riesgos y mantener la confianza en el sistema financiero.

Creación de dinero: Los bancos comerciales también tienen la capacidad de crear dinero a través del proceso de multiplicador del dinero. Cuando otorgan préstamos, crean depósitos en las cuentas de los prestatarios, lo que aumenta la oferta monetaria. Esto es un concepto importante en la economía y la política monetaria.

el proceso de creación de dinero a través del sistema bancario es un concepto clave en la economía y en la política monetaria. Esto ocurre debido al efecto multiplicador del dinero. Aquí hay una explicación más detallada:

Depósitos y reservas: Cuando un banco otorga un préstamo, crea un nuevo depósito en la cuenta del prestatario. Este depósito se considera dinero en el sentido de que los prestatarios pueden utilizarlo para hacer pagos o retirar efectivo. Sin embargo, el banco también está obligado a mantener una fracción de estos depósitos como reservas, de acuerdo con los requisitos de reserva establecidos por las regulaciones. El resto del depósito, llamado "exceso de reservas", se puede utilizar para hacer nuevos préstamos.

Efecto multiplicador: El dinero creado a través del préstamo inicial no se detiene ahí. Si el prestatario usa su depósito para hacer un pago a otra persona, esa persona deposita el dinero en su propio banco. El segundo banco, a su vez, mantiene una parte como reservas y presta el exceso. Este proceso continúa, con cada nueva ronda de préstamos creando más depósitos y, por lo tanto, más dinero en el sistema.

Control monetario: Los bancos centrales tienen la responsabilidad de controlar la cantidad de dinero en la economía para mantener la estabilidad de precios y alcanzar objetivos macroeconómicos. Pueden influir en la cantidad de dinero creado ajustando las tasas de interés o cambiando los requisitos de reserva. Reducir las tasas de interés, por ejemplo, puede incentivar a los bancos a otorgar más préstamos, aumentando la oferta de dinero. Aumentar las tasas de interés puede tener el efecto contrario.

Es importante destacar que el proceso de creación de dinero a través del sistema bancario se basa en la confianza en que los bancos cumplirán con sus obligaciones y en el sistema de reservas fraccionarias. Si bien esto puede aumentar la oferta de dinero y estimular la actividad económica, también puede plantear desafíos en términos de estabilidad financiera y control monetario. Por lo tanto, es una parte fundamental de la política monetaria y la regulación financiera.

Globalización: Los bancos pueden operar a nivel nacional e internacional. Los bancos internacionales pueden facilitar el comercio y las inversiones globales, así como proporcionar servicios financieros a nivel mundial.

Operaciones internacionales: Los bancos pueden establecer sucursales, filiales o alianzas con otras instituciones financieras en diferentes países. Esto les permite ofrecer una variedad de servicios financieros, como banca comercial, gestión de activos, banca de inversión y banca de comercio exterior, a nivel internacional. Facilitan transacciones globales y conectan a empresas y personas en todo el mundo.

Financiamiento del comercio internacional: Los bancos desempeñan un papel crucial en la financiación del comercio internacional al proporcionar servicios como cartas de crédito, financiamiento del ciclo comercial y garantías para las transacciones internacionales. Esto es fundamental para facilitar el intercambio de bienes y servicios entre países.

Cambio de divisas: Los bancos ofrecen servicios de cambio de divisas para ayudar a las empresas y particulares a gestionar el riesgo cambiario y realizar transacciones en monedas extranjeras. También participan en los mercados de divisas globales, que son los más grandes y líquidos del mundo.

Gestión de activos internacionales: Los bancos ofrecen servicios de gestión de activos a nivel global, ayudando a los inversores a diversificar sus carteras en diferentes mercados y clases de activos. Esto incluye la administración de inversiones en acciones, bonos, bienes raíces y otros activos en todo el mundo.

Banca de inversión: Los bancos de inversión participan en transacciones globales de fusiones y adquisiciones, financiamiento de proyectos y emisiones de valores. Ayudan a las empresas a recaudar capital en los mercados internacionales y aconsejan sobre estrategias financieras globales.

Banca en línea y tecnología: La globalización ha impulsado la expansión de la banca en línea y las tecnologías financieras (fintech), lo que permite a los bancos ofrecer servicios en línea a nivel mundial. Los clientes pueden acceder a cuentas y servicios desde cualquier lugar del mundo.

Cumplimiento normativo: Dado que los bancos operan en múltiples jurisdicciones, deben cumplir con las regulaciones locales e internacionales, que pueden ser diversas y cambiantes. El cumplimiento normativo y la gestión de riesgos son aspectos críticos de las operaciones bancarias internacionales.

La globalización ha aumentado la interconexión de los mercados financieros y ha permitido a las personas, empresas e inversores acceder a una gama más amplia de servicios financieros. Sin embargo, también ha planteado desafíos en términos de regulación, supervisión y gestión de riesgos a nivel global.

Innovación: Los avances tecnológicos han llevado a una mayor innovación en los servicios bancarios, como aplicaciones móviles, banca en línea y criptomonedas. Esto ha transformado la forma en que los clientes interactúan con los bancos y realizan transacciones financieras.

Banca en línea y aplicaciones móviles: La tecnología ha permitido a los bancos ofrecer servicios en línea y a través de aplicaciones móviles. Los clientes pueden verificar saldos, realizar transferencias de fondos, pagar facturas y realizar otras transacciones desde sus dispositivos móviles o computadoras, lo que proporciona comodidad y acceso las 24 horas del día.

Banca móvil y pagos digitales: La banca móvil ha facilitado los pagos y transferencias digitales. Los clientes pueden utilizar aplicaciones de pago móvil para realizar compras en tiendas, pagar facturas y transferir dinero a otros usuarios. Los pagos digitales han agilizado las transacciones y reducido la dependencia del efectivo.

Banca en la nube: La tecnología en la nube ha permitido a los bancos almacenar datos de manera segura y acceder a recursos informáticos de manera flexible. Esto ha facilitado la administración de grandes cantidades de información y el procesamiento de transacciones de manera eficiente.

Inteligencia artificial y aprendizaje automático: Los bancos utilizan la inteligencia artificial (IA) y el aprendizaje automático para automatizar procesos, analizar datos, prevenir el fraude y mejorar la atención al cliente. Los chatbots y asistentes virtuales son ejemplos de cómo la IA se utiliza para interactuar con los clientes.

Criptomonedas y tecnología blockchain: La tecnología blockchain, que sustenta las criptomonedas como el Bitcoin, ha atraído la atención de la industria financiera. Algunos bancos exploran cómo utilizar blockchain para mejorar la seguridad y eficiencia en las transacciones y pagos internacionales.

Automatización de procesos: Los procesos bancarios internos se han vuelto más eficientes gracias a la automatización. La automatización de tareas manuales y repetitivas, como la aprobación de préstamos o la gestión de cuentas, ha reducido costos y errores.

Gestión de datos y análisis: La tecnología ha facilitado la recopilación y análisis de grandes cantidades de datos. Los bancos utilizan análisis de datos para comprender el comportamiento de los clientes, detectar tendencias y personalizar sus servicios.

Seguridad cibernética: Dado que la tecnología ha creado nuevas amenazas de seguridad, los bancos han invertido en seguridad cibernética. Utilizan sistemas de detección de fraudes, autenticación multifactor y otras medidas para proteger los datos de los clientes.

Servicios financieros basados en plataformas: Las empresas fintech (tecnología financiera) han surgido para ofrecer una variedad de servicios financieros a través de plataformas en línea. Estos incluyen préstamos peer-to-peer, asesoramiento financiero automatizado (robo-advisors) y más.

La innovación tecnológica ha mejorado la eficiencia, la accesibilidad y la conveniencia de los servicios bancarios, pero también ha planteado desafíos en términos de seguridad y regulación. Los bancos tradicionales y las instituciones financieras han tenido que adaptarse y competir en un entorno de rápido cambio tecnológico.

El sistema bancario desempeña un papel esencial en la economía al proporcionar financiamiento, facilitar pagos, gestionar riesgos y ofrecer una amplia gama de servicios financieros. Su función principal es movilizar el capital de los ahorradores a los prestatarios, lo que contribuye al crecimiento económico y al funcionamiento eficiente de la economía.

11.El misterio de la deuda nacional

La deuda nacional es un tema importante en la economía y la política de muchos países, y es a menudo objeto de discusión y debate.

¿Qué es la deuda nacional? La deuda nacional, también conocida como deuda pública, es el total de dinero que un gobierno debe a terceros, incluyendo a inversores nacionales y extranjeros, otras naciones y organismos internacionales. Esta deuda se acumula a lo largo del tiempo debido a los déficits presupuestarios, es decir, cuando un gobierno gasta más de lo que recauda en ingresos fiscales. La deuda nacional, también conocida como deuda pública, es el total de dinero que un gobierno debe a terceros, ya sean inversores nacionales o extranjeros, otras naciones o instituciones internacionales. Esta deuda se acumula a lo largo del tiempo debido a los déficits presupuestarios, que ocurren cuando un gobierno gasta más dinero del que recauda en ingresos fiscales. La deuda nacional es una herramienta comúnmente utilizada por los gobiernos para financiar gastos públicos, inversiones y programas en situaciones en las que los ingresos fiscales no son suficientes para cubrir esos gastos. La gestión de la deuda nacional es un componente importante de la política fiscal de un país y puede tener un impacto significativo en la economía y la estabilidad financiera.

Causas de la deuda nacional: Los gobiernos pueden incurrir en deuda nacional por diversas razones, que incluyen: financiar programas y servicios públicos, responder a crisis económicas o desastres naturales, realizar inversiones en infraestructura y cumplir con obligaciones gubernamentales como el pago de intereses y la seguridad social. Las recesiones económicas a menudo contribuyen a un aumento de la deuda debido a una disminución en los ingresos fiscales y mayores gastos en programas de bienestar social.

Financiar programas y servicios públicos: Los gobiernos a menudo recurren a la deuda para financiar programas y servicios públicos, como educación, atención médica, defensa y asistencia social. Esto permite que el gobierno brinde servicios esenciales sin depender únicamente de los ingresos fiscales.

Responder a crisis económicas o desastres naturales: Durante recesiones económicas o después de desastres naturales, los gobiernos pueden incurrir en deuda para estimular la economía, proporcionar alivio a las personas afectadas y financiar la reconstrucción.

Inversiones en infraestructura: La construcción y mejora de infraestructura, como carreteras, puentes, aeropuertos y sistemas de transporte, a menudo requiere una inversión significativa. Los gobiernos pueden tomar deuda para financiar estos proyectos, que a largo plazo pueden impulsar el crecimiento económico.

Cumplir con obligaciones gubernamentales: Los gobiernos deben cumplir con obligaciones financieras, como el pago de intereses de la deuda existente y las prestaciones de seguridad social. Tomar deuda nueva a menudo es necesario para cumplir con estas obligaciones.

Es importante señalar que la deuda nacional en sí misma no es necesariamente mala. Puede ser una herramienta eficaz para administrar la economía y proporcionar servicios públicos necesarios. Sin embargo, un aumento sostenido y descontrolado de la deuda puede plantear preocupaciones sobre la sostenibilidad y la carga de la deuda en las generaciones futuras. La gestión prudente de la deuda es fundamental para equilibrar las necesidades del presente con las preocupaciones sobre el futuro.

Efectos de la deuda nacional: Una deuda nacional excesiva puede tener varios efectos en una economía, como el aumento del pago de intereses, lo que podría limitar el presupuesto disponible para otros programas. También puede generar preocupaciones sobre la solvencia del país y su capacidad para pagar la deuda. Sin embargo, la deuda nacional no necesariamente es perjudicial en todos los casos, ya que puede desempeñar un papel en el estímulo económico y el crecimiento a largo plazo.

Aumento del pago de intereses: Cuando un gobierno acumula deuda, debe pagar intereses a los tenedores de bonos y otros inversionistas. El aumento en los pagos de intereses puede consumir una parte significativa del presupuesto gubernamental, reduciendo los recursos disponibles para otros programas y servicios públicos. Esto se conoce como "carga de la deuda".

Limitación de la inversión pública: El servicio de la deuda puede limitar la capacidad del gobierno para invertir en infraestructura, educación, atención médica y otros programas esenciales. Esto podría afectar negativamente el crecimiento económico a largo plazo y la calidad de vida de los ciudadanos.

Incremento de los impuestos o la inflación: Para hacer frente a los pagos de intereses y reducir la deuda, un gobierno puede verse obligado a aumentar los impuestos o recurrir a la emisión de dinero, lo que podría llevar a la inflación. Ambas opciones pueden tener efectos negativos en la economía y en los ciudadanos.

Desconfianza en los mercados financieros: Un aumento constante y significativo de la deuda nacional puede socavar la confianza de los inversionistas y los mercados financieros en la solvencia del gobierno. Esto podría llevar a tasas de interés más altas y condiciones de préstamo menos favorables para el gobierno.

Impacto en las generaciones futuras: La acumulación excesiva de deuda nacional puede dejar una carga financiera significativa a las generaciones futuras. Los costos asociados con la deuda pueden limitar las opciones y oportunidades de las próximas generaciones.

Riesgo de crisis de deuda: En casos extremos, la acumulación excesiva de deuda podría llevar a una crisis de deuda, como la incapacidad de un gobierno para pagar su deuda, lo que podría tener graves consecuencias económicas y sociales.

Por lo tanto, es importante que los gobiernos administren su deuda de manera responsable y busquen un equilibrio entre las necesidades de financiamiento y las preocupaciones sobre la carga de la deuda. La gestión adecuada de la deuda es esencial para garantizar la estabilidad económica y fiscal a largo plazo.

Sostenibilidad de la deuda: La sostenibilidad de la deuda es un concepto importante. Se refiere a la capacidad de un gobierno para pagar su deuda sin causar problemas financieros insostenibles. Los economistas y analistas evalúan la sostenibilidad de la deuda en función de varios factores, como el tamaño de la deuda en relación con el producto interno bruto (PIB) del país y la capacidad de pago.

La sostenibilidad de la deuda es un concepto crítico en la gestión de las finanzas públicas. La sostenibilidad de la deuda implica que un gobierno debe poder hacer frente a sus obligaciones de pago de deuda sin crear problemas financieros insostenibles o comprometer gravemente su capacidad para proporcionar servicios públicos esenciales y promover el crecimiento económico.

Para evaluar la sostenibilidad de la deuda, se consideran varios factores clave, que incluyen:

Relación deuda/PIB: Este indicador mide la deuda en relación con el producto interno bruto (PIB) de un país. Un alto nivel de deuda en relación con el tamaño de la economía puede ser insostenible.

Carga de intereses: Se evalúa la capacidad del gobierno para pagar los intereses de su deuda sin exceder un porcentaje significativo de sus ingresos fiscales. Un alto porcentaje de ingresos fiscales destinados al servicio de la deuda puede ser insostenible.

Plazos y condiciones de la deuda: La estructura de la deuda es importante. Si la deuda se concentra en plazos cortos o tiene tasas de interés variables, el riesgo de refinanciamiento puede aumentar.

Evolución de la deuda: Se analiza si la deuda está aumentando o disminuyendo como proporción del PIB. Una tendencia creciente puede ser una señal de insostenibilidad.

Efecto sobre el crecimiento económico: La deuda no debe inhibir el crecimiento económico. Si los pagos de intereses y la carga de la deuda restringen la inversión en el crecimiento económico, se considera un problema.

Política fiscal y presupuestaria: Las decisiones fiscales y presupuestarias del gobierno pueden influir en la sostenibilidad de la deuda. Un gasto público desmedido o una falta de ingresos fiscales pueden llevar a una mayor deuda insostenible.

Es importante que los gobiernos realicen evaluaciones regulares de la sostenibilidad de la deuda y tomen medidas para garantizar que esta se mantenga en niveles manejables. La gestión prudente de la deuda es esencial para mantener la estabilidad económica y fiscal a largo plazo.

Pago de la deuda: Los gobiernos pueden pagar su deuda nacional de diversas maneras. Esto incluye utilizar ingresos fiscales para pagar deudas pendientes, emitir nuevos bonos para refinanciar deudas anteriores o realizar acuerdos de reestructuración de la deuda con sus acreedores. Las tasas de interés que el gobierno debe pagar en su deuda pueden influir en la cantidad de pagos de intereses que debe realizar.

los gobiernos tienen varias opciones para pagar su deuda nacional:

Utilizar ingresos fiscales: Los gobiernos pueden utilizar los ingresos recaudados a través de impuestos y otras fuentes de ingresos para pagar los vencimientos de la deuda. Esto es una forma común de pagar la deuda y puede incluir el uso de ingresos corrientes y superávit presupuestarios para cubrir los pagos de deuda.

Refinanciamiento: Los gobiernos también pueden optar por emitir nuevos bonos (nueva deuda) para pagar los vencimientos de deuda existente. Esta práctica se conoce como refinanciamiento de la deuda. Puede ser útil si las tasas de interés han disminuido, lo que permite al gobierno emitir nueva deuda a tasas más bajas para pagar deudas con tasas de interés más altas. Sin embargo, el refinanciamiento no reduce la cantidad total de deuda, solo cambia los plazos y las condiciones.

Reestructuración de la deuda: En situaciones en las que un gobierno enfrenta una carga de deuda insostenible, puede buscar acuerdos de reestructuración de la deuda con sus acreedores. Esto implica renegociar los términos de la deuda, como reducir la tasa de interés, extender los plazos de vencimiento o reducir el monto total adeudado. La reestructuración de la deuda a menudo se lleva a cabo en colaboración con organismos internacionales y acreedores.

Venta de activos estatales: En algunos casos, los gobiernos pueden optar por vender activos estatales, como empresas públicas o propiedades, para recaudar fondos y pagar deudas pendientes. Sin embargo, esta opción puede ser controvertida y debe evaluarse cuidadosamente.

La elección de la estrategia de pago de la deuda depende de la situación fiscal del gobierno, las condiciones del mercado y la sostenibilidad de la deuda. La gestión adecuada de la deuda es fundamental para mantener la estabilidad económica y fiscal de un país.

Políticas fiscales y debate político: La deuda nacional es a menudo un tema de debate político. Los partidos políticos y los economistas pueden tener opiniones divergentes sobre la gestión de la deuda. Algunos argumentan que es necesario gastar en tiempos de crisis económicas para estimular el crecimiento, mientras que otros sostienen que se deben controlar los déficits y la deuda para garantizar la estabilidad económica.

la gestión de la deuda nacional es un tema político importante que a menudo genera debates y discusiones. Aquí hay algunos puntos clave en este debate:

Posturas políticas divergentes: Los partidos políticos y los políticos pueden tener diferentes enfoques en cuanto a la deuda nacional. Algunos pueden abogar por políticas fiscales más expansivas que involucren aumentar el gasto público, incluso si eso significa incurrir en más deuda. Otros pueden enfocarse en la reducción de la deuda y la austeridad fiscal.

Prioridades políticas: Las decisiones sobre cómo se utiliza la deuda y los presupuestos fiscales están influenciadas por las prioridades políticas. Algunos pueden argumentar que es importante invertir en programas sociales, infraestructura y estímulos económicos, mientras que otros pueden enfocarse en la reducción de déficits y deuda.

Ciclo político: Las políticas fiscales y la gestión de la deuda a menudo pueden cambiar con los ciclos políticos. En tiempos de elecciones, los candidatos pueden prometer políticas económicas específicas, lo que puede influir en las decisiones presupuestarias.

Discusiones sobre impuestos: Las decisiones sobre la deuda también pueden estar vinculadas a debates sobre impuestos. Los cambios en las tasas impositivas pueden influir en la recaudación de ingresos fiscales, lo que a su vez afecta la capacidad de un gobierno para hacer frente a su deuda.

Opinión pública: La percepción pública de la deuda y las políticas fiscales puede influir en el debate. Los ciudadanos y los votantes a menudo tienen opiniones sobre si el gobierno debería gastar más o reducir la deuda, lo que puede afectar la toma de decisiones políticas.

Perspectivas económicas: Las opiniones sobre la gestión de la deuda también pueden estar vinculadas a las perspectivas económicas. En tiempos de recesión o crisis, puede haber un llamado a políticas fiscales expansivas para estimular la economía. En períodos de crecimiento económico sólido, puede haber un mayor enfoque en la reducción de la deuda.

La gestión de la deuda es un equilibrio complejo que implica considerar una variedad de factores políticos, económicos y sociales. Los debates sobre cómo manejar la deuda nacional a menudo son una parte fundamental de la política y la toma de decisiones gubernamentales.

Relación con el sector privado: La deuda nacional puede tener implicaciones en el sector privado, ya que afecta las tasas de interés y la inversión empresarial. Tasas de interés más altas pueden encarecer el crédito para empresas y consumidores, lo que puede influir en el crecimiento económico y la creación de empleo.

Tasas de interés: La cantidad de deuda que emite el gobierno y su capacidad para pagarla afectan las tasas de interés en la economía. Si la deuda nacional es alta y los inversores se preocupan por la capacidad del gobierno para pagarla, es posible que exijan tasas de interés más altas para comprar bonos del gobierno. Esto, a su vez, puede llevar a tasas de interés más altas en toda la economía, lo que encarece el crédito para empresas y consumidores.

Impacto en la inversión empresarial: Tasas de interés más altas pueden disuadir a las empresas de tomar préstamos para financiar inversiones y expansiones. Esto puede afectar negativamente la inversión empresarial y la creación de empleo. Por otro lado, tasas de interés más bajas pueden estimular la inversión y el crecimiento económico.

Confianza del sector privado: La gestión de la deuda y los niveles de deuda también pueden influir en la confianza del sector privado en la economía. Un alto endeudamiento gubernamental y preocupaciones sobre la sostenibilidad de la deuda pueden hacer que las empresas sean más cautelosas en cuanto a sus perspectivas económicas, lo que puede afectar su disposición a invertir y contratar.

Crowding Out: En casos extremos, cuando la deuda nacional es muy alta y el gobierno debe gastar grandes cantidades de sus ingresos en el pago de intereses de la deuda, puede ocurrir un fenómeno llamado "crowding out". Esto significa que el gasto del gobierno en deuda puede desplazar la inversión privada y la inversión empresarial en la economía.

La relación entre la deuda nacional y el sector privado es un área compleja y sujeta a diversas dinámicas económicas. La gestión prudente de la deuda es importante para garantizar que no tenga efectos negativos significativos en el sector privado y en la economía en su conjunto. La relación entre la deuda del gobierno y el sector privado es un aspecto crítico de la política económica, ya que las decisiones relacionadas con la deuda pueden tener un impacto significativo en la economía en general. Una gestión adecuada implica equilibrar la financiación de las necesidades gubernamentales con consideraciones sobre las tasas de interés, la inversión empresarial y la confianza del sector privado, con el objetivo de garantizar un entorno económico estable y saludable.

La gestión de la deuda nacional debe ser cuidadosamente equilibrada para evitar impactos negativos en las tasas de interés, la inversión empresarial y la confianza del sector privado. Esto implica tomar decisiones fundamentales sobre cuándo y cómo emitir nueva deuda, cómo refinanciar deuda existente y cómo asignar recursos financieros para mantener la sostenibilidad de la deuda. Un enfoque prudente y equilibrado es esencial para garantizar un entorno económico estable y saludable, lo que beneficia tanto al gobierno como al sector privado.

En resumen, la deuda nacional es un componente clave de la economía de un país y está vinculada a una serie de factores económicos y políticos. La gestión de la deuda y su sostenibilidad son temas críticos para los gobiernos y para el debate público en torno a la política fiscal y económica.

12.Comercio internacional: exportaciones e importaciones

El comercio internacional es el intercambio de bienes y servicios entre diferentes países a través de exportaciones e importaciones. Es un componente fundamental de la economía global y puede tener un impacto significativo en el crecimiento económico de las naciones.

Exportaciones: Las exportaciones se refieren a los bienes y servicios producidos en un país y vendidos a compradores en otros países. Algunos ejemplos de exportaciones incluyen productos manufacturados, productos agrícolas, servicios de tecnología y asesoramiento, y mucho más. Las exportaciones son una fuente importante de ingresos para los productores nacionales y pueden ayudar a impulsar la economía al crear empleos y estimular la inversión.

las exportaciones son productos y servicios que se producen en un país y se venden a consumidores, empresas u organizaciones en otros países. Estos productos y servicios pueden variar ampliamente y pueden incluir:

Bienes manufacturados, como automóviles, electrodomésticos, maquinaria industrial, productos electrónicos, ropa y productos químicos.

Productos agrícolas y alimentarios, como cereales, carne, frutas, café y vino.

Servicios, como servicios de consultoría, tecnología de la información, turismo, servicios de transporte y educación.

Recursos naturales, como petróleo, minerales, madera y otros productos extraídos o cosechados.

Productos culturales, como libros, música, películas y software.

Las exportaciones son una parte fundamental de la economía de muchos países, ya que generan ingresos y crean empleos. También pueden ser una fuente de prestigio y reconocimiento internacional para las empresas y la industria de un país. Los gobiernos suelen promover y apoyar las exportaciones a través de políticas comerciales, acuerdos comerciales y la participación en ferias y misiones comerciales internacionales.

Importaciones: Las importaciones son los bienes y servicios comprados por un país a productores en otros países. Estos bienes y servicios importados pueden incluir petróleo crudo, productos manufacturados, alimentos, productos tecnológicos y muchos otros. Las importaciones permiten a los consumidores y empresas acceder a una amplia gama de productos que podrían no estar disponibles o ser más costosos si se produjeran localmente.

las importaciones son los bienes y servicios que un país compra a productores o proveedores en otros países. Al igual que las exportaciones, las importaciones pueden ser una parte crucial de la economía de un país, ya que proporcionan una amplia gama de productos y servicios que pueden no estar disponibles o ser más costosos de producir internamente. Algunos ejemplos de bienes y servicios importados incluyen:

Petróleo crudo y productos petroleros refinados.

Maquinaria y equipos industriales.

Productos electrónicos, como teléfonos, computadoras y dispositivos tecnológicos.

Alimentos, como frutas, verduras, carne y productos lácteos.

Ropa y productos textiles.

Productos farmacéuticos y equipos médicos.

Vehículos y piezas de automóviles.

Bienes de consumo, como muebles y electrodomésticos.

Las importaciones pueden desempeñar un papel importante en la economía al proporcionar una mayor variedad de productos, ayudar a mantener los precios al consumidor bajos y permitir a las empresas acceder a insumos y materiales específicos. Las políticas comerciales, aranceles y acuerdos comerciales pueden influir en la cantidad y el costo de las importaciones, y los gobiernos a menudo supervisan y regulan las importaciones por razones económicas y de seguridad.

El comercio internacional tiene varios beneficios, que incluyen:

Ampliación de mercados: Permite a las empresas vender sus productos en mercados más grandes y diversos, lo que puede impulsar el crecimiento y la rentabilidad.

una de las ventajas clave de las exportaciones es que permiten a las empresas ampliar sus mercados y llegar a consumidores en otros países. Algunas de las formas en que la exportación puede ser beneficiosa para las empresas incluyen:

Diversificación de mercados: Las empresas pueden reducir su dependencia de un solo mercado nacional y diversificar sus ventas en múltiples países. Esto puede ayudar a protegerse contra las fluctuaciones económicas en un mercado específico.

Aumento de la demanda: Al vender productos en mercados extranjeros, las empresas pueden acceder a una base de clientes más grande. Esto puede generar un aumento en la demanda de sus productos, lo que puede ser especialmente beneficioso si el mercado local es pequeño o está saturado.

Crecimiento de ingresos: Las exportaciones pueden aumentar los ingresos y las ganancias de una empresa, lo que puede financiar la expansión, la inversión en investigación y desarrollo, y la creación de empleo.

Competitividad: Competir en mercados internacionales a menudo requiere un mayor enfoque en la calidad y la innovación. Esto puede hacer que las empresas sean más competitivas y, en última instancia, beneficiosas para los consumidores.

Desarrollo de marca: Exportar productos a nivel internacional puede ayudar a construir y fortalecer la marca de una empresa. Los productos exitosos en mercados extranjeros pueden aportar prestigio y reconocimiento.

Reducción de riesgos: La diversificación geográfica a través de las exportaciones puede ayudar a reducir los riesgos asociados con factores económicos, políticos o climáticos en un mercado en particular.

Acceso a nuevos recursos y proveedores: Exportar productos a menudo implica la identificación y el acceso a nuevos recursos, insumos o proveedores en otros países, lo que puede ser beneficioso para la cadena de suministro de la empresa.

Sin embargo, también hay desafíos asociados con la exportación, como la necesidad de adaptarse a diferentes regulaciones y normativas en mercados extranjeros, la fluctuación de tasas de cambio y la competencia internacional. Por lo tanto, las empresas que deseen exportar deben planificar y gestionar cuidadosamente su estrategia de internacionalización.

Eficiencia: Los países pueden especializarse en la producción de bienes y servicios en los que tienen ventajas comparativas, lo que lleva a una mayor eficiencia y una mejor asignación de recursos.

El principio de ventajas comparativas, desarrollado por el economista británico David Ricardo, es fundamental para comprender cómo el comercio internacional puede aumentar la eficiencia y mejorar la asignación de recursos en la economía global. Algunos de los puntos clave relacionados con las ventajas comparativas incluyen:

Especialización: Cuando los países se especializan en la producción de bienes y servicios en los que son relativamente más eficientes, pueden producir más de esos bienes con menos recursos. Esto lleva a una asignación más eficiente de recursos.

Interdependencia económica: La especialización fomenta la interdependencia económica entre los países. En lugar de cada país intentar producir todo lo que necesita, pueden comerciar entre sí y aprovechar las fortalezas de los demás.

Mayor producción global: La especialización y el comercio permiten una mayor producción global de bienes y servicios. Los países pueden beneficiarse de una variedad más amplia de productos que no podrían producir eficientemente por sí mismos.

Crecimiento económico: La eficiencia resultante de la especialización y el comercio puede impulsar el crecimiento económico al aumentar la producción y el empleo.

Mejora del nivel de vida: Cuando los países pueden obtener productos de otros lugares de manera más eficiente, los consumidores tienen acceso a una variedad más amplia de bienes y servicios a precios más bajos. Esto mejora el nivel de vida de la población.

Reducción de costos de producción: La competencia internacional y la búsqueda de eficiencia a menudo reducen los costos de producción, lo que puede llevar a precios más bajos para los consumidores y a una mayor rentabilidad para las empresas.

Sin embargo, es importante señalar que, si bien el comercio internacional puede tener beneficios significativos, también puede plantear desafíos, como la competencia en los mercados nacionales, la pérdida de empleos en sectores ineficientes y cuestiones relacionadas con la equidad y la distribución de ingresos. Por lo tanto, muchos gobiernos implementan políticas comerciales y acuerdos para abordar estos desafíos y aprovechar al máximo los beneficios del comercio

Acceso a recursos: Los países pueden importar recursos y materias primas que son escasos en su territorio, lo que les permite abastecerse de manera más efectiva.

el acceso a recursos y materias primas es otro beneficio clave del comercio internacional. Los países no siempre tienen acceso a todos los recursos naturales que necesitan para su producción y consumo. Al participar en el comercio internacional, pueden importar recursos que escasean en su territorio y, al mismo tiempo, exportar aquellos en los que son más eficientes.

Algunos ejemplos de recursos que los países pueden importar incluyen petróleo crudo, minerales, productos agrícolas y metales. Por ejemplo, un país que carece de petróleo puede importar petróleo crudo de naciones productoras de petróleo para abastecer su industria de energía y transporte. Esto le permite mantener su economía en funcionamiento y satisfacer las necesidades de sus ciudadanos.

El acceso a recursos es esencial para la producción y el desarrollo económico, y el comercio internacional facilita que los países puedan aprovechar los recursos disponibles en otros lugares del mundo. Esto no solo garantiza la disponibilidad de materias primas, sino que también reduce la vulnerabilidad de un país a las fluctuaciones de precios o las interrupciones en el suministro de recursos específicos.

Mayor variedad de productos: Los consumidores tienen acceso a una amplia gama de bienes y servicios de todo el mundo, lo que puede aumentar su calidad de vida. El comercio internacional ofrece a los consumidores una mayor variedad de productos. Al permitir que los países importen bienes y servicios de todo el mundo, los consumidores pueden acceder a productos que pueden no estar disponibles o que serían mucho más caros si se produjeran localmente. Esto enriquece la calidad de vida de las personas al ofrecerles opciones más diversas y a menudo más asequibles.

La disponibilidad de productos internacionales puede abarcar desde alimentos exóticos y productos electrónicos hasta ropa de moda y artículos de lujo. Los consumidores pueden disfrutar de una amplia gama de opciones y, al mismo tiempo, los fabricantes locales pueden beneficiarse al importar insumos más baratos o especializados para sus propios procesos de producción. La variedad de productos que ofrece el comercio internacional es un aspecto fundamental de la globalización y ha transformado la forma en que las personas consumen en todo el mundo.

Competitividad: La competencia internacional puede impulsar la innovación y mejorar la calidad de los productos y servicios.

la competencia internacional es un poderoso motor de innovación y mejora en la calidad de los productos y servicios. Cuando las empresas se enfrentan a la competencia global, están motivadas para ser más eficientes, reducir costos y aumentar la calidad de sus productos para mantenerse competitivas en el mercado mundial.

Este proceso de "destrucción creativa", como lo describió el economista Joseph Schumpeter, impulsa la innovación y fomenta la adopción de tecnologías avanzadas. A medida que las empresas compiten por los consumidores en todo el mundo, están constantemente buscando formas de mejorar sus productos y servicios, lo que a menudo conduce a avances tecnológicos y mejoras en la eficiencia.

En última instancia, los consumidores se benefician de esta competencia a través de una mayor calidad y una mayor variedad de productos a precios competitivos. La competitividad internacional es uno de los principales impulsores del progreso económico y tecnológico en el mundo globalizado.

Sin embargo, el comercio internacional también puede plantear desafíos, como la competencia global y la protección de los intereses nacionales. Los gobiernos suelen implementar políticas comerciales y acuerdos bilaterales o multilaterales para regular y promover el comercio internacional.

13. Globalización: ¿amiga o enemiga?

La globalización es un fenómeno complejo que ha generado opiniones diversas a lo largo de los años. No se puede considerar exclusivamente como amiga o enemiga, ya que tiene aspectos positivos y negativos, y su impacto puede variar según la perspectiva y el contexto. A continuación, se presentan algunos argumentos tanto a favor como en contra de la globalización:

Argumentos a favor de la globalización:

Crecimiento económico: La globalización ha permitido un aumento significativo en el comercio internacional, lo que a menudo conduce a un mayor crecimiento económico y a la reducción de la pobreza en muchas partes del mundo.

La globalización ha estado asociada con un aumento significativo en el comercio internacional y que esto ha contribuido al crecimiento económico en muchas partes del mundo.

Acceso a mercados internacionales: La globalización ha permitido a las empresas acceder a mercados internacionales de una manera más fácil y eficiente. Esto les brinda oportunidades para vender sus productos y servicios en todo el mundo, lo que puede aumentar sus ingresos y sus ganancias.

Mayor eficiencia: La globalización a menudo impulsa la competencia, lo que fomenta la eficiencia y la innovación en las empresas. Esto puede llevar a la producción de bienes y servicios de mayor calidad a precios más bajos.

Crecimiento del PIB: El aumento en el comercio internacional y la inversión extranjera directa suelen estar correlacionados con un mayor crecimiento del Producto Interno Bruto (PIB) en muchas economías. Esto puede traducirse en un mayor empleo y una mejora en el bienestar económico de la población.

Reducción de la pobreza: En muchos casos, la expansión del comercio internacional ha contribuido a la reducción de la pobreza al generar empleo y aumentar los ingresos de las personas en países en desarrollo.

Los beneficios económicos de la globalización no se distribuyen de manera uniforme y que también hay desafíos y críticas importantes relacionados con este proceso. Por ejemplo, algunos argumentan que puede aumentar la desigualdad y llevar a la explotación laboral en ciertas circunstancias. Por lo tanto, la globalización es un tema complejo y multifacético que requiere un equilibrio entre sus beneficios económicos y la mitigación de sus efectos negativos.

Acceso a productos y servicios: La globalización ha ampliado el acceso a una variedad de productos y servicios, mejorando la calidad de vida de las personas al brindarles opciones que antes no estaban disponibles.

La globalización ha ampliado el acceso a una amplia variedad de productos y servicios, y esto ha tenido un impacto significativo en la calidad de vida de muchas personas en todo el mundo.

Variedad de productos: La globalización ha permitido que productos de todo el mundo estén disponibles en mercados locales. Esto significa que los consumidores tienen acceso a una amplia gama de productos que antes podrían no haber estado disponibles en su región, lo que mejora la elección y la calidad de vida.

Tecnología y comunicaciones: La globalización ha llevado a avances tecnológicos que han mejorado la comunicación y el acceso a servicios, como Internet, teléfonos móviles y aplicaciones. Estas tecnologías permiten a las personas acceder a servicios en línea, como educación, atención médica y banca, de una manera más conveniente.

Precios competitivos: La competencia global a menudo conduce a precios más competitivos. La globalización ha fomentado la producción eficiente de bienes y servicios, lo que puede traducirse en precios más bajos para los consumidores.

Mejora en la calidad de productos: La competencia global también incentiva a las empresas a mejorar la calidad de sus productos y servicios para atraer a los consumidores, lo que beneficia a los usuarios finales.

Al igual que con el crecimiento económico, la globalización no está exenta de desafíos. Puede llevar a problemas como la obsolescencia de ciertas industrias locales, la pérdida de empleos en sectores tradicionales y la explotación de recursos naturales. Además, el acceso a productos y servicios no siempre es equitativo, y existen brechas en el acceso a tecnología y servicios entre diferentes regiones y grupos socioeconómicos. Por lo tanto, la globalización tiene tanto beneficios como desafíos que deben abordarse de manera equitativa y sostenible.

Interconexión cultural: La globalización ha facilitado la difusión de la cultura, las ideas y la información a nivel mundial, lo que puede promover la comprensión y la colaboración intercultural.

La interconexión cultural es uno de los aspectos de la globalización que a menudo se presenta como positivo, ya que puede fomentar la comprensión y la colaboración intercultural.

Difusión de ideas y conocimiento: Gracias a la globalización, las ideas y el conocimiento se pueden compartir más fácilmente en todo el mundo. La difusión de información a través de Internet, medios de comunicación y redes sociales ha permitido que las personas accedan a una amplia gama de pensamientos, opiniones y conocimientos de diversas culturas.

Cultural y diversidad de medios: Las películas, la música, la literatura y otros medios de comunicación de diferentes partes del mundo se han vuelto más accesibles para las audiencias globales. Esto no solo enriquece la vida cultural de las personas, sino que también les brinda la oportunidad de aprender sobre otras culturas y perspectivas.

Comunicación intercultural: La globalización ha facilitado la comunicación entre personas de diferentes culturas. Las redes sociales y las plataformas de mensajería permiten a las personas conectarse con individuos de todo el mundo, lo que puede promover el entendimiento mutuo y la colaboración en proyectos globales.

Movilidad y viajes internacionales: La globalización ha hecho que los viajes internacionales sean más accesibles, lo que ha llevado a un mayor contacto entre personas de diferentes culturas. Esto promueve la comprensión y el respeto mutuo.

La interconexión cultural también puede tener desafíos. La influencia cultural global a veces puede amenazar la diversidad cultural al homogeneizar ciertos aspectos de la cultura. Además, el acceso desigual a la tecnología y la información puede ampliar la brecha entre las culturas. En última instancia, la interconexión cultural a través de la globalización tiene el potencial de ser una fuerza positiva para la comprensión y la colaboración intercultural, pero también requiere un equilibrio cuidadoso para preservar y respetar la diversidad cultural.

Innovación: La competencia global ha estimulado la innovación y el desarrollo tecnológico, lo que a su vez ha llevado a avances en diversos campos, como la medicina y la tecnología.
Competencia y presión para mejorar: La globalización aumenta la competencia en los mercados. Para sobrevivir y prosperar en un entorno global altamente competitivo, las empresas deben innovar constantemente para mejorar la calidad de sus productos y servicios, reducir costos y ofrecer soluciones más eficientes.

Acceso a talento global: La globalización permite a las empresas acceder a una amplia base de talento en todo el mundo. Esto puede atraer a expertos de diferentes campos y culturas, lo que enriquece la capacidad de innovación de las empresas.

Colaboración global: La colaboración internacional se ha vuelto más común en la investigación y el desarrollo. Los científicos, investigadores y empresas pueden trabajar juntos en proyectos a nivel global, lo que acelera la generación de nuevos conocimientos y tecnologías.

Transferencia de conocimientos: La globalización facilita la transferencia de conocimientos y tecnologías entre países y regiones. Esto significa que las innovaciones desarrolladas en un lugar pueden beneficiar a personas en todo el mundo, lo que acelera el avance tecnológico y científico.

Inversión extranjera directa: La inversión extranjera directa (IED) fomenta la transferencia de tecnología y conocimiento. Las empresas multinacionales a menudo establecen filiales o subsidiarias en otros países, lo que contribuye a la difusión de tecnologías avanzadas.

Un ejemplo destacado de cómo la globalización ha impulsado la innovación es el rápido desarrollo de la tecnología de la información y la comunicación (TIC). La competencia global en este sector ha llevado a avances significativos en la informática, las comunicaciones móviles, la inteligencia artificial y otros campos, lo que ha transformado la vida cotidiana y la economía a nivel mundial.

Si bien la globalización puede estimular la innovación, también plantea desafíos, como la concentración de poder en grandes empresas y la desigualdad en la distribución de los beneficios de la innovación. Por lo tanto, es esencial abordar estos desafíos para garantizar que los avances tecnológicos beneficien a la sociedad en su conjunto.

Argumentos en contra de la globalización:

Desigualdad: La globalización a menudo ha aumentado la brecha entre los países ricos y pobres, lo que puede dar lugar a una distribución desigual de la riqueza y la oportunidad.

Explotación laboral: En algunos casos, la globalización ha llevado a la explotación laboral, con condiciones de trabajo precarias en países en desarrollo para mantener costos bajos de producción.

Pérdida de identidad cultural: La influencia de la cultura global a veces puede amenazar la diversidad cultural y llevar a la homogeneización cultural.

Impacto ambiental: La globalización ha contribuido a problemas ambientales, como la expansión descontrolada de la industria y la explotación de recursos naturales, lo que puede tener efectos negativos en el medio ambiente.

En resumen, la globalización es un fenómeno complejo con aspectos positivos y negativos. Su valoración como amiga o enemiga depende en gran medida de cómo se manejen y regulen sus efectos, así como de cómo se busquen soluciones a los desafíos que plantea. La opinión sobre la globalización suele variar según la perspectiva individual y la posición económica y social de las personas.

14. Economía y medio ambiente: ¿una relación conflictiva?

La relación entre la economía y el medio ambiente a menudo se percibe como conflictiva debido a que los objetivos de crecimiento económico y la preservación del medio ambiente pueden estar en tensión. Esta tensión se debe a varios factores:

Explotación de recursos naturales: La economía a menudo depende de la extracción de recursos naturales, como petróleo, minerales y madera, que pueden agotarse si se explotan de manera insostenible. Esto puede dar lugar a la degradación ambiental y la pérdida de biodiversidad.

La explotación insostenible de recursos naturales es uno de los problemas más significativos en la relación entre la economía y el medio ambiente.

Agotamiento de recursos: La economía a menudo depende de la extracción de recursos naturales como petróleo, minerales, madera, agua dulce y suelos fértiles. Si estos recursos se extraen a un ritmo que supera su capacidad de regeneración, pueden agotarse, lo que puede tener graves consecuencias para la economía y el medio ambiente.

Degradación ambiental: La explotación insostenible de recursos naturales puede dar lugar a la degradación ambiental, que incluye la destrucción de ecosistemas, la erosión del suelo, la contaminación y la degradación de la calidad del agua. Esto afecta la capacidad de la naturaleza para proporcionar servicios ecosistémicos vitales.

Pérdida de biodiversidad: La explotación insostenible de recursos puede contribuir a la pérdida de biodiversidad. La destrucción de hábitats naturales y la sobreexplotación de especies pueden llevar a la extinción de plantas y animales, lo que tiene implicaciones negativas para la salud de los ecosistemas y la humanidad.

Escasez de recursos y aumento de precios: A medida que los recursos naturales se vuelven más escasos debido a la explotación insostenible, los precios tienden a aumentar. Esto puede aumentar los costos de producción en la economía y afectar negativamente a las comunidades que dependen de esos recursos para su subsistencia.

Impacto en las generaciones futuras: La explotación insostenible de recursos puede dejar a las generaciones futuras con menos recursos y un ambiente degradado, lo que socava su calidad de vida y oportunidades económicas.

Para abordar estos problemas, es fundamental adoptar prácticas de gestión sostenible de recursos naturales, que equilibren la necesidad de utilizar recursos con la importancia de conservarlos para el futuro. Esto implica la implementación de regulaciones adecuadas, la promoción de tecnologías más limpias y eficientes, y la conciencia sobre la importancia de la conservación y la biodiversidad. La sostenibilidad y la gestión responsable de los recursos naturales son fundamentales para mantener un equilibrio entre el desarrollo económico y la preservación del medio ambiente.

Contaminación y degradación ambiental: Las actividades económicas, como la producción industrial y la agricultura intensiva, pueden generar contaminantes que afectan negativamente al medio ambiente, causando problemas como la contaminación del aire y el agua, la erosión del suelo y la degradación de los ecosistemas.

Contaminación del aire: Las emisiones de contaminantes atmosféricos provenientes de la producción industrial, la quema de combustibles fósiles y otros procesos económicos pueden tener graves impactos en la calidad del aire. Esto puede dar lugar a problemas de salud pública, como enfermedades respiratorias, y contribuir al cambio climático debido a la liberación de gases de efecto invernadero.

Contaminación del agua: Las descargas de productos químicos tóxicos, nutrientes en exceso y otros contaminantes en cuerpos de agua pueden contaminar el agua potable, matar la vida acuática y dañar los ecosistemas acuáticos. Esto afecta tanto la salud humana como la biodiversidad.

Erosión del suelo: La agricultura intensiva, la tala de bosques y la construcción pueden dar lugar a la erosión del suelo, lo que lleva a la pérdida de tierra fértil y puede provocar la sedimentación de cuerpos de agua, lo que afecta la calidad del agua.

Degradación de ecosistemas: La expansión de áreas urbanas, la agricultura intensiva y la minería pueden dar lugar a la degradación de ecosistemas naturales. Esto puede resultar en la pérdida de hábitats naturales y la disminución de la biodiversidad.

Residuos y desechos: La producción industrial y el consumo generan grandes cantidades de residuos y desechos, algunos de los cuales son peligrosos para el medio ambiente si no se gestionan adecuadamente. La gestión inadecuada de residuos puede causar contaminación del suelo y del agua.

Para abordar estos problemas, es esencial adoptar prácticas de producción más limpias y sostenibles. Esto puede incluir la implementación de regulaciones ambientales más estrictas, la promoción de tecnologías limpias, la gestión adecuada de residuos y la promoción de prácticas agrícolas sostenibles. Además, la sensibilización pública y la educación sobre la importancia de la conservación y la reducción de la huella ambiental también son cruciales.

La gestión sostenible de la contaminación y la degradación ambiental es esencial para proteger la salud humana, la biodiversidad y los ecosistemas, y para garantizar que la economía sea verdaderamente sostenible a largo plazo.

Cambio climático: Las emisiones de gases de efecto invernadero asociadas con la quema de combustibles fósiles y otras actividades económicas contribuyen al cambio climático, con efectos potencialmente devastadores en el medio ambiente, como el aumento del nivel del mar y eventos climáticos extremos.

Las emisiones de gases de efecto invernadero asociadas con la quema de combustibles fósiles y otras actividades económicas son una de las principales causas del cambio climático, con efectos potencialmente devastadores en el medio ambiente.

Calentamiento global: Las actividades económicas que involucran la quema de combustibles fósiles, como el carbón, el petróleo y el gas natural, liberan dióxido de carbono (CO_2) y otros gases de efecto invernadero a la atmósfera. Estos gases atrapan el calor del sol, lo que resulta en un aumento de la temperatura promedio de la Tierra, un fenómeno conocido como calentamiento global.

Aumento del nivel del mar: El calentamiento global provoca el deshielo de los casquetes polares y glaciares, lo que contribuye al aumento del nivel del mar. Esto tiene el potencial de inundar áreas costeras, desplazar a poblaciones humanas y dañar los ecosistemas marinos y terrestres.

Eventos climáticos extremos: El cambio climático está asociado con un aumento en la frecuencia y la gravedad de eventos climáticos extremos, como huracanes, sequías, inundaciones y olas de calor. Estos eventos pueden causar daños significativos a la infraestructura, la agricultura y la seguridad humana.

Impacto en la biodiversidad: El cambio climático puede amenazar la biodiversidad al cambiar los hábitats y los patrones de migración de las especies. Esto puede conducir a la extinción de especies y al desequilibrio de los ecosistemas.

Impactos económicos y sociales: El cambio climático también puede tener importantes impactos económicos y sociales, incluyendo pérdidas económicas significativas en sectores como la agricultura y la infraestructura, y desplazamientos de poblaciones debido a la pérdida de sus hogares.

Para abordar el cambio climático, es fundamental reducir las emisiones de gases de efecto invernadero a nivel global. Esto implica la transición hacia fuentes de energía más limpias y renovables, la mejora de la eficiencia energética, la promoción del transporte sostenible y la adopción de prácticas agrícolas y forestales más sostenibles.

Los esfuerzos internacionales, como el Acuerdo de París, buscan unir a los países en la lucha contra el cambio climático y limitar el calentamiento global a niveles seguros. La concienciación pública y la participación activa son cruciales para lograr una respuesta efectiva al cambio climático y proteger el medio ambiente y la vida en la Tierra para las generaciones futuras.

Desarrollo urbano y expansión: El crecimiento económico a menudo se traduce en una mayor urbanización y expansión de las áreas urbanas, lo que puede resultar en la destrucción de hábitats naturales y la pérdida de espacios verdes.

El desarrollo urbano y la expansión de las áreas urbanas suelen estar asociados al crecimiento económico y, al mismo tiempo, pueden tener consecuencias negativas para el medio ambiente y la calidad de vida.

Pérdida de hábitats naturales: A medida que las ciudades se expanden, a menudo se destruyen hábitats naturales, como bosques, humedales y tierras agrícolas, para dar paso a la construcción de infraestructura y edificios. Esto puede resultar en la pérdida de biodiversidad y en la degradación de los ecosistemas locales.

Contaminación y degradación del suelo: La urbanización a menudo conlleva la contaminación del suelo debido a la liberación de productos químicos tóxicos y contaminantes. Esta contaminación puede tener efectos negativos en la calidad del suelo y puede dificultar la producción de alimentos y la restauración de áreas naturales.

Problemas de movilidad: El crecimiento urbano puede dar lugar a problemas de movilidad, como la congestión del tráfico y la necesidad de construir más carreteras y sistemas de transporte, lo que puede tener impactos ambientales negativos, como la contaminación del aire y la degradación de los ecosistemas circundantes.

Pérdida de espacios verdes y calidad de vida: La expansión urbana puede llevar a una disminución de los espacios verdes y la vegetación en las ciudades. Esto no solo reduce la calidad de vida de los habitantes urbanos, sino que también contribuye al aumento de las temperaturas urbanas y la pérdida de áreas de recreación y esparcimiento.

Para abordar estos problemas y lograr un desarrollo urbano más sostenible, se están adoptando diversas estrategias y prácticas, como la planificación urbana inteligente, la creación de áreas verdes y espacios abiertos, y la promoción de la movilidad sostenible, como el transporte público y el uso de la bicicleta. Además, la conservación de áreas naturales y la adopción de políticas de desarrollo que prioricen la sostenibilidad son esenciales para equilibrar el crecimiento económico con la preservación del medio ambiente y la calidad de vida en las áreas urbanas.

La relación entre la economía y el medio ambiente no es inherentemente conflictiva y puede ser gestionada de manera sostenible. De hecho, cada vez más se reconoce la importancia de la "economía verde" y el desarrollo sostenible, que busca equilibrar el crecimiento económico con la protección del medio ambiente. Aquí hay algunas maneras en las que se puede lograr un equilibrio más positivo:

Innovación tecnológica: La tecnología puede desempeñar un papel importante en la mitigación de los impactos ambientales. Las inversiones en tecnologías más limpias y eficientes pueden reducir la huella ecológica de la actividad económica.la innovación tecnológica desempeña un papel crucial en la mitigación de los impactos ambientales y en la búsqueda de un desarrollo económico más sostenible.

Tecnologías limpias y eficientes: La innovación tecnológica ha dado lugar al desarrollo de tecnologías más limpias y eficientes en sectores como la energía, la manufactura y el transporte. Esto incluye avances en la energía renovable, la eficiencia energética de edificios e infraestructuras, y vehículos más limpios y con menor consumo de combustible.

Reducción de emisiones: Las tecnologías más limpias permiten reducir las emisiones de gases de efecto invernadero y otros contaminantes, lo que contribuye a la mitigación del cambio climático y a la mejora de la calidad del aire.

Gestión de recursos naturales: La innovación tecnológica también se aplica a la gestión sostenible de recursos naturales, como la agricultura de precisión que reduce el uso de fertilizantes y pesticidas, la monitorización de la calidad del agua y la gestión inteligente de bosques y recursos marinos.

Economía circular: La tecnología está facilitando la transición hacia una economía circular, en la que se minimiza el desperdicio y se maximiza la reutilización y el reciclaje de productos y materiales.

Monitorización y análisis ambiental: Las tecnologías avanzadas, como sensores y sistemas de información geográfica, permiten un monitoreo más preciso del medio ambiente y una toma de decisiones basada en datos para la gestión sostenible de los recursos naturales.

Movilidad sostenible: La innovación en tecnologías de transporte, como vehículos eléctricos, vehículos autónomos y sistemas de transporte compartido, está ayudando a reducir la huella ambiental de la movilidad urbana.

La inversión en investigación y desarrollo tecnológico es fundamental para impulsar estas innovaciones. Además, es importante fomentar la adopción de tecnologías limpias y eficientes a través de incentivos económicos, políticas y regulaciones que promuevan prácticas sostenibles en el sector empresarial y entre los consumidores.

La innovación tecnológica desempeña un papel esencial en el camino hacia una economía más sostenible y en la mitigación de los impactos ambientales, lo que contribuye a un desarrollo económico más equilibrado con la preservación del medio ambiente.

Regulación y políticas ambientales: La implementación de regulaciones y políticas ambientales efectivas puede ayudar a controlar y reducir los impactos ambientales negativos de las actividades económicas.

La implementación de regulaciones y políticas ambientales efectivas es fundamental para controlar y reducir los impactos ambientales negativos de las actividades económicas. Estas regulaciones y políticas son esenciales para garantizar que las empresas y los individuos cumplan con estándares ambientales y trabajen hacia la sostenibilidad.

Protección del medio ambiente: Las regulaciones y políticas ambientales están diseñadas para proteger el aire, el agua, la tierra y la biodiversidad. Ayudan a prevenir la contaminación, la degradación del suelo, la tala de bosques y otros impactos perjudiciales en el entorno natural.

Salud pública: La implementación de regulaciones ambientales efectivas reduce la exposición a sustancias tóxicas y contaminantes, lo que beneficia la salud de las personas al disminuir los riesgos de enfermedades relacionadas con la contaminación del aire y el agua.

Mitigación del cambio climático: Las políticas ambientales a menudo incluyen medidas para reducir las emisiones de gases de efecto invernadero, lo que contribuye a la mitigación del cambio climático y la promoción de energías limpias y renovables.

Conservación de recursos naturales: Las regulaciones pueden limitar la extracción insostenible de recursos naturales, como la tala excesiva de árboles y la sobreexplotación de recursos hídricos, con el objetivo de preservar estos recursos para las generaciones futuras.

Promoción de la sostenibilidad empresarial: Las políticas ambientales pueden fomentar prácticas empresariales sostenibles al establecer estándares y regulaciones que requieren que las empresas reduzcan su huella ambiental y adopten prácticas más responsables desde el punto de vista ambiental.

Concienciación y responsabilidad: La existencia de regulaciones y políticas ambientales aumenta la concienciación sobre la importancia de la sostenibilidad y la responsabilidad ambiental tanto a nivel empresarial como a nivel individual.

Sin embargo, para que las regulaciones y políticas ambientales sean efectivas, es necesario contar con una adecuada aplicación y supervisión, así como con incentivos para el cumplimiento. Además, estas políticas deben ser adaptables y actualizadas a medida que se desarrollan nuevos desafíos ambientales y tecnologías. La cooperación internacional también es esencial para abordar problemas ambientales que trascienden las fronteras nacionales, como el cambio climático.

La regulación y las políticas ambientales desempeñan un papel crucial en la protección del medio ambiente, la salud pública y la promoción de prácticas económicas sostenibles. Son un componente importante de un enfoque integral para equilibrar el crecimiento económico con la preservación del medio ambiente.

Incentivos económicos: Los incentivos, como los impuestos al carbono y las subvenciones a las energías renovables, pueden fomentar prácticas más sostenibles al hacer que sea más costoso contaminar y más rentable utilizar tecnologías limpias.

Los incentivos económicos, como los impuestos al carbono y las subvenciones a las energías renovables, son herramientas importantes para fomentar prácticas más sostenibles y reducir los impactos ambientales negativos de las actividades económicas. Aquí hay algunas razones por las cuales estos incentivos son efectivos:

Precio de las externalidades: Los incentivos económicos permiten que se internalicen los costos ambientales que de otra manera serían externalizados. Por ejemplo, un impuesto al carbono obliga a las empresas a pagar por las emisiones de gases de efecto invernadero que generan, lo que refleja el costo real de la contaminación ambiental.

Promoción de tecnologías limpias: Las subvenciones y los incentivos fiscales pueden estimular la inversión en tecnologías limpias y energías renovables al hacer que estas opciones sean más atractivas desde el punto de vista financiero.

Innovación: Los incentivos pueden fomentar la innovación en tecnologías y prácticas sostenibles al ofrecer recompensas económicas a quienes desarrollen soluciones más respetuosas con el medio ambiente.

Reducción de la dependencia de los combustibles fósiles: Los incentivos para las energías renovables y la eficiencia energética pueden ayudar a reducir la dependencia de los combustibles fósiles, disminuyendo así las emisiones de gases de efecto invernadero y mejorando la seguridad energética.

Competitividad económica: Las políticas de incentivos pueden mejorar la competitividad de las empresas que adoptan prácticas sostenibles, ya que pueden reducir costos a largo plazo y acceder a nuevos mercados relacionados con la sostenibilidad.

Algunos ejemplos de incentivos económicos incluyen:

Impuestos al carbono: Gravan las emisiones de carbono, lo que incentiva la reducción de emisiones y la transición hacia fuentes de energía más limpias.

Subvenciones a energías renovables: Reducen los costos iniciales de inversión en tecnologías como la energía solar y eólica, lo que promueve su adopción.

Créditos fiscales por eficiencia energética: Ofrecen incentivos fiscales a individuos y empresas que invierten en mejoras de eficiencia energética en sus hogares o instalaciones.

Mercados de derechos de emisión: Permiten a las empresas comerciar con derechos de emisión de carbono, lo que puede incentivar la reducción de emisiones de manera rentable.

Subvenciones para transporte sostenible: Estimulan el uso de transporte público, vehículos eléctricos y otras formas de movilidad sostenible.

Los incentivos económicos son una parte importante de un enfoque integral para abordar los desafíos ambientales y promover prácticas sostenibles en la economía. Combinados con regulaciones efectivas y educación pública, pueden desempeñar un papel fundamental en la transición hacia un modelo económico más sostenible.

Conciencia y educación ambiental: Fomentar la conciencia pública y la educación ambiental puede generar una mayor demanda de productos y servicios respetuosos con el medio ambiente, alentando a las empresas a adoptar prácticas más sostenibles.

La conciencia pública y la educación ambiental son componentes fundamentales en la promoción de prácticas más sostenibles y en la transición hacia una economía más respetuosa con el medio ambiente. Aquí hay algunas razones por las cuales son importantes:

Cambio de comportamiento: La conciencia y la educación ambiental pueden cambiar el comportamiento de las personas y las empresas. Cuando la sociedad comprende mejor los impactos ambientales de sus acciones, es más probable que elija opciones más sostenibles en su vida cotidiana y tome decisiones de compra más conscientes.

Demanda de productos sostenibles: La educación ambiental puede aumentar la demanda de productos y servicios sostenibles. Los consumidores que comprenden la importancia de la sostenibilidad tienden a preferir productos respetuosos con el medio ambiente, lo que a su vez incentiva a las empresas a ofrecer más opciones sostenibles.

Presión pública: La conciencia pública y la educación pueden generar una mayor presión pública sobre gobiernos y empresas para que adopten prácticas más sostenibles. Esto puede llevar a la implementación de regulaciones más estrictas y al desarrollo de políticas ambientales más sólidas.

Participación activa: La educación ambiental también fomenta la participación activa de la sociedad en la toma de decisiones relacionadas con el medio ambiente. Las personas informadas y comprometidas pueden influir en las políticas y promover cambios positivos.

Empoderamiento: La educación ambiental empodera a las personas para que se conviertan en defensores del medio ambiente y participen en la resolución de problemas ambientales locales y globales.

Conciencia empresarial: La conciencia pública y la educación también pueden influir en la responsabilidad social de las empresas. Las empresas son más propensas a adoptar prácticas sostenibles y responsables cuando perciben que es importante para sus clientes y la sociedad en general.

La educación ambiental puede ser impartida en escuelas, universidades, programas de capacitación, campañas de concienciación y a través de medios de comunicación. También es importante destacar que la educación ambiental no se limita solo a la adquisición de conocimientos, sino que también se centra en el desarrollo de actitudes y valores sostenibles.

La conciencia pública y la educación ambiental desempeñan un papel fundamental en la promoción de prácticas más sostenibles, la toma de decisiones responsables y la preservación del medio ambiente. Son herramientas poderosas para impulsar el cambio hacia una economía más respetuosa con el medio ambiente y un estilo de vida más sostenible.

Aunque la relación entre la economía y el medio ambiente a menudo implica desafíos y tensiones, es posible abordar estos problemas de manera efectiva a través de políticas y prácticas que buscan un equilibrio entre el crecimiento económico y la protección del medio ambiente. La sostenibilidad se ha convertido en un objetivo fundamental para muchas sociedades y gobiernos a medida que buscan un futuro más equitativo y saludable para el planeta.

15.Economía del consumidor: tomar decisiones financieras inteligentes.

Tomar decisiones financieras inteligentes es esencial para la economía del consumidor y para garantizar una buena salud financiera a nivel personal. Aquí hay algunos consejos clave para tomar decisiones financieras informadas y prudentes:

Presupuesto: Comienza por crear un presupuesto. Anota tus ingresos y gastos mensuales. Esto te ayudará a comprender dónde se va tu dinero y a planificar tus gastos de manera más eficiente.

Crear un presupuesto es un paso fundamental para tener un control efectivo sobre tus finanzas personales.

Registra tus ingresos: Comienza por anotar todos tus ingresos mensuales. Esto puede incluir tu salario, ingresos adicionales, rentas, dividendos u otras fuentes de ingresos.

Enumera tus gastos: Registra todos tus gastos mensuales. Divide tus gastos en categorías, como vivienda, transporte, alimentos, servicios públicos, entretenimiento, deudas, ahorro y otros. Puedes usar extractos bancarios y recibos para tener una idea precisa de tus gastos.

Calcula tus ingresos totales: Suma todos tus ingresos mensuales para obtener una cifra total.

Calcula tus gastos totales: Suma todos tus gastos mensuales en cada categoría para obtener un total de gastos.

Diferencia entre ingresos y gastos: Resta tus gastos totales de tus ingresos totales. Esto te dará un número que representa tu saldo mensual, es decir, cuánto dinero tienes disponible después de cubrir tus gastos.

Prioriza tus gastos: Analiza tus gastos y categorías de gastos. Identifica los gastos esenciales, como vivienda, alimentos y servicios públicos, y los no esenciales, como entretenimiento o compras por impulso.

Establece metas financieras: Define tus metas financieras a corto y largo plazo. Esto puede incluir la creación de un fondo de emergencia, la reducción de deudas, el ahorro para la jubilación o la compra de una vivienda.

Ajusta tu presupuesto: Si descubres que tus gastos superan tus ingresos, tendrás que hacer ajustes. Considera recortar gastos no esenciales y encontrar formas de ahorrar en tus gastos diarios.

Sigue tu presupuesto: Una vez que hayas establecido un presupuesto, es importante seguirlo. Lleva un registro constante de tus gastos y compara tus gastos reales con tu presupuesto mensual.

Revisa y actualiza: A medida que cambien tus circunstancias financieras, como un aumento de salario o un gasto inesperado, actualiza tu presupuesto en consecuencia. La flexibilidad es clave para que tu presupuesto sea efectivo.

Ahorra e invierte: Asegúrate de destinar una parte de tus ingresos para el ahorro y la inversión. Esto te ayudará a alcanzar tus metas financieras a largo plazo y a construir riqueza con el tiempo.

Busca asesoramiento: Si te sientes abrumado o necesitas ayuda para crear y mantener un presupuesto, considera consultar a un asesor financiero o utilizar aplicaciones de presupuesto y seguimiento de gastos.

Un presupuesto bien planificado te brindará un mayor control sobre tus finanzas, te permitirá tomar decisiones financieras más informadas y te ayudará a alcanzar tus objetivos financieros. La clave es la disciplina y la consistencia en su seguimiento.

Ahorro: Establece un plan de ahorro. Destina una parte de tus ingresos a una cuenta de ahorros o inversión para futuros objetivos, como emergencias, educación, compra de vivienda o jubilación.

Establecer un plan de ahorro es una parte esencial de una gestión financiera sólida y te permite construir una base económica segura para el futuro.

Establece tus objetivos: Comienza por definir tus objetivos de ahorro. Estos pueden incluir la creación de un fondo de emergencia, la compra de una vivienda, la educación de tus hijos, la jubilación u otros proyectos específicos. Establecer metas claras te dará un propósito y te ayudará a determinar cuánto debes ahorrar.

Crea un presupuesto: Como mencioné anteriormente, un presupuesto es una herramienta fundamental. Ayuda a identificar cuánto dinero puedes asignar para el ahorro después de cubrir tus gastos esenciales y obligaciones financieras.

Automatiza tus ahorros: Configura transferencias automáticas desde tu cuenta corriente a tu cuenta de ahorros o inversión. Automatizar el proceso asegura que ahorres consistentemente, antes de que puedas gastar ese dinero en otras cosas.

Elige cuentas adecuadas: Asegúrate de elegir cuentas de ahorro o inversiones que se ajusten a tus objetivos. Por ejemplo, las cuentas de ahorro tradicionales son seguras y líquidas, ideales para un fondo de emergencia. Para objetivos a largo plazo, considera cuentas de inversión como cuentas de jubilación o cuentas de inversión en acciones.

Establece un porcentaje o monto fijo: Decide si prefieres ahorrar un porcentaje fijo de tus ingresos o una cantidad específica cada mes. Esto dependerá de tu situación financiera y de tus metas.

Prioriza el fondo de emergencia: Antes de concentrarte en otros objetivos, es importante crear un fondo de emergencia que pueda cubrir al menos tres a seis meses de gastos. Este fondo te brinda seguridad financiera en caso de gastos inesperados, como reparaciones del automóvil o gastos médicos.

Mantén la disciplina: El ahorro requiere disciplina y paciencia. Mantén tu compromiso y evita tocar tus ahorros a menos que sea necesario para tus objetivos planificados.

Revisa y ajusta: Regularmente revisa tu plan de ahorro y ajusta según sea necesario. Si cambian tus objetivos o tu situación financiera, modifica tus tasas de ahorro y considera nuevas inversiones.

Diversifica tus inversiones: Si decides invertir, diversifica tus inversiones para reducir el riesgo. Consulta a un asesor financiero si es necesario.

Educa sobre inversión: Si estás interesado en invertir, dedica tiempo a educarte sobre los diferentes tipos de inversiones y estrategias para aumentar tu conocimiento y tomar decisiones informadas.

El ahorro sistemático y consistente es una de las claves para alcanzar tus objetivos financieros. Con un plan de ahorro adecuado, puedes crear una base financiera sólida y lograr una mayor seguridad económica a lo largo de tu vida.

Reducción de deudas: Si tienes deudas, trabaja en reducirlas. Prioriza el pago de deudas con tasas de interés altas, como las tarjetas de crédito. Evita acumular más deudas innecesarias.

La reducción de deudas es un paso importante en la gestión financiera que te ayudará a liberarte de la carga de los intereses y a tener una economía personal más saludable.

Evalúa tu deuda: Comienza por hacer un inventario de todas tus deudas. Anota la cantidad que debes, la tasa de interés asociada a cada deuda y los plazos de pago. Esto te ayudará a comprender la magnitud de tu deuda y a priorizar cuáles pagar primero.

Prioriza las deudas de alto interés: Las deudas con tasas de interés más altas, como las de las tarjetas de crédito, son las que más te cuestan en intereses. Prioriza el pago de estas deudas para reducir tus gastos financieros.

Crea un plan de pago: Desarrolla un plan de pago que te permita reducir tus deudas de manera metódica. Puedes optar por el método "bola de nieve" (pagar primero las deudas más pequeñas) o el método "avalancha" (pagar primero las deudas con tasas de interés más altas). Escoge el enfoque que mejor se adapte a tu situación.

Presupuesto: Ajusta tu presupuesto para destinar una parte significativa de tus ingresos al pago de deudas. Reduce gastos no esenciales y busca formas de aumentar tu capacidad de pago.

Genera ingresos adicionales: Considera la posibilidad de buscar fuentes de ingresos adicionales, como un trabajo a tiempo parcial, trabajos freelance o vender artículos no deseados para aumentar tus recursos para el pago de deudas.

Negocia tasas de interés más bajas: Si es posible, negocia tasas de interés más bajas con los acreedores o considera la consolidación de deudas a través de un préstamo con tasas más bajas.

Mantén un fondo de emergencia: Aunque estés enfocado en la reducción de deudas, es importante tener un fondo de emergencia para cubrir gastos imprevistos y evitar recurrir a más deudas en caso de emergencias.

Evita acumular más deudas: Durante el proceso de pago de deudas, evita acumular más deudas innecesarias. Utiliza el crédito de manera responsable y busca formas de vivir dentro de tus medios.

Celebra tus logros: A medida que vayas pagando tus deudas, celebra tus logros. Reconoce tus esfuerzos y mantén la motivación para continuar eliminando deudas.

Busca asesoramiento financiero: Si sientes que estás luchando para reducir tus deudas por tu cuenta, considera buscar asesoramiento financiero o consejería de crédito. Estos profesionales pueden proporcionarte estrategias adicionales y apoyo.

La reducción de deudas requiere tiempo y dedicación, pero al hacerlo, te liberas de una carga financiera y te acercas a una mayor estabilidad económica. Con un plan sólido y determinación, puedes alcanzar tus objetivos de eliminación de deudas.

Educación financiera: Invierte tiempo en educarte sobre cuestiones financieras. Lee libros, asiste a talleres o busca recursos en línea para comprender mejor conceptos como inversión, impuestos y planificación financiera.

La educación financiera es fundamental para tomar decisiones informadas y gestionar tus finanzas de manera efectiva.

Lectura: Los libros son una excelente fuente de conocimiento financiero. Busca libros de autores respetados en finanzas personales, inversión y planificación financiera. Algunos libros populares incluyen "Padre Rico, Padre Pobre" de Robert Kiyosaki, "El Hombre Más Rico de Babilonia" de George S. Clason y "Mujer Millonaria" de Kim Kiyosaki, entre otros.

Cursos en línea: Muchas universidades y plataformas de aprendizaje en línea ofrecen cursos gratuitos y de pago sobre educación financiera. Puedes encontrar cursos sobre inversiones, planificación de la jubilación, presupuesto y más.

Blogs y sitios web financieros: Existen numerosos blogs y sitios web dedicados a la educación financiera. Estos recursos suelen ofrecer consejos prácticos, guías y análisis de expertos en finanzas.

Seminarios y talleres: Investiga si hay seminarios o talleres locales sobre educación financiera a los que puedas asistir. Estos eventos a menudo son organizados por instituciones financieras, asesores o grupos comunitarios.

Podcasts: Los podcasts de educación financiera son una forma conveniente de aprender mientras te desplazas o realizas tareas cotidianas. Escucha programas sobre inversiones, presupuesto, planificación de la jubilación y más.

Asesoramiento financiero: Considera la posibilidad de consultar a un asesor financiero certificado. Un asesor financiero puede proporcionarte orientación personalizada y ayudarte a tomar decisiones financieras adecuadas a tu situación.

Redes sociales: Sigue a expertos en finanzas en redes sociales como Twitter, LinkedIn o YouTube. Estos profesionales suelen compartir consejos y recursos útiles.

Aplicaciones y herramientas financieras: Utiliza aplicaciones de gestión financiera que te ayuden a llevar un registro de tus gastos, establecer presupuestos y realizar un seguimiento de tus inversiones.

Foros en línea: Participa en foros financieros en línea donde puedes hacer preguntas y aprender de la experiencia de otros. Sin embargo, verifica la confiabilidad de la fuente y ten en cuenta que la información en línea puede variar en calidad.

Revistas financieras y periódicos: Lee revistas financieras y secciones de finanzas en periódicos para mantenerte al día sobre tendencias y noticias financieras.

La educación financiera es un proceso continuo. A medida que adquieres conocimientos y experiencia, estarás mejor preparado para tomar decisiones financieras inteligentes y alcanzar tus objetivos financieros. La inversión de tiempo en educación financiera es una inversión en tu futuro financiero.

Inversiones: Considera la inversión como una forma de hacer crecer tu dinero con el tiempo. Infórmate sobre diferentes tipos de inversiones, como acciones, bonos, bienes raíces y fondos mutuos, y elige opciones que se ajusten a tus objetivos y tolerancia al riesgo.

La inversión es una excelente manera de hacer crecer tu dinero a lo largo del tiempo y trabajar hacia tus objetivos financieros a largo plazo.

Establece tus objetivos financieros: Antes de comenzar a invertir, es importante definir tus objetivos financieros. ¿Estás invirtiendo para la jubilación, para comprar una vivienda, para la educación de tus hijos o para otros propósitos? Establecer objetivos claros te ayudará a determinar el plazo y la estrategia de inversión adecuados.

Evalúa tu tolerancia al riesgo: Todos los inversores tienen un nivel de tolerancia al riesgo diferente. Algunas personas están dispuestas a asumir más riesgos en busca de mayores rendimientos, mientras que otras prefieren inversiones más seguras. Evalúa tu propia tolerancia al riesgo antes de elegir tus inversiones.

Diversifica tu cartera: La diversificación es una estrategia clave para reducir el riesgo. En lugar de poner todos tus fondos en una sola inversión, considera la diversificación en diferentes clases de activos, como acciones, bonos, bienes raíces y otros activos.

Aprende sobre diferentes tipos de inversiones: Investiga y comprende los diferentes tipos de inversiones disponibles. Algunos de los activos de inversión más comunes incluyen:

Acciones: Representan una participación en la propiedad de una empresa y pueden generar rendimientos a través del crecimiento del valor de la acción y dividendos.

Bonos: Son valores de deuda emitidos por gobiernos o empresas y pueden generar intereses regulares.

Bienes raíces: Incluyen la inversión en propiedades, como bienes raíces comerciales o residenciales.

Fondos mutuos: Son fondos gestionados profesionalmente que agrupan dinero de múltiples inversores y se invierten en una variedad de activos.

Exchange-Traded Funds (ETFs): Son similares a los fondos mutuos pero se negocian como acciones en bolsas de valores.

Comprende los riesgos y recompensas: Cada tipo de inversión conlleva su propio conjunto de riesgos y recompensas. Aprende sobre estos factores para tomar decisiones informadas.

Invierte a largo plazo: La inversión exitosa a menudo implica un horizonte a largo plazo. Mantén tus inversiones durante períodos prolongados y evita reaccionar de manera impulsiva a las fluctuaciones del mercado.

Mantén una cartera equilibrada: A medida que avanzas en tu viaje de inversión, asegúrate de mantener una cartera equilibrada que refleje tus objetivos y tolerancia al riesgo. Reajusta tu cartera según sea necesario con el tiempo.

Busca asesoramiento profesional: Si te sientes inseguro sobre cómo invertir o si tienes una cartera grande y compleja, considera consultar a un asesor financiero o un planificador certificado.

Realiza un seguimiento y revisa tu cartera: Es importante realizar un seguimiento regular de tus inversiones y ajustar tu cartera según sea necesario a medida que cambian tus objetivos y circunstancias.

Mantén la educación financiera: La inversión es un campo en constante evolución. Continúa educándote sobre nuevas oportunidades y estrategias de inversión.

No hay una única estrategia de inversión que funcione para todos. Lo que sea adecuado para ti dependerá de tus objetivos, tolerancia al riesgo y horizonte temporal. La inversión puede ser una herramienta poderosa para alcanzar tus metas financieras, pero es importante hacerlo de manera informada y disciplinada.

Planificación a largo plazo: Piensa a largo plazo en tus decisiones financieras. Establece metas financieras a largo plazo, como la jubilación, y crea un plan para alcanzarlas.

La planificación a largo plazo es esencial para asegurarte de que estás construyendo una base financiera sólida y alcanzando tus metas a lo largo del tiempo.

Establece metas financieras a largo plazo: Comienza por identificar tus metas financieras a largo plazo. Esto puede incluir la jubilación, la compra de una vivienda, la educación de tus hijos, el inicio de un negocio, el viaje de tus sueños y más. Cuanto más específicas sean tus metas, más fácil será crear un plan para alcanzarlas.

Crea un plan financiero: Desarrolla un plan financiero que incluya un presupuesto detallado, una estrategia de ahorro e inversión y un cronograma para alcanzar tus metas. Tu plan financiero debe ser realista y basarse en tus ingresos, gastos y capacidad de ahorro.

Invierte a largo plazo: Considera inversiones a largo plazo, como fondos de jubilación (como 401(k) o IRA), cuentas de inversión a largo plazo y otros vehículos de inversión que estén alineados con tus objetivos a largo plazo. La inversión a largo plazo puede ayudarte a acumular riqueza de manera constante con el tiempo.

Diversifica tu cartera: Al invertir a largo plazo, es importante diversificar tu cartera para reducir el riesgo. La diversificación implica tener una variedad de activos en diferentes clases, como acciones, bonos, bienes raíces y otros. Esto puede ayudarte a mantener un equilibrio entre riesgo y rendimiento.

Automatiza tus ahorros e inversiones: Configura transferencias automáticas para ahorrar e invertir regularmente. Automatizar este proceso te asegura que estás trabajando hacia tus objetivos incluso sin pensar en ello.

Mantén un fondo de emergencia: Aunque te estés enfocando en objetivos a largo plazo, no descuides la importancia de tener un fondo de emergencia. Este fondo te brinda seguridad financiera en caso de gastos inesperados.

Revise y ajusta regularmente: Revisa tu plan financiero y tus inversiones de forma periódica. A medida que cambien tus metas o tu situación financiera, ajusta tu plan según sea necesario.

Busca asesoramiento profesional: Si tus objetivos a largo plazo son especialmente complejos o si te sientes inseguro acerca de cómo planificar, considera buscar el asesoramiento de un planificador financiero certificado o asesor financiero.

Mantén la educación financiera: La educación financiera es fundamental en la planificación a largo plazo. Continúa aprendiendo sobre nuevas estrategias de inversión, herramientas financieras y tendencias económicas.

La planificación a largo plazo te ayuda a tener un enfoque claro en tus objetivos financieros, a tomar decisiones financieras informadas y a garantizar un futuro financiero más sólido. A medida que avanzas en tu viaje financiero, la planificación a largo plazo te proporcionará la confianza y la dirección que necesitas para alcanzar tus metas.

Diversificación: Al invertir, diversifica tu cartera. No pongas todos tus huevos en la misma cesta. La diversificación puede ayudar a reducir el riesgo y aumentar las posibilidades de un rendimiento sólido.La diversificación es una estrategia fundamental en la inversión que implica distribuir tus recursos en una variedad de activos en lugar de concentrarlos en una sola inversión. Esta estrategia tiene como objetivo reducir el riesgo y aumentar la estabilidad de tu cartera de inversión.

Ventajas de la diversificación:

Reducción del riesgo: Al invertir en una variedad de activos, reduces el riesgo de perder una gran cantidad de dinero si un solo activo o clase de activo se desempeña mal. Los diferentes activos pueden tener correlaciones diferentes con los eventos del mercado, lo que puede ayudar a suavizar las fluctuaciones de tu cartera en general.

Aumento de la estabilidad: La diversificación puede hacer que tu cartera sea más estable a lo largo del tiempo. Incluso si algunos activos disminuyen de valor, otros pueden aumentar, lo que puede equilibrar tu rendimiento general.

Aprovechamiento de oportunidades: La diversificación te permite invertir en diferentes sectores, regiones geográficas y tipos de activos. Esto te brinda la oportunidad de aprovechar diferentes oportunidades de inversión a medida que surgen.

Cómo implementar la diversificación:

Clases de activos: Invierte en una variedad de clases de activos, como acciones, bonos, bienes raíces, materias primas y efectivo. Cada clase de activo tiene diferentes características de riesgo y rendimiento.

Diversificación geográfica: Considera la diversificación geográfica al invertir en diferentes regiones del mundo. Esto te protege contra los riesgos económicos y políticos que afectan a una sola región.

Diversificación sectorial: Invierte en una variedad de sectores de la economía, como tecnología, salud, energía y consumo. Los sectores pueden comportarse de manera diferente en función de las condiciones económicas.

Elije diferentes instrumentos financieros: Invierte en diferentes tipos de instrumentos financieros dentro de una clase de activo. Por ejemplo, en lugar de comprar solo acciones individuales, considera fondos de inversión o ETFs que sigan un índice o un sector específico.

Rebalanceo: Regularmente revisa y ajusta tu cartera para mantener la diversificación. A medida que algunos activos superen a otros, es posible que necesites vender parte de ellos y comprar activos que se han quedado rezagados para restaurar el equilibrio original.

Tolerancia al riesgo: La diversificación debe estar en línea con tu tolerancia al riesgo. Si eres un inversionista más conservador, es posible que desees tener una mayor ponderación en bonos y efectivo. Si eres más tolerante al riesgo, puedes incluir una mayor proporción de acciones en tu cartera.

La diversificación no garantiza ganancias ni evita pérdidas, pero es una estrategia que puede ayudarte a manejar el riesgo y aumentar tus posibilidades de un rendimiento sólido a largo plazo. Es importante considerar tus objetivos financieros personales y tu tolerancia al riesgo al implementar la diversificación en tu cartera de inversión.

Seguro: Asegúrate de tener el seguro adecuado para proteger tus activos y tu salud. Esto incluye seguros de automóviles, de vivienda, de salud y, posiblemente, un seguro de vida.

El seguro es una parte fundamental de una gestión financiera sólida y una red de seguridad para proteger tus activos y tu bienestar financiero.

Seguro de automóviles: Si eres propietario de un vehículo, el seguro de automóviles es obligatorio en la mayoría de los lugares. Asegúrate de tener la cobertura adecuada para protegerte en caso de accidentes de tráfico. Puedes considerar aumentar los límites de responsabilidad para estar mejor protegido.

Seguro de vivienda o propietario: Si eres propietario de una vivienda, necesitas un seguro de vivienda para proteger tu hogar y tus pertenencias. Si alquilas, el seguro de inquilino puede ser necesario para proteger tus posesiones personales.

Seguro de salud: Un seguro de salud es esencial para cubrir los gastos médicos. Asegúrate de comprender la cobertura de tu póliza, los copagos, los deducibles y las limitaciones. Si no tienes acceso al seguro de salud a través de un empleador, considera comprar una póliza de seguro de salud privado o buscar opciones en el mercado de seguros de salud.

Seguro de vida: Un seguro de vida es importante si tienes dependientes financieros, como cónyuge o hijos. En caso de fallecimiento, el seguro de vida proporciona un beneficio por fallecimiento que puede ayudar a cubrir las necesidades financieras de tus seres queridos.

Seguro de discapacidad: El seguro de discapacidad puede proporcionar ingresos si te conviertes en discapacitado y no puedes trabajar. Esto es especialmente importante si tu capacidad de ganar un salario es esencial para tu sustento y el de tu familia.

Seguro de responsabilidad civil: Un seguro de responsabilidad civil puede protegerte de demandas legales en caso de lesiones o daños causados a otras personas o propiedades. Esto puede ser una parte importante de tu seguro de hogar y automóviles.

Seguro de mascotas: Si tienes mascotas, considera un seguro de salud para mascotas que cubra gastos médicos inesperados.

Seguro de responsabilidad profesional: Si eres autónomo o dueño de un negocio, el seguro de responsabilidad profesional puede protegerte en caso de demandas relacionadas con tu trabajo.

Seguro de viaje: Si viajas con frecuencia, el seguro de viaje puede ser útil para cubrir situaciones como cancelaciones de vuelos, problemas médicos en el extranjero y pérdida de equipaje.

Seguro de cuidados a largo plazo: A medida que envejeces, el seguro de cuidados a largo plazo puede ser importante para cubrir los costos de atención en un centro de atención a largo plazo, como un hogar de ancianos.

Antes de comprar cualquier seguro, asegúrate de entender completamente los términos, condiciones, coberturas, deducibles y costos asociados. Considera hablar con un agente de seguros o un corredor para obtener orientación sobre qué pólizas son adecuadas para ti y para tu situación financiera. Mantén tus pólizas de seguro al día y revísalas periódicamente para asegurarte de que sigan siendo apropiadas para tus necesidades cambiantes. El seguro es una inversión importante en tu bienestar financiero y paz mental.

Evitar gastos innecesarios: Sé consciente de tus hábitos de gasto. Pregunta si realmente necesitas un artículo o servicio antes de comprarlo y busca formas de reducir gastos superfluos.

Crea un presupuesto: Un presupuesto es una herramienta fundamental para el control de gastos. Anota tus ingresos y gastos mensuales para tener una idea clara de dónde va tu dinero. Un presupuesto te permite identificar áreas en las que puedes reducir gastos.

Hábitos de gasto conscientes: Antes de realizar una compra, pregúntate si realmente necesitas el artículo o servicio. A menudo, podemos hacer compras impulsivas que no son esenciales. Tomarte un momento para reflexionar puede ayudarte a evitar gastos innecesarios.

Prioriza tus necesidades: Clasifica tus gastos en "necesidades" y "deseos". Las necesidades son gastos esenciales como alimentos, vivienda, servicios públicos y cuidado de la salud. Los deseos son gastos discrecionales como entretenimiento, ropa de diseñador o comidas en restaurantes de lujo. Asegúrate de satisfacer primero tus necesidades antes de gastar en deseos.

Compra con una lista: Cuando vayas de compras, especialmente al supermercado, haz una lista de lo que necesitas y apégúate a ella. Evita comprar artículos que no estén en tu lista solo porque parecen atractivos en ese momento.

Compara precios: Antes de realizar una compra importante, compara precios en diferentes tiendas o en línea. Puedes encontrar ofertas y ahorros significativos simplemente investigando un poco.

Elimina suscripciones innecesarias: Revisa tus suscripciones mensuales y elimina aquellas que no utilizas con regularidad. Esto puede incluir servicios de transmisión, membresías de gimnasio o suscripciones a revistas.

Reduzca los gastos de entretenimiento: Busca alternativas de entretenimiento más asequibles, como actividades al aire libre, noches de juegos en casa o utilizar las opciones de entretenimiento gratuitas en tu área.

Ahorra en energía y servicios públicos: Adopta prácticas de ahorro de energía en tu hogar, como apagar las luces cuando no las necesitas, ajustar la temperatura del termostato y reducir el consumo de agua.

Comida en casa: Cocinar en casa es generalmente más económico que comer fuera. Planifica tus comidas y compra ingredientes en lugar de pedir comida para llevar o cenar en restaurantes con frecuencia.

Comparte gastos: Busca oportunidades para compartir gastos con amigos o familiares, como compartir el costo de un servicio de transmisión o un viaje en automóvil.

Mantén un registro de gastos: Lleva un registro detallado de tus gastos durante un mes para identificar patrones y áreas en las que puedas recortar gastos.

Ser consciente de tus hábitos de gasto y reducir los gastos innecesarios te permitirá tener un mayor control sobre tu dinero y liberar recursos para alcanzar tus objetivos financieros. La disciplina en la gestión de gastos es una parte esencial de la salud financiera a largo plazo.

Mantén un fondo de emergencia: Ten un fondo de emergencia que pueda cubrir al menos tres a seis meses de gastos básicos. Esto te ayudará a afrontar situaciones inesperadas sin recurrir a deudas.

Mantener un fondo de emergencia es una parte esencial de la gestión financiera responsable y puede proporcionar tranquilidad en momentos de crisis.

Establece un objetivo: Define un objetivo claro para tu fondo de emergencia. La regla general es tener suficiente para cubrir de tres a seis meses de gastos esenciales, pero este número puede variar según tu situación personal. Si tienes dependientes financieros o trabajas por cuenta propia, es posible que desees un fondo de emergencia más grande.

Calcula tus gastos mensuales: Determina cuánto gastas en gastos esenciales cada mes. Esto debe incluir gastos como vivienda, alimentos, servicios públicos, seguros, gastos médicos y otros costos necesarios. No incluyas gastos discrecionales o de entretenimiento en esta cifra.

Abre una cuenta de ahorros separada: Crea una cuenta de ahorros separada específicamente para tu fondo de emergencia. Esta cuenta debe ser de fácil acceso, como una cuenta de ahorros en línea o una cuenta corriente, para que puedas acceder rápidamente a los fondos en caso de una emergencia.

Establece un plan de ahorro: Establece un plan de ahorro para construir tu fondo de emergencia. Esto implica determinar cuánto puedes ahorrar cada mes y programar transferencias automáticas a tu cuenta de ahorros de emergencia.

Hazlo automático: La automatización es clave para mantener un fondo de emergencia. Configura transferencias automáticas desde tu cuenta corriente a tu cuenta de ahorros de emergencia cada vez que recibas un ingreso. Esto te obliga a ahorrar antes de gastar.

Prioriza tu fondo de emergencia: Haz del fondo de emergencia una prioridad financiera. Trátalo como un gasto mensual esencial, al igual que el alquiler o la hipoteca. Esto garantiza que estés construyendo tu fondo de manera constante.

Evita tocar tu fondo de emergencia: El fondo de emergencia debe utilizarse solo para situaciones verdaderamente inesperadas y urgentes, como gastos médicos inesperados, reparaciones importantes en el hogar o pérdida de empleo. Evita utilizarlo para gastos no esenciales.

Reevalúa y ajusta: A medida que cambien tus circunstancias financieras, como un aumento en los gastos o una disminución en los ingresos, reevalúa la cantidad que estás ahorrando y ajusta tu plan de ahorro si es necesario.

Mantén un registro de tus gastos: Lleva un registro de tus gastos mensuales para asegurarte de que estás siguiendo tu presupuesto y evitando el gasto excesivo.

Reabastece el fondo de emergencia: Si usas tu fondo de emergencia, trabaja para reponerlo lo antes posible una vez que pase la emergencia. Restablecer tu fondo de emergencia es una prioridad financiera.

Un fondo de emergencia es una red de seguridad financiera que te protege de caer en deudas o situaciones financieras precarias cuando ocurren emergencias inesperadas. Puede proporcionarte tranquilidad y seguridad en tiempos de dificultades financieras.

Comparación de precios: Antes de realizar grandes compras, compara precios y busca ofertas. Aprovecha las compras en línea y utiliza aplicaciones y sitios web de comparación de precios.

Comparar precios antes de realizar grandes compras es una excelente manera de asegurarte de obtener la mejor oferta y ahorrar dinero.

Investiga en línea: Antes de realizar una compra importante, investiga en línea para obtener una idea de los precios promedio del producto o servicio que estás considerando. Compara precios en múltiples sitios web de tiendas minoristas y busca reseñas de productos para obtener información sobre la calidad y el desempeño.

Utiliza sitios web de comparación de precios: Existen numerosos sitios web y aplicaciones de comparación de precios que pueden ayudarte a encontrar las mejores ofertas. Algunos ejemplos populares incluyen Google Shopping, PriceGrabber y Shopzilla. Simplemente ingresa el nombre del producto que estás buscando y estos sitios te mostrarán dónde se vende y a qué precio.

Suscríbete a alertas de precios: Algunos sitios web y aplicaciones permiten que te suscribas a alertas de precios para productos específicos. Esto te notificará cuando el precio de un producto que te interesa disminuya a un nivel que tú establezcas.

Considera productos reacondicionados o de segunda mano: En muchos casos, los productos reacondicionados o de segunda mano pueden ofrecer un valor excelente. A menudo, estos productos han sido restaurados a su estado original y se venden a precios significativamente más bajos que los nuevos.

Aprovecha las ofertas y promociones: Presta atención a las ofertas y promociones especiales. Esto incluye ventas de temporada, descuentos por tiempo limitado y eventos de liquidación. Las vacaciones y días festivos suelen ser momentos propicios para obtener descuentos.

No te apresures: Evita tomar decisiones impulsivas. Tómate el tiempo necesario para investigar y comparar precios antes de realizar una compra importante. La paciencia puede ayudarte a encontrar mejores ofertas.

Considera costos adicionales: Al comparar precios, ten en cuenta los costos adicionales, como el envío, los impuestos y las tarifas de procesamiento. Estos costos pueden influir en la decisión de compra y hacer que una oferta inicialmente atractiva sea menos ventajosa.

Consulta con otros compradores: Pregunta a amigos, familiares o colegas si tienen experiencia con el producto o servicio que estás considerando. Sus recomendaciones y experiencias pueden ser valiosas.

Negociación: En algunas tiendas, especialmente en pequeñas empresas, es posible que puedas negociar el precio. Prepárate para regatear si es una opción en el lugar de compra.

Comparar precios es una estrategia efectiva para asegurarte de que estás obteniendo el mejor valor por tu dinero. Ya sea que estés comprando en línea o en una tienda física, dedicar tiempo a investigar y comparar precios puede resultar en ahorros significativos a lo largo del tiempo.

Consultoría financiera: Si te sientes abrumado o no estás seguro de cómo gestionar tus finanzas, considera la posibilidad de consultar a un asesor financiero o planificador certificado.

Consultar a un asesor financiero o a un planificador financiero certificado es una excelente opción si necesitas orientación y asesoramiento especializado para manejar tus finanzas de manera efectiva. Aquí hay algunas razones por las que considerar la consultoría financiera puede ser beneficioso:

Planificación integral: Los asesores financieros y planificadores certificados están capacitados para ofrecer una visión completa de tus finanzas. Pueden ayudarte a establecer metas financieras, crear un presupuesto, invertir, gestionar deudas, planificar la jubilación y abordar otros aspectos de tus finanzas personales.

Asesoramiento personalizado: Un asesor financiero trabaja contigo de manera personalizada para entender tus metas financieras y tus circunstancias individuales. Esto permite que el asesor te brinde recomendaciones adaptadas a tu situación específica.

Conocimiento y experiencia: Los asesores financieros y planificadores certificados tienen un conocimiento profundo de los mercados financieros, inversiones, impuestos y estrategias financieras. Pueden ayudarte a tomar decisiones informadas basadas en datos y hechos.

Optimización de impuestos: Un asesor financiero puede ayudarte a minimizar tu carga tributaria y a planificar estrategias fiscales eficientes.

Gestión de inversiones: Si estás interesado en invertir, un asesor financiero puede ayudarte a desarrollar una estrategia de inversión que se alinee con tus objetivos y tolerancia al riesgo. También pueden gestionar tus inversiones en tu nombre.

Educación financiera: Un asesor financiero puede servir como un recurso educativo, proporcionándote conocimientos sobre conceptos financieros y estrategias para que puedas tomar decisiones informadas por ti mismo.

Control de gastos y deudas: Pueden ayudarte a desarrollar estrategias para controlar gastos y gestionar deudas de manera efectiva.

Planificación de la jubilación: Un asesor financiero puede ayudarte a planificar y prepararte financieramente para la jubilación, incluyendo la evaluación de opciones de inversión y estrategias de retiro.

Evaluación de riesgo y seguro: Pueden ayudarte a determinar cuánto seguro necesitas y qué tipo de cobertura es adecuada para tu situación, ya sea seguro de vida, de salud o de propiedad.

Acompañamiento a largo plazo: Un asesor financiero puede trabajar contigo a lo largo del tiempo para adaptar tu plan financiero a medida que cambian tus metas y circunstancias.

Antes de seleccionar un asesor financiero, asegúrate de investigar y verificar sus credenciales y experiencia. Busca profesionales certificados y pregunta sobre sus honorarios y métodos de compensación, ya sea a través de tarifas fijas, honorarios basados en activos o comisiones. También es importante que te sientas cómodo y tengas una relación de confianza con tu asesor financiero, ya que trabajarán juntos en asuntos personales y sensibles. La consultoría financiera puede ser una inversión valiosa en tu futuro financiero.

Las decisiones financieras inteligentes se basan en la educación, la planificación y la disciplina. A medida que tomes el control de tus finanzas personales y sigas estos principios, estarás mejor preparado para alcanzar tus metas financieras y construir una economía personal sólida.

16.El mercado laboral y la formación de salarios.

El mercado laboral y la formación de salarios son componentes fundamentales de la economía de cualquier país.

Mercado laboral: El mercado laboral se refiere al lugar donde los empleadores y los trabajadores se encuentran para intercambiar servicios laborales a cambio de remuneración. Este mercado es impulsado por la oferta y la demanda de trabajo. Algunos de los factores clave en el mercado laboral incluyen:

Oferta laboral: Esta se refiere a la cantidad de trabajadores dispuestos y capaces de realizar un trabajo en un momento dado. La oferta laboral está influenciada por factores como la población, la educación y las tasas de participación en la fuerza laboral.

La oferta laboral se refiere a la cantidad de trabajadores que están disponibles para desempeñar empleos en un momento dado. Esta oferta está influenciada por una serie de factores importantes, que incluyen:

Población: El tamaño y la composición de la población de un área geográfica influyen en la oferta laboral. Una población más grande proporciona una oferta laboral potencial más grande.

Tasas de participación en la fuerza laboral: La tasa de participación en la fuerza laboral se refiere al porcentaje de la población en edad de trabajar que está dispuesta y capacitada para trabajar o que está buscando empleo activamente. Las tasas de participación pueden variar según la edad, el género y otros factores demográficos.

Educación y calificaciones: La disponibilidad de trabajadores con diferentes niveles de educación y calificaciones afecta la oferta laboral. Los trabajadores con niveles más altos de educación y habilidades pueden tener más oportunidades laborales.

Fuerza laboral subutilizada: Esto se refiere a personas que están dispuestas a trabajar pero no pueden encontrar empleo o que están trabajando a tiempo parcial cuando prefieren trabajar a tiempo completo. Estas personas también forman parte de la oferta laboral.

Migración: La migración de trabajadores de una región a otra puede influir en la oferta laboral en diferentes áreas. Por ejemplo, la migración de áreas rurales a áreas urbanas puede aumentar la oferta laboral en las ciudades.

Cambios demográficos: Los cambios en la estructura demográfica, como el envejecimiento de la población, pueden tener un impacto en la oferta laboral. Por ejemplo, una población envejecida puede reducir la oferta laboral disponible.

Participación de género: La participación de género en la fuerza laboral es un factor importante. En muchas sociedades, las tasas de participación de las mujeres han aumentado en las últimas décadas, lo que ha tenido un impacto significativo en la oferta laboral.

Inmigración: La inmigración de trabajadores extranjeros también puede influir en la oferta laboral de una región o país. Los inmigrantes pueden aportar habilidades y experiencia que aumentan la oferta laboral en ciertos sectores.

La oferta laboral es un componente esencial del mercado laboral y desempeña un papel fundamental en la determinación de los salarios y la dinámica del empleo. Los cambios en los factores que afectan la oferta laboral pueden tener un impacto significativo en la economía y en las políticas laborales y de empleo.

Demanda laboral: Es la cantidad de trabajadores que los empleadores desean contratar. La demanda laboral depende de factores económicos, como el crecimiento económico, la demanda de productos y servicios, y las inversiones empresariales.

la demanda laboral se refiere a la cantidad de trabajadores que las empresas y empleadores están dispuestos a contratar en un momento dado. Esta demanda está influenciada por una serie de factores económicos y empresariales.

Crecimiento económico: El crecimiento económico de un país o región tiene un impacto significativo en la demanda laboral. Durante períodos de crecimiento económico, las empresas tienden a expandirse y contratar más trabajadores para satisfacer la creciente demanda de productos y servicios.

Demanda de productos y servicios: La demanda de productos y servicios determina en gran medida la necesidad de empleados para producir, entregar y prestar servicios. Si la demanda de un producto o servicio aumenta, es probable que las empresas busquen contratar más trabajadores para satisfacer esa demanda.

Inversiones empresariales: Las inversiones realizadas por las empresas, como la expansión de instalaciones o la adquisición de nueva tecnología, pueden aumentar la demanda laboral. Las empresas a menudo contratan trabajadores adicionales para implementar estas inversiones y mejorar su capacidad de producción.

Cambios en la tecnología: Los avances tecnológicos pueden influir en la demanda laboral al automatizar ciertos trabajos o crear nuevas oportunidades laborales. Algunas industrias pueden requerir trabajadores con habilidades tecnológicas específicas.

Política gubernamental: Las políticas gubernamentales, como los incentivos fiscales para las empresas, pueden afectar la demanda laboral al influir en la decisión de las empresas de contratar o expandirse.

Ciclos económicos: Los ciclos económicos, como las recesiones y expansiones, tienen un impacto directo en la demanda laboral. Durante una recesión, la demanda laboral tiende a disminuir a medida que las empresas reducen costos y recortan empleos, mientras que en una expansión económica, la demanda laboral suele aumentar.

Demografía: Los cambios demográficos, como el envejecimiento de la población y la migración, pueden influir en la demanda laboral en diferentes industrias y regiones.

Competencia empresarial: La competencia en una industria puede influir en la demanda laboral. Las empresas que compiten por cuota de mercado pueden buscar contratar trabajadores adicionales para ganar ventaja competitiva.

La relación entre la oferta laboral y la demanda laboral es un aspecto central del mercado laboral y es lo que determina los salarios y las oportunidades laborales en una economía. Un equilibrio entre la oferta y la demanda laboral es esencial para un mercado laboral saludable y un empleo sostenible. Las fluctuaciones en estos factores pueden dar lugar a cambios en la tasa de desempleo y en la dinámica laboral en una región o país.

Salario: El salario es el precio del trabajo y se determina por la interacción entre la oferta y la demanda laboral. Si la oferta de trabajadores es mayor que la demanda, los salarios tienden a ser más bajos, y viceversa.

el salario se considera el precio del trabajo y se forma a través de la interacción entre la oferta y la demanda laboral en el mercado. La relación entre la oferta y la demanda laboral es lo que determina el nivel de salarios en una economía.

Oferta laboral: Como se mencionó previamente, la oferta laboral se refiere a la cantidad de trabajadores dispuestos y capaces de realizar un trabajo en un momento dado. Los trabajadores ofrecen sus servicios laborales en el mercado laboral. Factores como la población, la educación, la participación en la fuerza laboral y la migración influyen en la oferta laboral.

Demanda laboral: La demanda laboral es la cantidad de trabajadores que los empleadores desean contratar para cubrir las necesidades laborales de sus empresas. Los factores económicos, como el crecimiento económico, la demanda de productos y servicios y las inversiones empresariales, influyen en la demanda laboral.

Equilibrio del mercado: El salario se forma en el punto en que la oferta y la demanda laboral se encuentran y se igualan, lo que se conoce como el "equilibrio del mercado laboral". En este punto, la cantidad de trabajadores dispuestos a trabajar coincide con la cantidad de trabajadores que los empleadores desean contratar.

Salarios altos: Si la demanda de trabajadores es mayor que la oferta, es decir, hay una escasez de trabajadores en el mercado, los empleadores pueden competir por el talento y ofrecer salarios más altos para atraer y retener trabajadores.

Salarios bajos: Si la oferta de trabajadores supera la demanda, lo que significa que hay un exceso de trabajadores disponibles en el mercado, los empleadores tienen menos incentivos para ofrecer salarios altos, lo que puede llevar a salarios más bajos.

Influencias adicionales: Otros factores, como la negociación colectiva, el salario mínimo legal y los acuerdos entre empleadores y empleados, también pueden influir en la formación de salarios, especialmente en el extremo inferior de la escala salarial.

La formación de salarios no solo depende de la oferta y la demanda laboral, sino que también está influenciada por cuestiones culturales, políticas y legales. Las negociaciones entre empleadores y empleados, los acuerdos sindicales y las regulaciones gubernamentales desempeñan un papel importante en la determinación de los salarios y en la creación de un sistema de remuneración justo y equitativo.

Desempleo: El desempleo es una medida importante en el mercado laboral y se refiere a la proporción de personas que buscan trabajo y no lo encuentran. Puede haber diferentes tipos de desempleo, como el desempleo cíclico (relacionado con la economía) y el desempleo estructural (relacionado con la falta de habilidades o la falta de coincidencia entre oferta y demanda).

El desempleo es una medida clave en el mercado laboral y se refiere a la situación en la que las personas que están dispuestas y capacitadas para trabajar no pueden encontrar empleo. Es una preocupación importante tanto para los individuos afectados como para la economía en su conjunto.

Desempleo cíclico: Este tipo de desempleo está relacionado con las fluctuaciones económicas y los ciclos de negocios. Durante las recesiones económicas, las empresas a menudo reducen la contratación o despiden trabajadores, lo que puede llevar a un aumento en el desempleo. En tiempos de expansión económica, la demanda de trabajadores suele aumentar, lo que puede reducir el desempleo.

Desempleo estructural: El desempleo estructural se produce cuando hay una falta de coincidencia entre las habilidades y calificaciones de los trabajadores y las necesidades del mercado laboral. Por ejemplo, si una industria está en declive y los trabajadores en esa industria no tienen las habilidades necesarias para trabajar en otras áreas en crecimiento, puede dar lugar al desempleo estructural.

Desempleo friccional: Este tipo de desempleo ocurre cuando las personas están entre trabajos o recién ingresan al mercado laboral. Puede deberse a la búsqueda de un empleo que coincida con las habilidades y preferencias del individuo. Aunque es común y a menudo de corta duración, contribuye al desempleo general.

Desempleo estacional: El desempleo estacional está relacionado con las fluctuaciones predecibles en la demanda de empleo durante ciertas épocas del año. Por ejemplo, en el turismo, la demanda de trabajadores puede aumentar en verano y disminuir en invierno, lo que puede dar lugar al desempleo estacional.

Desempleo a largo plazo: Cuando las personas están desempleadas durante un período prolongado, se considera desempleo a largo plazo. Puede ser especialmente problemático porque las habilidades de los trabajadores pueden deteriorarse con el tiempo, lo que hace más difícil encontrar empleo.

Desempleo por desalineación: Este tipo de desempleo se produce cuando las habilidades y experiencias de los trabajadores no coinciden con las oportunidades de trabajo disponibles en su región. Puede requerir que los trabajadores adquieran nuevas habilidades o se muden a otra área para encontrar empleo.

El desempleo puede tener efectos negativos en la economía y en la sociedad, incluyendo la pérdida de ingresos, la disminución de la moral y la estabilidad social. Los gobiernos y las organizaciones suelen implementar políticas y programas para abordar el desempleo, como el entrenamiento laboral, la asistencia al desempleo y la promoción de la inversión y el crecimiento económico. El objetivo es reducir las tasas de desempleo y promover un mercado laboral más saludable y equitativo.

Negociación colectiva: En muchos países, los sindicatos y los empleadores negocian acuerdos colectivos que establecen las condiciones laborales, incluidos los salarios. Esto puede influir en la formación de salarios y las condiciones de trabajo.

La negociación colectiva es un proceso mediante el cual los sindicatos y los empleadores negocian acuerdos que establecen las condiciones laborales, que incluyen salarios, beneficios, horarios de trabajo y otras políticas relacionadas con el empleo. Este proceso es común en muchos países y desempeña un papel importante en la determinación de los términos y las condiciones del empleo.

Sindicatos: Los sindicatos son organizaciones formadas por trabajadores con el propósito de representar y defender los intereses laborales. Los sindicatos negocian en nombre de los trabajadores para garantizar mejores condiciones laborales y salarios justos.

Empleadores: Los empleadores o las asociaciones empresariales también participan en la negociación colectiva. Representan a las empresas y buscan acuerdos que sean sostenibles y beneficiosos para sus intereses comerciales.

Temas de negociación: Los acuerdos de negociación colectiva pueden cubrir una amplia gama de temas, que incluyen:

Salarios: Uno de los temas principales es la fijación de salarios y ajustes salariales.

Horarios de trabajo: Incluye la duración de la jornada laboral, los días libres, el tiempo extra y otros aspectos relacionados con el tiempo de trabajo.

Beneficios y prestaciones: Esto abarca seguros de salud, vacaciones pagadas, jubilación y otros beneficios para los trabajadores.

Condiciones de seguridad y salud en el trabajo: Los acuerdos pueden incluir disposiciones para garantizar un entorno de trabajo seguro y saludable.

Procedimientos de resolución de disputas: Se pueden acordar procesos para resolver conflictos laborales.

Tipos de negociación: Hay diferentes tipos de negociación colectiva, como la negociación sectorial (que cubre a todos los trabajadores en una industria específica), la negociación de empresa (que se aplica a los trabajadores de una empresa en particular) y la negociación nacional (que afecta a todos los trabajadores de un país).

Regulación legal: En muchos países, existen leyes y regulaciones que rigen la negociación colectiva. Estas leyes pueden establecer requisitos para la conducta de las negociaciones y garantizar que se respeten los derechos de los trabajadores y los empleadores.

Impacto en la formación de salarios: La negociación colectiva puede influir en la formación de salarios al establecer acuerdos sobre aumentos salariales, bonificaciones y otros aspectos relacionados con la remuneración de los trabajadores. Los sindicatos a menudo buscan asegurar salarios justos y competitivos para sus miembros.

La negociación colectiva es una parte importante del sistema laboral en muchos países y puede ayudar a equilibrar el poder entre empleadores y trabajadores. A través de este proceso, se pueden establecer estándares laborales que beneficien a los trabajadores y promuevan un entorno de trabajo justo y seguro. También es una forma de resolver disputas laborales de manera más cooperativa y constructiva.

Formación de salarios: La formación de salarios es el proceso a través del cual se determina la cantidad de compensación que los trabajadores recibirán por su trabajo. Varios factores influyen en la formación de salarios:

Oferta y demanda: Como se mencionó anteriormente, la oferta y la demanda laboral son determinantes clave de los salarios. Cuando la demanda de trabajadores es alta y la oferta es baja, los salarios tienden a subir, y viceversa.

la oferta y la demanda laboral desempeñan un papel fundamental en la determinación de los salarios en el mercado laboral. Aquí hay una explicación más detallada de cómo funciona esta relación:

Oferta laboral: La oferta laboral se refiere a la cantidad de trabajadores que están dispuestos y capacitados para trabajar en un momento dado. Esta oferta está influenciada por factores como la población en edad de trabajar, la participación en la fuerza laboral, la migración y las tasas de desempleo.

Demanda laboral: La demanda laboral se refiere a la cantidad de trabajadores que las empresas y empleadores desean contratar para cubrir sus necesidades laborales. Esta demanda está influenciada por factores económicos, como el crecimiento económico, la demanda de productos y servicios, las inversiones empresariales y la tecnología.

Cuando la demanda de trabajadores supera la oferta (lo que se conoce como escasez de trabajadores), los salarios tienden a subir. En esta situación, las empresas compiten por atraer y retener trabajadores ofreciendo salarios más altos y mejores condiciones laborales. Esto puede ocurrir en períodos de crecimiento económico o en industrias con una demanda laboral específica, como la tecnología.

Por otro lado, cuando la oferta de trabajadores supera la demanda (lo que se conoce como exceso de trabajadores), los salarios tienden a ser más bajos. En este caso, los empleadores tienen una posición más fuerte y pueden ofrecer salarios más bajos debido a la mayor disponibilidad de trabajadores. Esto puede ocurrir en momentos de recesión económica o en industrias en declive.

Es importante destacar que la formación de salarios no solo depende de la oferta y la demanda laboral, sino que también está influenciada por otros factores, como la negociación colectiva, las regulaciones gubernamentales, las políticas de salario mínimo y las diferencias en las habilidades y la experiencia de los trabajadores. En última instancia, la determinación de los salarios es un proceso complejo que involucra una serie de interacciones económicas y sociales.

Habilidades y educación: Los trabajadores con habilidades y educación más avanzadas tienden a ganar salarios más altos, ya que su oferta es más escasa y su demanda es mayor.

Experiencia: La experiencia laboral también puede influir en los salarios. Los trabajadores con más experiencia suelen ganar más que los recién llegados.

Negociación colectiva: En algunos casos, los sindicatos pueden influir en la formación de salarios a través de la negociación colectiva con los empleadores.

Mínimo legal: En muchos países, se establece un salario mínimo legal que los empleadores deben pagar a los trabajadores. Este salario mínimo puede influir en la formación de salarios en la parte inferior de la escala salarial.

Competencia: La competencia en la industria y el sector laboral puede influir en los salarios. En sectores altamente competitivos, los salarios pueden ser más altos para atraer y retener talento.

La competencia juega un papel importante en la determinación de los salarios en el mercado laboral. La competencia en la industria y el sector laboral puede influir en los salarios de diversas maneras. Aquí hay algunas formas en las que la competencia puede afectar los salarios:

Oferta y demanda de habilidades: En sectores altamente competitivos, la demanda de trabajadores con habilidades específicas a menudo supera la oferta. Esto puede llevar a salarios más altos, ya que las empresas compiten por atraer y retener a los mejores talentos.

Diferenciación de habilidades: Los trabajadores que poseen habilidades únicas o altamente especializadas suelen poder negociar salarios más altos, ya que son difíciles de reemplazar. Esto es especialmente cierto en campos como la tecnología, la medicina y la ingeniería.

Movilidad laboral: En sectores altamente competitivos, los trabajadores pueden tener una mayor movilidad laboral, lo que significa que están dispuestos a cambiar de empleador si se les ofrece un mejor salario o mejores condiciones. Esto puede presionar a los empleadores para ofrecer salarios competitivos.

Empresas innovadoras: Las empresas que compiten en sectores altamente competitivos suelen esforzarse por atraer a los mejores talentos para impulsar la innovación. Esto puede llevar a salarios más altos en empresas líderes en tecnología y otros campos.

Condiciones de trabajo: La competencia no se limita solo a los salarios. También puede influir en las condiciones de trabajo, como beneficios adicionales, horarios flexibles y otras ventajas que las empresas ofrecen para atraer y retener talento.

Presión sobre las ganancias: En industrias altamente competitivas, las empresas a menudo tienen márgenes de beneficio más estrechos. Esto puede llevar a una mayor presión para mantener los costos laborales bajos, lo que podría influir en la determinación de los salarios.

La competencia no es uniforme en todos los sectores y regiones. Algunos sectores pueden ser altamente competitivos y ofrecer salarios elevados, mientras que otros pueden tener menos competencia y, por lo tanto, ofrecer salarios más bajos. Además, la competencia puede variar con el tiempo a medida que cambian las condiciones económicas y las demandas del mercado.

La competencia desempeña un papel significativo en la determinación de los salarios, ya que influye en la oferta y la demanda de trabajadores y en la capacidad de las empresas para atraer y retener talento. Los trabajadores con habilidades y experiencia en sectores altamente competitivos a menudo tienen la oportunidad de negociar salarios más altos.

La formación de salarios es un proceso complejo y multifacético que depende de diversos factores económicos, sociales y legales. La comprensión de cómo funciona el mercado laboral y la formación de salarios es esencial para los trabajadores, los empleadores y los responsables de la formulación de políticas para abordar cuestiones de empleo y desigualdad.

17.Economía conductual: ¿por qué tomamos decisiones irracionales?

La economía conductual es un campo de estudio que explora por qué las personas a menudo toman decisiones irracionales o subóptimas en cuestiones económicas y financieras. Estas decisiones irracionales a menudo se desvían de lo que se consideraría una elección puramente racional y basada en la maximización de la utilidad económica. Algunas de las razones detrás de las decisiones irracionales incluyen:

Sesgos cognitivos: Las personas a menudo están influenciadas por sesgos cognitivos, que son patrones sistemáticos de pensamiento que pueden llevar a la toma de decisiones irracional. Algunos ejemplos de sesgos cognitivos comunes incluyen el exceso de confianza, el sesgo de confirmación (la tendencia a buscar información que confirme las creencias existentes) y el sesgo de anclaje (la influencia de números o valores iniciales en una decisión).

Los sesgos cognitivos son errores sistemáticos en el pensamiento que pueden llevar a una toma de decisiones irracional. Estos sesgos pueden influir en cómo percibimos la información, cómo la procesamos y cómo tomamos decisiones.

Sesgo de confirmación: Este es el sesgo que mencionaste. Las personas tienden a buscar, interpretar y recordar la información de una manera que confirme sus creencias preexistentes. Esto puede llevar a la ignorancia de información contraria y la toma de decisiones basadas en información sesgada.

Sesgo de anclaje: Este sesgo ocurre cuando las personas se basan en valores iniciales (anclas) al tomar decisiones. Por ejemplo, si se les presenta un precio inicial alto para un producto, es más probable que perciban cualquier precio posterior como una ganga, incluso si sigue siendo caro en realidad.

Sesgo de disponibilidad: Las personas tienden a dar más importancia a la información que está fácilmente disponible en su memoria o entorno. Esto puede llevar a la sobrevaloración de eventos recientes o impactantes en lugar de considerar datos objetivos.

Sesgo de atribución: Esto implica atribuir causas a eventos o comportamientos. Las personas a menudo tienden a atribuir los éxitos personales a sus propios méritos, mientras que culpan a factores externos o a otras personas por los fracasos.

Sesgo de sobrecogimiento: Las personas tienden a sobrevalorar la probabilidad de eventos negativos o inusuales debido a su reciente exposición mediática o experiencia personal, lo que puede llevar a una percepción distorsionada del riesgo.

Sesgo de retrospectiva: Este sesgo hace que las personas perciban eventos pasados como más predecibles de lo que eran en el momento en que ocurrieron. Retroactivamente, las personas pueden creer que deberían haber visto venir un resultado, aunque no fuera predecible en ese momento.

Sesgo de representatividad: Este sesgo lleva a las personas a juzgar la probabilidad de que algo pertenezca a una categoría o grupo en función de cuánto se asemeja a su percepción estereotipada de ese grupo, en lugar de considerar datos objetivos.

Sesgo de exceso de confianza: Las personas a menudo tienen una confianza excesiva en sus propias habilidades, conocimientos y juicio, lo que puede llevar a decisiones subestimadas o riesgos mal evaluados.

Estos son solo algunos ejemplos de sesgos cognitivos comunes, y existen muchos más. La conciencia de estos sesgos puede ayudar a las personas a tomar decisiones más informadas y racionales, ya que pueden esforzarse por mitigar su influencia en su pensamiento y toma de decisiones.

Falta de información y comprensión: Las personas a menudo toman decisiones económicas sin tener toda la información necesaria o sin comprender completamente las implicaciones de sus elecciones. Esto puede llevar a decisiones subóptimas.

Falta de información completa: Las personas pueden tomar decisiones económicas importantes sin tener toda la información relevante. Esto puede deberse a la falta de acceso a datos pertinentes o a una comprensión limitada de los factores en juego. Por ejemplo, pueden invertir en acciones sin investigar adecuadamente la salud financiera de una empresa.

Falta de educación financiera: La comprensión de conceptos económicos y financieros es fundamental para tomar decisiones informadas. Las personas que carecen de educación financiera pueden verse en desventaja al tomar decisiones sobre ahorro, inversión, endeudamiento y gasto. Esto puede llevar a una gestión financiera deficiente.

Complejidad de decisiones económicas: Algunas decisiones económicas, como la planificación de la jubilación, la inversión en bienes raíces o la gestión de impuestos, pueden ser extremadamente complejas. Las personas pueden sentirse abrumadas por la complejidad y tomar decisiones impulsivas o evitar tomar decisiones en absoluto.

Falta de planificación a largo plazo: Las personas a menudo toman decisiones económicas basadas en beneficios inmediatos sin considerar las implicaciones a largo plazo. Por ejemplo, gastar en lujos a corto plazo en lugar de ahorrar para la jubilación puede llevar a dificultades financieras en el futuro.

Incertidumbre económica: La economía es inherentemente incierta, y las personas a menudo tienen dificultades para anticipar eventos económicos imprevistos. Esto puede llevar a la falta de preparación para crisis financieras, como recesiones o pérdida de empleo.

Sesgos cognitivos y emociones: Los sesgos cognitivos mencionados anteriormente también pueden influir en la falta de información y comprensión. Por ejemplo, el exceso de confianza puede llevar a la sobreestimación de la propia comprensión de un tema económico, lo que a su vez puede llevar a decisiones subóptimas.

Para abordar estos problemas, es importante fomentar la educación financiera, promover la toma de decisiones basada en datos y fomentar la planificación a largo plazo. Además, buscar asesoramiento financiero o consultar a expertos en áreas económicas complejas puede ser beneficioso para tomar decisiones más informadas y óptimas.

Emociones: Las emociones desempeñan un papel significativo en la toma de decisiones económicas. Las personas pueden actuar impulsivamente cuando están emocionalmente cargadas, lo que puede llevar a decisiones que no son necesariamente las mejores desde un punto de vista económico. Las emociones desempeñan un papel significativo en la toma de decisiones económicas y pueden influir en decisiones impulsivas que no son óptimas desde un punto de vista económico.

Miedo: El miedo a la pérdida puede llevar a la evitación de riesgos, lo que a su vez puede llevar a decisiones demasiado conservadoras. Por ejemplo, alguien podría optar por no invertir en el mercado de valores por miedo a perder dinero, a pesar de que históricamente, las inversiones a largo plazo suelen ser rentables.

Codicia: La codicia puede impulsar a las personas a tomar riesgos excesivos en busca de ganancias rápidas. Esto puede llevar a inversiones impulsivas en activos de alto riesgo o a la participación en esquemas de inversión poco éticos.

Euforia: La euforia puede llevar a decisiones impulsivas, como la compra de bienes costosos o inversiones arriesgadas durante períodos de mercado alcista. Las personas pueden subestimar el riesgo durante estos momentos de euforia.

Enojo o frustración: Las emociones negativas como el enojo o la frustración pueden llevar a decisiones impulsivas, como la venta de activos a pérdida o la toma de decisiones impulsivas de compra para aliviar la frustración emocional.

Ansiedad financiera: La preocupación constante por las finanzas personales puede llevar a la toma de decisiones impulsivas, como la adquisición de deudas no planificadas o la búsqueda de soluciones rápidas para problemas financieros.

Culpabilidad o complacencia: Las emociones como la culpabilidad o la complacencia pueden influir en las decisiones de gasto. Algunas personas pueden gastar en exceso para compensar la culpabilidad, mientras que otras pueden mostrar complacencia y no ahorrar lo suficiente para el futuro.

La comprensión de cómo las emociones afectan la toma de decisiones económicas es fundamental para tomar decisiones financieras más racionales. La autorreflexión, el autocontrol emocional y la adopción de enfoques basados en datos y análisis en lugar de impulsos emocionales pueden ayudar a tomar decisiones económicas más racionales y beneficiosas a largo plazo. Además, la asesoría financiera puede ser útil para gestionar las emociones y tomar decisiones financieras más informadas.

Procrastinación: La procrastinación o la postergación de decisiones importantes puede llevar a la inacción, lo que puede tener costos económicos a largo plazo.

La procrastinación, o la tendencia a posponer decisiones importantes o acciones necesarias, puede tener graves implicaciones económicas a largo plazo.

Pérdida de oportunidades de inversión: Postergar la toma de decisiones de inversión puede significar perder oportunidades valiosas para hacer crecer el dinero. Los mercados financieros pueden cambiar rápidamente, y el tiempo es un factor crítico en la inversión. Cuanto antes se invierta, mayores serán las posibilidades de acumular rendimientos compuestos.

Aumento de deudas: La procrastinación en la gestión de deudas puede llevar a intereses acumulativos y cargos por mora, lo que puede hacer que las deudas sean más costosas de lo necesario. La falta de acción para abordar las deudas también puede dañar la salud crediticia.

Falta de planificación financiera a largo plazo: La procrastinación en la planificación financiera a largo plazo, como la jubilación o la educación de los hijos, puede resultar en una falta de ahorro adecuado. Cuanto antes se comience a planificar y ahorrar para estos objetivos, menos estrés financiero habrá en el futuro.

Oportunidades laborales perdidas: Posponer la inversión en la educación o el desarrollo profesional puede resultar en la falta de habilidades necesarias para ascender en el trabajo o buscar mejores oportunidades laborales, lo que puede afectar negativamente los ingresos a lo largo del tiempo.

Costos de salud evitables: Postergar la atención médica o la adopción de hábitos de vida saludables puede llevar a problemas de salud costosos a largo plazo, lo que puede aumentar los gastos médicos y disminuir la calidad de vida.

Falta de gestión financiera eficiente: La procrastinación en la gestión de las finanzas personales, como la falta de presupuesto, puede llevar a gastos ineficientes y la pérdida de dinero en tarifas bancarias, multas por pagos atrasados y otros costos innecesarios.

Para evitar los efectos negativos de la procrastinación en la toma de decisiones económicas, es importante establecer metas claras, crear un plan de acción y mantenerse enfocado en las prioridades financieras. La autodisciplina y la gestión del tiempo son habilidades esenciales para superar la procrastinación y tomar decisiones económicas informadas y oportunas. La asesoría financiera y la creación de un sistema de apoyo también pueden ser útiles en la lucha contra la procrastinación financiera.

Falta de autocontrol: La falta de autocontrol puede llevar a decisiones financieras imprudentes, como el gasto excesivo o la falta de ahorro para el futuro.

Gasto excesivo: La falta de autocontrol puede llevar a un gasto impulsivo y desmedido. Las personas pueden gastar más de lo que ganan, acumular deudas de tarjetas de crédito y enfrentar dificultades financieras a causa de un gasto descontrolado.

Falta de ahorro: La falta de autocontrol también puede llevar a la incapacidad de ahorrar dinero para emergencias, metas a largo plazo como la jubilación, o para lograr objetivos financieros personales. Esto puede resultar en una falta de seguridad financiera.

Impulsividad en inversiones: La falta de autocontrol puede llevar a la adopción de decisiones de inversión impulsivas. Por ejemplo, algunas personas pueden vender acciones o activos en momentos de pánico durante una caída del mercado, lo que puede resultar en pérdidas financieras significativas.

Evitar el autoanálisis financiero: La falta de autocontrol a veces lleva a las personas a evitar revisar su situación financiera, como el estado de sus cuentas bancarias o el progreso hacia sus metas financieras. Esto puede impedir la corrección de problemas financieros antes de que se agraven.

Falta de planificación a largo plazo: Las personas que carecen de autocontrol pueden tener dificultades para planificar y adherirse a un presupuesto a largo plazo. Esto puede dar como resultado la falta de preparación para eventos futuros, como la educación de los hijos o la jubilación.

Para abordar la falta de autocontrol en la toma de decisiones financieras, es útil desarrollar hábitos de gestión del dinero, establecer un presupuesto, definir metas financieras claras y buscar apoyo cuando sea necesario. La educación financiera y el desarrollo de habilidades de autocontrol pueden ayudar a las personas a tomar decisiones más informadas y responsables en cuanto a sus finanzas personales. Además, la creación de un sistema de apoyo, como un amigo o asesor financiero, puede proporcionar la responsabilidad necesaria para mantener el autocontrol en las decisiones económicas.

Influencia social: Las personas a menudo están influenciadas por las decisiones y comportamientos de sus pares y la presión social. Esto puede llevar a la conformidad y a la toma de decisiones que no son necesariamente racionales.

Presión del grupo: Las personas a menudo sienten la presión de conformarse con las decisiones y comportamientos de su grupo de amigos, familiares o colegas. Esto puede llevar a decisiones económicas impulsadas por el deseo de encajar o de evitar el rechazo social.

Consumismo: La publicidad y la influencia de las redes sociales pueden llevar a la compra de productos o servicios impulsados por la necesidad de mantener una imagen social o de estar a la moda, en lugar de basar la decisión en necesidades o recursos reales.

Comparación social: La tendencia natural a compararse con otros puede llevar a decisiones financieras inapropiadas, como gastar más de lo necesario para igualar o superar el estilo de vida de los demás.

Competencia económica: La competencia con amigos o colegas en términos de gastos, inversiones o estatus financiero puede llevar a la adopción de decisiones económicas que no son racionales desde una perspectiva a largo plazo.

Consejos y recomendaciones de amigos o familiares: Las personas a menudo buscan consejos financieros de amigos y familiares, y estas sugerencias pueden influir en las decisiones económicas, incluso si no son las más adecuadas para la situación individual.

Para abordar la influencia social en las decisiones económicas, es importante fomentar la educación financiera y desarrollar habilidades de toma de decisiones independientes. También es fundamental ser consciente de la presión social y considerar las implicaciones a largo plazo de las decisiones financieras en lugar de simplemente seguir la corriente.

La consulta con asesores financieros o expertos en situaciones económicas específicas puede ayudar a tomar decisiones más informadas y objetivas, y puede proporcionar un contrapunto a la influencia social. La clave es equilibrar las influencias sociales con el pensamiento crítico y la consideración de los propios objetivos y necesidades financieras.

Perspectiva a corto plazo: Las personas tienden a dar más peso a las recompensas a corto plazo en lugar de las recompensas a largo plazo. Esto puede llevar a decisiones que no son en su mejor interés a largo plazo, como el endeudamiento excesivo o la falta de inversión en la jubilación.

La perspectiva a corto plazo es un sesgo cognitivo común que afecta la toma de decisiones económicas. Las personas a menudo tienden a dar más peso a las recompensas inmediatas o a corto plazo en lugar de considerar las recompensas a largo plazo. Esto puede tener varias implicaciones económicas negativas, como:

Endeudamiento excesivo: Las personas pueden optar por tomar préstamos o usar tarjetas de crédito para satisfacer deseos inmediatos, como compras impulsivas, sin considerar adecuadamente las tasas de interés y el impacto financiero a largo plazo.

Falta de ahorro a largo plazo: La preferencia por la gratificación instantánea puede llevar a la falta de ahorro para objetivos a largo plazo, como la jubilación, la educación de los hijos o la compra de una vivienda. Esto puede resultar en dificultades financieras en el futuro.

Falta de inversión a largo plazo: La inversión a largo plazo es esencial para construir riqueza y garantizar la seguridad financiera en el futuro. La preferencia por recompensas a corto plazo puede llevar a una falta de inversión, lo que podría resultar en una pérdida de oportunidades para el crecimiento financiero.

Falta de planificación financiera a largo plazo: Las personas pueden tener dificultades para crear y seguir planes financieros a largo plazo debido a la preferencia por decisiones que produzcan beneficios inmediatos.

Para abordar este sesgo y tomar decisiones económicas más equilibradas, es importante:

Establecer metas financieras a largo plazo: Tener metas financieras claras y concretas puede ayudar a mantener el enfoque en el futuro y resistir la tentación de decisiones impulsivas a corto plazo.

Crear un presupuesto: Elaborar un presupuesto permite asignar recursos de manera planificada, lo que puede ayudar a equilibrar las necesidades a corto y largo plazo.

Automatizar el ahorro e inversión: Configurar transferencias automáticas a cuentas de ahorro o cuentas de inversión a largo plazo puede garantizar que se ahorre e invierta de manera constante y se reduzca la tentación de gastar en gastos innecesarios.

Buscar asesoramiento financiero: Consultar a un asesor financiero puede ayudar a desarrollar estrategias de inversión y planificación a largo plazo, y proporcionar una guía imparcial para tomar decisiones económicas.

Superar la preferencia por recompensas a corto plazo requiere disciplina y conciencia de cómo nuestras decisiones afectan nuestras metas financieras a largo plazo. Con un enfoque consciente en el futuro y el establecimiento de estrategias financieras sólidas, las personas pueden tomar decisiones económicas más equilibradas y beneficiosas a largo plazo.

La economía conductual se basa en la idea de que entender por qué las personas toman decisiones irracionales puede ayudar a diseñar políticas y estrategias que guíen a las personas hacia elecciones más racionales y beneficiosas. Algunos enfoques de la economía conductual incluyen la "arquitectura de elección" (diseñar entornos de toma de decisiones que fomenten elecciones más racionales) y la educación financiera para mejorar la comprensión de las personas sobre sus decisiones financieras. En última instancia, el objetivo es ayudar a las personas a tomar decisiones económicas más informadas y beneficiosas.

18.La importancia de la innovación en la economía

La innovación desempeña un papel crucial en el desarrollo económico y tiene un impacto significativo en la prosperidad de las naciones, las empresas y las personas.

Crecimiento económico: La innovación impulsa el crecimiento económico al crear nuevos productos, servicios, tecnologías y mercados. Estos avances generan empleo, aumentan la productividad y estimulan la inversión, lo que a su vez aumenta la producción y el PIB de un país.

Creación de nuevos productos y servicios: La innovación conduce a la creación de nuevos productos y servicios que pueden satisfacer las necesidades de los consumidores de manera más eficiente o efectiva. Estos nuevos productos pueden abrir mercados completamente nuevos o mejorar productos existentes.

Estimulación de la demanda: Los nuevos productos y servicios innovadores pueden estimular la demanda, lo que a su vez aumenta la producción y el empleo en las industrias relacionadas. La innovación puede llevar a un ciclo virtuoso de crecimiento económico, ya que las personas y las empresas buscan adoptar nuevas tecnologías y soluciones.

Aumento de la productividad: Las innovaciones en procesos y tecnología pueden aumentar significativamente la productividad. Esto significa que, con los mismos recursos o incluso menos, una empresa o una industria puede producir más bienes y servicios. El aumento de la productividad es un motor clave del crecimiento económico a largo plazo.

Empleo: La innovación no solo crea empleos directamente en la investigación y el desarrollo, sino que también estimula la creación de empleo en la fabricación, distribución y comercialización de nuevos productos y servicios. Además, las empresas innovadoras tienden a ser más competitivas y, por lo tanto, más propensas a crecer y contratar empleados.

Atracción de inversión: Los países y regiones que son conocidos por fomentar la innovación a menudo atraen inversión extranjera directa. Las empresas internacionales buscan ubicarse en lugares donde puedan acceder a talento innovador y tecnologías de vanguardia.

Aumento del PIB: El resultado neto de la innovación es un aumento en la producción económica, lo que se refleja en un aumento del Producto Interno Bruto (PIB) de un país. A medida que las empresas innovadoras crecen y generan beneficios, contribuyen al crecimiento económico general de la nación.

Competitividad global: Las naciones que invierten en investigación y desarrollo y promueven la innovación se vuelven más competitivas a nivel global. Esto les permite comerciar con éxito en los mercados internacionales y aprovechar oportunidades económicas en todo el mundo.

La innovación es un motor esencial del crecimiento económico. Fomenta la creación de empleo, aumenta la productividad, estimula la inversión y promueve la competitividad. A medida que las sociedades fomentan la innovación, pueden experimentar un desarrollo económico sostenido y una mayor calidad de vida para sus ciudadanos.

Competitividad: La innovación es esencial para mantener la competitividad a nivel nacional e internacional. Las empresas innovadoras tienen una ventaja en términos de calidad, eficiencia y capacidad para competir en mercados globales.

Calidad y eficiencia: La innovación permite a las empresas mejorar la calidad de sus productos y servicios, así como la eficiencia en la producción. Esto les proporciona una ventaja competitiva, ya que pueden ofrecer productos superiores a precios competitivos.

Diferenciación: La innovación también permite a las empresas diferenciarse de la competencia. Al desarrollar productos o servicios únicos, las empresas pueden atraer a un segmento específico de clientes y crear una base de lealtad.

Reducción de costos: La innovación no se limita a la creación de nuevos productos; también puede llevar a mejoras en los procesos de producción y la gestión. La reducción de costos a través de la innovación puede resultar en precios más competitivos.

Acceso a nuevos mercados: Las empresas innovadoras pueden expandirse a nuevos mercados nacionales e internacionales. La adopción de tecnologías de vanguardia y la creación de soluciones innovadoras pueden atraer clientes en todo el mundo.

Atracción de talento: Las empresas que fomentan la innovación suelen ser más atractivas para el talento, lo que les proporciona un equipo de empleados más calificado y comprometido. Esto contribuye a la capacidad de la empresa para mantenerse competitiva.

Resiliencia: La innovación puede hacer que las empresas sean más resistentes a los cambios del mercado y a las crisis económicas. La diversificación y la capacidad de adaptarse a nuevas condiciones son fundamentales para la competitividad a largo plazo.

Reputación: Las empresas que son conocidas por la innovación a menudo disfrutan de una sólida reputación en el mercado. Esto puede llevar a una mayor confianza de los consumidores y a relaciones comerciales más sólidas.

Liderazgo tecnológico: Las empresas que lideran en innovación tecnológica tienen una ventaja en la creación de estándares y en la formación de la industria. Esto puede resultar en un dominio a largo plazo en sus respectivos mercados.

A nivel nacional, los países que fomentan la innovación a través de inversiones en investigación y desarrollo, políticas proinnovación y colaboración entre la academia y la industria tienden a ser más competitivos en la economía global. La innovación es esencial para mantener y mejorar la posición de un país en el escenario económico internacional.

La innovación es un impulsor fundamental de la competitividad, tanto para las empresas como para las naciones. Aquellas que abrazan la innovación tienen una ventaja significativa en términos de calidad, eficiencia y capacidad para competir en mercados nacionales e internacionales.

Aumento de la productividad: Las innovaciones en procesos y tecnología pueden aumentar la productividad de las empresas, lo que permite la producción de más bienes y servicios con los mismos o menos recursos. Esto se traduce en un aumento de la eficiencia y una mayor capacidad para satisfacer la demanda.

Automatización: La innovación a menudo implica la automatización de procesos. Las tecnologías avanzadas, como la robótica y la inteligencia artificial, permiten que las tareas sean realizadas de manera más eficiente y precisa, lo que conduce a una mayor productividad.

Eficiencia en la cadena de suministro: Las innovaciones en la gestión de la cadena de suministro, como el seguimiento en tiempo real y la optimización logística, pueden reducir los costos y mejorar la eficiencia, lo que resulta en una mayor productividad.

Mejora de la comunicación y colaboración: Las innovaciones en comunicación y colaboración, como el software de gestión de proyectos y las herramientas de videoconferencia, permiten un flujo de trabajo más eficiente y una mejor coordinación entre equipos, lo que aumenta la productividad.

Tecnologías de la información: La adopción de tecnologías de la información y la implementación de sistemas de software avanzados pueden automatizar procesos empresariales y facilitar la gestión de datos, lo que ahorra tiempo y recursos y mejora la productividad.

Mejora en la toma de decisiones: Las soluciones de análisis de datos y de inteligencia de negocios permiten a las empresas tomar decisiones más informadas y basadas en datos, lo que puede llevar a una gestión más eficiente y a una mayor productividad.

Reducción de errores y retrabajo: La innovación puede reducir los errores y la necesidad de retrabajo. La automatización y la mejora de procesos minimizan las posibilidades de errores humanos, lo que ahorra tiempo y recursos.

Capacidad para producir más con menos: A medida que la innovación mejora la eficiencia, las empresas pueden producir más bienes y servicios con los mismos recursos o incluso con menos. Esto lleva a una mayor capacidad para satisfacer la demanda del mercado.

Reducción de costos de producción: La innovación a menudo conlleva la reducción de costos de producción, lo que permite a las empresas ser más competitivas en términos de precios y, al mismo tiempo, mantener márgenes de beneficio saludables.

Desarrollo de soluciones personalizadas: La innovación también permite a las empresas desarrollar soluciones personalizadas para sus clientes, lo que puede aumentar la satisfacción del cliente y mejorar la retención de clientes.

La innovación en procesos y tecnología contribuye significativamente al aumento de la productividad en las empresas y, en última instancia, en la economía en su conjunto. La capacidad de hacer más con menos recursos es esencial para el crecimiento económico y la competitividad.

Mejora en la calidad de vida: La innovación en sectores como la salud, la educación y la energía puede mejorar la calidad de vida de las personas al proporcionar mejores servicios y soluciones más sostenibles.

La innovación desempeña un papel fundamental en la mejora de la calidad de vida de las personas, y se manifiesta de diversas maneras en sectores clave como la salud, la educación y la energía. Aquí se explican cómo la innovación contribuye a una mejor calidad de vida:

Salud:

Desarrollo de tratamientos y medicamentos: La innovación en la industria farmacéutica y médica ha llevado al descubrimiento de nuevos tratamientos y medicamentos que pueden salvar vidas y mejorar la salud de las personas.

Tecnología médica avanzada: La innovación en dispositivos médicos y tecnología de atención médica, como la cirugía robótica y el diagnóstico por imágenes, permite tratamientos más precisos y menos invasivos.

Telemedicina: La innovación en telemedicina ha mejorado el acceso a la atención médica, especialmente en áreas rurales o remotas, lo que permite a las personas recibir atención médica de manera más conveniente y oportuna.

Educación:

Tecnología educativa: La innovación en tecnología educativa, como la educación en línea y las aplicaciones de aprendizaje, ha ampliado el acceso a la educación y ha permitido el aprendizaje personalizado.

Aprendizaje a distancia: La educación a distancia ha permitido a las personas acceder a programas educativos y cursos de todo el mundo, lo que ha mejorado sus oportunidades de desarrollo personal y profesional.

Energía:

Energías renovables: La innovación en energías renovables, como la energía solar y eólica, ha permitido una transición hacia fuentes de energía más limpias y sostenibles, reduciendo la contaminación y el impacto ambiental.

Eficiencia energética: Las innovaciones en eficiencia energética han llevado a la creación de electrodomésticos, vehículos y edificios más eficientes desde el punto de vista energético, lo que ahorra dinero y reduce la huella de carbono.

Accesibilidad y movilidad: La innovación en tecnología de transporte, como vehículos autónomos y servicios de viajes compartidos, puede mejorar la movilidad y la accesibilidad, lo que beneficia a personas con movilidad reducida y mejora la calidad de vida en general.

Calidad del aire y del agua: La innovación en tecnologías de monitoreo y purificación del aire y del agua ha llevado a una mejora en la calidad del medio ambiente, lo que a su vez beneficia la salud de las personas.

Comunicaciones: La innovación en comunicaciones y tecnología de la información ha mejorado la conectividad y el acceso a información relevante, lo que permite a las personas tomar decisiones informadas y acceder a servicios en línea de manera más eficiente.

La innovación, por lo tanto, no solo conduce al crecimiento económico, sino que también tiene un impacto directo en la calidad de vida de las personas al proporcionar soluciones más efectivas y sostenibles en una variedad de sectores clave. La mejora de la calidad de vida es uno de los objetivos más importantes de la innovación en la sociedad moderna.

Generación de empleo: Las industrias innovadoras tienden a crear empleos de alta calidad y bien remunerados, lo que contribuye a la reducción del desempleo y a la mejora de las condiciones laborales.

La generación de empleo es otro beneficio importante de la innovación, especialmente en industrias innovadoras y en sectores que experimentan avances tecnológicos y cambios disruptivos. Aquí se explican cómo la innovación contribuye a la creación de empleo y a la mejora de las condiciones laborales:

Creación de nuevos empleos: La innovación a menudo da lugar a la creación de nuevas empresas, industrias y mercados. Estos nuevos sectores generan empleo a medida que las empresas buscan talento para desarrollar, producir, comercializar y vender nuevos productos y servicios innovadores.

Empleos de alta calidad: Las empresas innovadoras a menudo buscan trabajadores altamente capacitados y especializados para llevar a cabo proyectos de investigación y desarrollo, ingeniería, diseño y otras funciones críticas. Esto conduce a la creación de empleos de alta calidad y bien remunerados.

Mejora de las condiciones laborales: La innovación puede mejorar las condiciones laborales de diversas maneras. Esto puede incluir la introducción de tecnologías que reducen la carga de trabajo físico, la implementación de prácticas laborales más flexibles y la creación de entornos de trabajo más seguros y saludables.

Aumento de la productividad: La innovación tecnológica a menudo aumenta la productividad de los trabajadores. Los empleados pueden aprovechar nuevas herramientas y tecnologías para hacer su trabajo de manera más eficiente, lo que puede llevar a un aumento en la producción y, en última instancia, a la creación de empleos.

Diversificación de la economía: La diversificación de la economía a través de la innovación puede reducir la dependencia de un país o región en un solo sector. Esto aumenta la resiliencia económica y reduce la vulnerabilidad a las recesiones en sectores específicos, lo que contribuye a la estabilidad del empleo.

Inclusión en el mercado laboral: La innovación puede ayudar a abordar barreras para la inclusión en el mercado laboral. Por ejemplo, la tecnología ha hecho posible el trabajo a distancia, lo que puede beneficiar a personas con discapacidades o a quienes viven en áreas remotas.

Formación y desarrollo profesional: La innovación a menudo impulsa la demanda de formación y desarrollo profesional, lo que puede ayudar a los trabajadores a adquirir nuevas habilidades y mantenerse actualizados en un entorno en constante cambio.

La generación de empleo de alta calidad y la mejora de las condiciones laborales son componentes importantes del impacto positivo de la innovación en la economía y la sociedad en general. La innovación no solo impulsa el crecimiento económico, sino que también contribuye a la creación de oportunidades de empleo significativas.

Sostenibilidad ambiental: La innovación también puede ayudar a abordar desafíos ambientales al desarrollar tecnologías más limpias y sostenibles, lo que es crucial en un mundo que busca la mitigación del cambio climático y la conservación de los recursos naturales.

La relación entre la innovación y la sostenibilidad ambiental es fundamental en la lucha contra los desafíos ambientales, como el cambio climático y la conservación de los recursos naturales.

Energías renovables: La innovación en energías renovables, como la solar, eólica, hidroeléctrica y geotérmica, ha permitido la generación de energía más limpia y sostenible. Estas fuentes de energía reducen las emisiones de gases de efecto invernadero y disminuyen la dependencia de los combustibles fósiles, lo que contribuye a la mitigación del cambio climático.

Eficiencia energética: La innovación en eficiencia energética ha llevado al desarrollo de productos y tecnologías que consumen menos energía para realizar las mismas tareas. Esto no solo reduce los costos operativos, sino que también disminuye la demanda de energía y reduce la huella de carbono.

Tecnologías de captura de carbono: La innovación en tecnologías de captura y almacenamiento de carbono (CAC) puede ayudar a reducir las emisiones de dióxido de carbono (CO2) provenientes de industrias intensivas en carbono, como la generación de energía y la producción de acero.

Movilidad sostenible: La innovación en movilidad, como vehículos eléctricos, transporte público eficiente y soluciones de viaje compartido, contribuye a la reducción de las emisiones de gases de efecto invernadero y a la mejora de la calidad del aire en las ciudades.

Agricultura y alimentos sostenibles: La innovación en la agricultura y la producción de alimentos puede promover prácticas más sostenibles, como la agricultura de precisión, la agricultura vertical y la reducción del desperdicio de alimentos.

Gestión del agua y la conservación de recursos naturales: La innovación en tecnologías de gestión del agua y la conservación de recursos naturales, como la reutilización y el reciclaje de agua, puede ayudar a conservar estos recursos vitales y reducir la contaminación.

Tecnología verde y diseño sostenible: La innovación en tecnología verde y diseño sostenible se refleja en la creación de productos y edificios respetuosos con el medio ambiente que minimizan el impacto ambiental a lo largo de su ciclo de vida.

Economía circular: La innovación en modelos de negocio de economía circular fomenta la reutilización, el reciclaje y la reducción de residuos, lo que contribuye a la conservación de recursos y la reducción de la contaminación.

Concientización y educación ambiental: La innovación en tecnología y comunicación ha permitido una mayor conciencia y educación sobre cuestiones ambientales, lo que puede inspirar a las personas a tomar medidas para proteger el medio ambiente.

La innovación desempeña un papel crucial en el desarrollo de soluciones sostenibles que abordan los desafíos ambientales críticos. Contribuye a la transición hacia una economía y una sociedad más sostenibles, que son fundamentales en un mundo que busca mitigar el cambio climático y conservar los recursos naturales para las generaciones futuras. La innovación sostenible es un componente esencial de un futuro más equilibrado y respetuoso con el medio ambiente.

Desarrollo de nuevas industrias: La innovación puede abrir oportunidades para la creación de nuevas industrias y mercados, lo que diversifica la economía y reduce la dependencia de sectores vulnerables a las recesiones.

El desarrollo de nuevas industrias es un resultado clave de la innovación y conlleva varios beneficios significativos para la economía y la sociedad en general. Aquí se explican cómo la innovación puede impulsar la creación de nuevas industrias:

Diversificación económica: La innovación a menudo da lugar a la diversificación de la economía. La creación de nuevas industrias introduce una variedad de sectores económicos, lo que reduce la dependencia de una economía en un solo sector y disminuye la vulnerabilidad ante las recesiones económicas en sectores específicos.

Generación de empleo: Las nuevas industrias creadas a través de la innovación suelen generar empleos en una variedad de roles, desde la investigación y desarrollo hasta la producción, marketing y ventas. Esto contribuye a la generación de empleo y al crecimiento económico.

Estimulación del emprendimiento: La innovación fomenta el espíritu emprendedor al abrir nuevas oportunidades de mercado. Esto lleva a la creación de nuevas empresas y startups, lo que puede dar lugar a la competencia y la innovación continua en el mercado.

Desarrollo tecnológico: El surgimiento de nuevas industrias a menudo va de la mano con avances tecnológicos significativos. Estas tecnologías pueden extenderse a otras áreas y sectores, lo que impulsa la innovación en toda la economía.

Mejora de la calidad de vida: Las nuevas industrias a menudo se centran en la creación de soluciones que mejoran la calidad de vida de las personas. Esto puede incluir avances en tecnología de la salud, energías renovables, movilidad sostenible y más.

Atracción de inversión: Las nuevas industrias innovadoras suelen atraer inversión de capital y financiamiento, lo que contribuye al crecimiento y desarrollo económico. Además, estas inversiones pueden provenir de fuentes nacionales e internacionales.

Impacto social y medioambiental: Las nuevas industrias pueden abordar desafíos sociales y medioambientales. Por ejemplo, las industrias verdes pueden centrarse en soluciones que promuevan la sostenibilidad y la protección del medio ambiente.

Competitividad global: Las nuevas industrias pueden aumentar la competitividad de un país a nivel global al convertirse en líderes en mercados emergentes y tecnologías avanzadas.

Diversidad de ingresos: La diversificación económica a través de nuevas industrias proporciona múltiples fuentes de ingresos, lo que reduce la dependencia de la economía de un solo mercado o sector.

La innovación que da lugar al desarrollo de nuevas industrias es una parte fundamental del crecimiento económico y la prosperidad. Contribuye a la diversificación económica, la generación de empleo y la estimulación de la competencia, lo que en última instancia beneficia a la economía y a la sociedad en su conjunto. Además, estas nuevas industrias pueden abordar desafíos sociales y medioambientales y mejorar la calidad de vida.

Mejora de la competitividad de las empresas: Las empresas que fomentan la innovación son más ágiles y capaces de adaptarse a los cambios del mercado, lo que les permite sobrevivir y crecer en entornos económicos desafiantes.

La mejora de la competitividad de las empresas a través de la innovación es un elemento crucial para su éxito y sostenibilidad en entornos económicos en constante cambio.

Adaptación a cambios del mercado: Las empresas innovadoras están mejor preparadas para adaptarse a los cambios en las condiciones del mercado. Pueden responder de manera ágil a las nuevas tendencias, preferencias del consumidor y cambios en la demanda, lo que les permite mantenerse relevantes.

Diferenciación en el mercado: La innovación permite a las empresas diferenciarse de la competencia al ofrecer productos o servicios únicos. Esto les brinda una ventaja competitiva al destacarse en un mercado saturado.

Mayor eficiencia y reducción de costos: La innovación en procesos y tecnología puede aumentar la eficiencia operativa, lo que resulta en una reducción de costos. Las empresas que pueden ofrecer productos de alta calidad a precios competitivos son más competitivas en el mercado.

Satisfacción del cliente: Las innovaciones que mejoran la calidad de los productos o servicios y la experiencia del cliente pueden llevar a una mayor satisfacción del cliente. Los clientes satisfechos son más propensos a ser leales y a recomendar la empresa a otros.

Expansión de mercados: La innovación puede permitir a las empresas expandirse a nuevos mercados, tanto a nivel nacional como internacional. La capacidad de ofrecer productos o servicios innovadores puede abrir oportunidades en mercados no explorados previamente.

Fidelización de empleados: Las empresas que fomentan la innovación a menudo son más atractivas para el talento. La retención de empleados capacitados y experimentados es fundamental para la competitividad, ya que los empleados comprometidos contribuyen al éxito de la empresa.

Aprovechamiento de oportunidades emergentes: La innovación puede permitir a las empresas aprovechar oportunidades emergentes en el mercado. Esto puede incluir la adopción temprana de nuevas tecnologías o la identificación de nichos de mercado no explotados.

Mejora de la calidad de la toma de decisiones: La innovación en análisis de datos y tecnologías de información puede proporcionar a las empresas información valiosa para la toma de decisiones informadas y estratégicas.

Crecimiento y expansión: Las empresas que innovan exitosamente pueden experimentar un crecimiento sostenible y expandirse en sus respectivos mercados. Esto puede llevar a una mayor cuota de mercado y a un aumento de los ingresos.

Sostenibilidad a largo plazo: Las empresas que fomentan la innovación son más resistentes a los desafíos económicos y a la competencia. La capacidad de innovar y evolucionar les permite mantener su relevancia en el mercado a largo plazo.

La innovación es un impulsor esencial de la competitividad empresarial. Las empresas que fomentan la innovación están mejor preparadas para afrontar los desafíos y aprovechar las oportunidades en el mercado en constante cambio, lo que les permite sobrevivir y crecer en entornos económicos desafiantes. La innovación es un elemento clave en la estrategia empresarial para lograr un rendimiento sostenible.

Atracción de inversiones: Los países y regiones que fomentan la innovación a menudo atraen inversión extranjera y talento, lo que contribuye al desarrollo económico y la creación de empleo.

La relación entre la innovación y la atracción de inversiones es un elemento importante en el desarrollo económico de los países y regiones.

Infraestructura tecnológica: Los países y regiones que invierten en infraestructura tecnológica avanzada, como parques tecnológicos, centros de investigación y desarrollo, y redes de alta velocidad, atraen la atención de empresas e inversionistas que buscan oportunidades para desarrollar y utilizar tecnologías de vanguardia.

Educación y talento: Las naciones que fomentan la innovación a menudo priorizan la educación en campos STEM (Ciencia, Tecnología, Ingeniería y Matemáticas) y fomentan la formación de talento especializado. Esto crea una fuerza laboral calificada y atractiva para las empresas.

Políticas proinnovación: Las políticas gubernamentales que respaldan la innovación, como incentivos fiscales para la investigación y desarrollo, patentes y derechos de propiedad intelectual sólidos, y colaboración entre la academia y la industria, hacen que un país o región sea más atractivo para la inversión y la innovación.

Clusters de innovación: Los clusters de innovación son áreas geográficas que reúnen a empresas, instituciones de investigación y startups en un entorno propicio para la innovación. Estos clusters atraen inversión y talento al facilitar la colaboración y el intercambio de conocimientos.

Emprendimiento y startups: Los ecosistemas de emprendimiento y las startups innovadoras a menudo atraen inversión de capital de riesgo y de empresas más grandes interesadas en adquirir nuevas tecnologías. Además, atraen a emprendedores y talento con ideas innovadoras.

Acceso a mercados globales: Los países y regiones que fomentan la innovación a menudo brindan acceso a mercados globales, lo que atrae a empresas internacionales que buscan expandirse y aprovechar oportunidades de crecimiento.

Calidad de vida: La calidad de vida en una región también puede influir en la atracción de inversión y talento. Ciudades con un alto nivel de vida, infraestructura, atención médica de calidad y opciones culturales atractivas pueden ser más atractivas para personas y empresas.

Sostenibilidad y responsabilidad social: La inversión en innovaciones sostenibles y prácticas empresariales socialmente responsables puede atraer a inversores y empresas comprometidos con la responsabilidad social y la sostenibilidad.

La innovación es un imán para la inversión y el talento. Los países y regiones que crean un entorno propicio para la innovación, el desarrollo tecnológico y la educación en áreas clave a menudo son vistos como destinos atractivos para la inversión extranjera y el talento global. La combinación de recursos humanos calificados, infraestructura tecnológica avanzada y políticas proinnovación puede impulsar el crecimiento económico y la prosperidad en una región.

Mejora de la calidad de los productos y servicios: La innovación conduce a la mejora continua de productos y servicios, lo que beneficia a los consumidores al proporcionarles opciones de mayor calidad y funcionalidad.

La mejora de la calidad de los productos y servicios es uno de los resultados más destacados de la innovación y beneficia tanto a las empresas como a los consumidores.

Desarrollo de productos de vanguardia: La innovación impulsa el desarrollo de productos de vanguardia que incorporan las últimas tecnologías y enfoques. Estos productos suelen ser más avanzados en términos de funcionalidad, rendimiento y características, lo que beneficia a los consumidores.

Mejoras en la eficiencia y confiabilidad: La innovación a menudo lleva a mejoras en la eficiencia y confiabilidad de los productos. Los productos más eficientes consumen menos recursos, como energía o combustible, y los productos más confiables duran más tiempo y requieren menos mantenimiento.

Personalización y adaptabilidad: La innovación permite a las empresas ofrecer productos y servicios más personalizados y adaptables a las necesidades individuales de los consumidores. Esto mejora la satisfacción del cliente al proporcionar soluciones a medida.

Mayor comodidad: La innovación a menudo se centra en hacer que los productos y servicios sean más convenientes y fáciles de usar. Por ejemplo, la innovación en tecnología de dispositivos móviles ha mejorado la comodidad de las comunicaciones y el acceso a información.

Reducción de costos para los consumidores: La innovación en procesos de producción puede llevar a la reducción de costos, lo que puede traducirse en precios más bajos para los consumidores, lo que a su vez mejora la accesibilidad de los productos y servicios.

Calidad y seguridad mejoradas: La innovación a menudo se centra en mejorar la calidad y la seguridad de los productos y servicios. Los productos más seguros y de alta calidad reducen los riesgos para los consumidores y mejoran la satisfacción del cliente.

Mejora en la experiencia del cliente: La innovación en la experiencia del cliente, como la optimización de la interfaz de usuario y el diseño de servicios más atractivos, contribuye a una experiencia más satisfactoria para los consumidores.

Innovación en servicios: La innovación no se limita a productos físicos. Los avances en servicios, como la banca en línea, la atención médica a distancia y el entretenimiento por transmisión en línea, han transformado la forma en que los consumidores interactúan con las empresas.

Sostenibilidad: La innovación también puede mejorar la sostenibilidad de los productos y servicios al reducir su impacto ambiental. Esto puede ser un factor importante para los consumidores que buscan opciones más respetuosas con el medio ambiente.

La innovación contribuye de manera significativa a la mejora de la calidad de los productos y servicios. Los consumidores se benefician al tener acceso a productos más avanzados, eficientes, seguros y personalizados, lo que mejora su calidad de vida y satisface sus necesidades y expectativas de manera más efectiva. La innovación es un impulsor esencial de la competencia y la excelencia en la oferta de productos y servicios en el mercado.

En resumen, la innovación es un motor fundamental para el crecimiento económico y la mejora de la calidad de vida. Tanto a nivel macroeconómico como en el nivel de las empresas individuales, la innovación impulsa la prosperidad y la competitividad, lo que la convierte en un elemento clave en la economía moderna.

19.Emprendimiento: cómo iniciar tu propio negocio

Iniciar tu propio negocio a través del emprendimiento es un proceso emocionante pero que requiere tiempo, esfuerzo y planificación. Aquí tienes una guía paso a paso para ayudarte a comenzar:

Paso 1: Idea de negocio y planificación

Identifica tu pasión y habilidades: Comienza por pensar en tus pasiones, intereses y habilidades. ¿Qué te apasiona? ¿En qué eres bueno? Esto puede ayudarte a definir el tipo de negocio que deseas emprender.

Identificar tus pasiones, intereses y habilidades es un primer paso crucial para emprender un negocio que te apasione y en el que puedas destacar.

Reflexiona sobre tus pasiones:

¿Qué actividades o temas te entusiasman y te hacen sentir emocionado?

¿Hay algún pasatiempo o actividad que disfrutes haciendo en tu tiempo libre?

¿Hay cuestiones sociales o ambientales que te preocupen y te motiven a actuar?

Evalúa tus habilidades:

Haz una lista de las habilidades en las que eres especialmente competente, ya sea en tu trabajo actual, estudios previos o pasatiempos.

Pregunta a amigos y familiares en qué creen que eres bueno. A menudo, los demás pueden ver tus habilidades de manera más objetiva.

Considera tus habilidades técnicas, habilidades interpersonales y habilidades creativas.

Encuentra la intersección:

Busca áreas en las que tus pasiones se alineen con tus habilidades. Esto es donde es más probable que encuentres una oportunidad de negocio que te apasione y en la que puedas sobresalir.

Piensa en cómo tus habilidades pueden abordar desafios o necesidades en el mercado.

Investiga el mercado:

Investiga el mercado y la industria relacionada con tus pasiones e intereses. ¿Hay demanda de productos o servicios en ese campo?

Analiza a la competencia y busca oportunidades para diferenciarte y ofrecer un valor único.

Considera tu visión a largo plazo:

Piensa en cómo te gustaría que fuera tu negocio en el futuro. ¿Qué impacto deseas tener en tu comunidad o en el mundo?

Considera cómo tu negocio puede alinearse con tus valores y metas a largo plazo.

Sé realista:

Asegúrate de que tu idea de negocio sea realista y sostenible. No todas las pasiones o habilidades se traducen en oportunidades de negocio viables.

El emprendimiento puede ser un viaje desafiante, por lo que es importante que estés motivado y apasionado por lo que haces. Además, la identificación de tus pasiones y habilidades te ayudará a mantener tu enfoque y a superar obstáculos en el camino hacia el éxito empresarial. Una vez que hayas identificado tu pasión y habilidades, podrás avanzar en la planificación y ejecución de tu negocio con mayor confianza.

Investigación de mercado: Investiga el mercado para determinar si tu idea de negocio es viable. Estudia a tus competidores, el público objetivo y las tendencias del mercado. Realiza encuestas y análisis de mercado para recopilar datos valiosos.

La investigación de mercado es un paso crítico en la planificación de tu negocio, ya que te proporcionará información valiosa sobre la viabilidad de tu idea, la demanda del mercado y cómo posicionarte de manera efectiva. Aquí te presento un enfoque paso a paso para llevar a cabo una investigación de mercado:

Paso 1: Define tus objetivos de investigación:

Antes de comenzar, establece claramente tus objetivos de investigación. ¿Qué deseas aprender con esta investigación? Puede incluir la evaluación de la demanda del mercado, la identificación de competidores, la segmentación del público objetivo, etc.

Paso 2: Identifica tu público objetivo:

Define quiénes son tus clientes potenciales. Esto te ayudará a dirigir tu investigación de manera más efectiva. ¿Cuáles son sus características demográficas, intereses y necesidades?

Paso 3: Analiza la competencia:

Investiga a tus competidores. Identifica quiénes son, qué ofrecen, cuál es su posición en el mercado y cuáles son sus puntos fuertes y debilidades. Esto te ayudará a entender cómo puedes diferenciarte.

Paso 4: Recopila datos secundarios:

Busca información ya existente sobre tu mercado y tu industria. Esto puede incluir informes de mercado, estadísticas gubernamentales, estudios de investigación, artículos y noticias relacionadas.

Paso 5: Realiza encuestas y entrevistas:

Diseña y realiza encuestas o entrevistas a posibles clientes. Pregunta sobre sus necesidades, preferencias y problemas que tu producto o servicio podría resolver.

Paso 6: Realiza análisis de mercado:

Analiza los datos recopilados para identificar patrones y tendencias. Esto te permitirá comprender la demanda del mercado, los desafíos y oportunidades.

Paso 7: Evalúa la viabilidad financiera:

Calcula los costos de operación, los precios que puedes cobrar y las proyecciones de ventas. Esto te ayudará a determinar si tu negocio puede ser rentable.

Paso 8: Refina tu propuesta de valor:

Utiliza los conocimientos adquiridos de la investigación para refinar tu propuesta de valor y asegurarte de que esté alineada con las necesidades del mercado.

Paso 9: Toma decisiones informadas:

Con base en la investigación, toma decisiones informadas sobre cómo diseñar tu producto o servicio, tu estrategia de marketing, tus canales de distribución y tu enfoque en el mercado.

Paso 10: Ajusta tu plan de negocio:

Actualiza tu plan de negocio con la información y las ideas que hayas obtenido de la investigación de mercado. Esto te ayudará a estar mejor preparado para lanzar tu negocio.

La investigación de mercado es un proceso continuo y debe ser revisada y actualizada periódicamente a medida que evoluciona tu negocio. Utiliza esta información para tomar decisiones estratégicas y mantener tu negocio en sintonía con las necesidades cambiantes del mercado. La investigación de mercado te dará una ventaja competitiva y te ayudará a minimizar los riesgos al iniciar tu negocio.

Elabora un plan de negocio: Crea un plan de negocio sólido que describa tu idea de negocio, tu propuesta de valor, estrategia de marketing, análisis financiero y proyecciones. Un plan de negocio bien elaborado te ayudará a establecer tus objetivos y atraer inversores si es necesario.

Un plan de negocio bien elaborado es esencial para guiar el desarrollo y el crecimiento de tu empresa.

Resumen ejecutivo:

Descripción concisa de tu negocio, incluyendo tu visión, misión y propuesta de valor única.

Resumen de tus objetivos a corto y largo plazo.

Descripción del negocio:

Detalles sobre la estructura legal de tu empresa (por ejemplo, empresa individual, sociedad, LLC).

Información sobre tus productos o servicios y cómo se diferencian de la competencia.

Antecedentes sobre cómo se originó la idea del negocio.

Análisis de mercado:

Investigación sobre tu mercado objetivo, incluyendo el tamaño, las tendencias y las necesidades del mercado.

Análisis de la competencia, identificando a tus principales competidores y sus puntos fuertes y débiles.

Perfil de tu público objetivo, incluyendo datos demográficos, intereses y comportamientos de compra.

Estrategia de marketing:

Plan de marketing que describe cómo promoverás tu negocio y llegarás a tu audiencia.

Estrategias de precios, distribución, promoción y posicionamiento de marca.

Estrategias de marketing en línea y presencia en redes sociales.

Plan de operaciones:

Descripción de cómo funcionará tu negocio diariamente.

Requisitos de ubicación, equipo, personal y proveedores.

Procesos operativos y cadenas de suministro.

Plan de gestión:

Estructura organizativa de tu empresa, incluyendo detalles sobre los roles y responsabilidades del equipo.

Descripción de tus habilidades y experiencia, así como la de tu equipo de dirección.

Políticas de recursos humanos y contratación.

Análisis financiero:

Proyecciones financieras, que incluyen estados de resultados, balances y flujos de efectivo proyectados.

Resumen de los costos iniciales y operativos.

Análisis de punto de equilibrio y métricas financieras clave.

Financiamiento:

Detalles sobre cómo financiarás tu negocio, incluyendo préstamos, inversiones personales, capital de inversores o subvenciones.

Estrategia de retorno de inversión para inversores si es aplicable.

Plan de crecimiento:

Estrategias de crecimiento a largo plazo, incluyendo la expansión a nuevos mercados o la introducción de nuevos productos o servicios.

Metas y métricas para evaluar el éxito de tu negocio a lo largo del tiempo.

Apéndices:

Cualquier información adicional relevante, como currículums del equipo de dirección, estudios de mercado detallados, contratos comerciales o patentes.

Asegúrate de que tu plan de negocio sea claro, coherente y bien fundamentado. Es una herramienta que puedes utilizar para atraer inversores, guiar tus decisiones estratégicas y mantener un enfoque a largo plazo en el crecimiento de tu empresa. A medida que avances en el desarrollo de tu negocio, actualiza y ajusta tu plan de negocio según sea necesario para reflejar los cambios en el mercado y en tus objetivos empresariales.

Paso 2: Finanzas y financiamiento

Determina los costos iniciales: Estima cuánto costará iniciar tu negocio, incluyendo el costo de los equipos, el alquiler, el marketing y otros gastos iniciales.

Determinar los costos iniciales de tu negocio es esencial para asegurarte de que tienes los recursos financieros necesarios para iniciar y operar tu empresa.

Costos de equipo y suministros:

Enumera todos los equipos, maquinaria, herramientas y suministros necesarios para operar tu negocio. Incluye los costos de compra, alquiler o arrendamiento.

Calcula el costo de adquisición y considera los gastos continuos de mantenimiento y reparaciones.

Costos de licencias y permisos:

Investiga los requisitos legales y reglamentarios para tu tipo de negocio.

Calcula los costos asociados con la obtención de licencias, permisos y registros necesarios.

Costos de marketing y publicidad:

Presupuesta para estrategias de marketing, publicidad y promoción para dar a conocer tu negocio.

Incluye costos de diseño de logotipo, sitio web, campañas publicitarias y marketing en redes sociales.

Costos de alquiler o ubicación:

Si requieres un espacio físico para tu negocio, considera el alquiler o compra de una ubicación.

Calcula los costos de alquiler mensuales o los gastos de propiedad, así como los costos de mantenimiento y servicios públicos.

Costos legales y profesionales:

Considera los honorarios de abogados, contadores o consultores que puedas necesitar para establecer y gestionar tu negocio.

Incluye costos de registro de marca, acuerdos legales y estructura legal.

Costos de inventario:

Si vendes productos, estima el costo de adquirir y mantener inventario.

Calcula el costo de compra inicial y considera los costos de almacenamiento y reposición.

Costos de personal:

Si planeas contratar empleados, determina los salarios, beneficios y costos asociados con su contratación.

Incluye salarios, impuestos y beneficios como seguros y vacaciones.

Costos de seguro:

Establece un presupuesto para los costos de seguros, que pueden incluir seguros de responsabilidad civil, seguros de propiedad y seguros de salud para empleados.

Costos de viaje y transporte:

Si necesitas vehículos o viajes relacionados con el negocio, calcula los costos de compra, mantenimiento y combustible.

Reserva de emergencia:

Es prudente tener una reserva de emergencia para enfrentar gastos inesperados o situaciones de flujo de efectivo negativo.

Otros costos varios:

Considera otros costos relacionados con la operación de tu negocio, como gastos de oficina, suministros de oficina, servicios de comunicación y tecnología.

Gastos de marketing y promoción inicial:

Calcula el costo de las campañas de marketing y promoción que planeas lanzar al inicio de tu negocio para atraer a tus primeros clientes.

Una vez que hayas estimado estos costos iniciales, suma todos los números para obtener una estimación general de cuánto necesitas para iniciar tu negocio. Es importante tener en cuenta que es posible que se presenten costos imprevistos, por lo que es recomendable contar con un margen adicional en tu presupuesto inicial para afrontar cualquier contingencia. Este plan financiero te ayudará a tomar decisiones informadas y a buscar financiamiento si es necesario para cubrir los costos iniciales de tu negocio.

Elabora un presupuesto: Crea un presupuesto detallado que incluya tus costos iniciales y los gastos operativos continuos. Esto te ayudará a mantener el control de tus finanzas.

Elaborar un presupuesto detallado es fundamental para mantener el control de tus finanzas comerciales y asegurarte de que tu negocio sea financieramente sostenible. Aquí tienes un enfoque paso a paso para crear un presupuesto:

Paso 1: Establece tus objetivos financieros:

Define tus metas financieras a corto y largo plazo. ¿Qué deseas lograr con tu negocio?

Paso 2: Registra tus ingresos estimados:

Estima tus ingresos mensuales. Esto incluye las ventas, los pagos de clientes y cualquier otra fuente de ingresos.

Paso 3: Enumera tus costos iniciales:

Registra todos los costos iniciales que calculaste anteriormente, como equipos, suministros, marketing, alquiler y otros gastos iniciales.

Paso 4: Identifica los gastos operativos continuos:

Enumera todos los gastos recurrentes que tendrás mes a mes. Esto incluye alquiler o hipoteca, servicios públicos, salarios, seguros, impuestos y otros gastos fijos.

Paso 5: Incluye los costos variables:

Identifica los costos que pueden variar en función de la producción o las ventas, como el costo de los materiales o los gastos de marketing adicionales en momentos de promoción.

Paso 6: Calcula el flujo de efectivo proyectado:

Calcula la diferencia entre tus ingresos estimados y tus gastos. Esto te dará una idea de si tu negocio generará flujo de efectivo positivo o negativo en cada período.

Paso 7: Prepara un presupuesto mensual:

Divide tus estimaciones en un presupuesto mensual, asegurándote de que todos los costos estén asignados a los meses apropiados.

Paso 8: Haz un seguimiento y ajusta:

Realiza un seguimiento de tus ingresos y gastos reales y compáralos con tu presupuesto. Ajusta tus gastos y estrategias si es necesario para mantener el control financiero.

Paso 9: Crea un fondo de emergencia:

Establece una reserva de efectivo o un fondo de emergencia en tu presupuesto para enfrentar gastos imprevistos o fluctuaciones en los ingresos.

Paso 10: Considera un presupuesto anual:

Además de un presupuesto mensual, crea un presupuesto anual que resuma tus ingresos y gastos previstos para todo el año.

Paso 11: Utiliza herramientas de presupuesto:

Puedes utilizar software de contabilidad o aplicaciones de presupuesto para llevar un registro más efectivo de tus finanzas y realizar un seguimiento de tus metas.

Paso 12: Busca asesoramiento financiero:

Si no te sientes seguro elaborando un presupuesto, considera la posibilidad de consultar a un contador o un asesor financiero para obtener orientación adicional.

Mantener un presupuesto actualizado y realizar un seguimiento constante de tus finanzas te permitirá tomar decisiones financieras informadas y evitar sorpresas desagradables. También te ayudará a planificar y alcanzar tus objetivos financieros a largo plazo. Recuerda que la gestión financiera efectiva es esencial para el éxito a largo plazo de tu negocio.

Encuentra fuentes de financiamiento: Considera opciones de financiamiento, como préstamos bancarios, inversores, crowdfunding o fondos personales. Elige la fuente que mejor se adapte a tus necesidades financieras.

Encontrar fuentes de financiamiento es un paso crucial en el proceso de iniciar un negocio. La elección de la fuente de financiamiento adecuada dependerá de tus necesidades financieras, tu situación personal y las condiciones de mercado. Aquí tienes una descripción general de algunas fuentes de financiamiento comunes:

Fondos personales:

Utilizar tus propios ahorros o activos personales, como cuentas de ahorro, inversiones o bienes raíces, para financiar tu negocio. Esta es una fuente común de financiamiento inicial.

Préstamos bancarios:

Obtener un préstamo comercial de un banco o una institución financiera. Los préstamos pueden ser a corto o largo plazo y pueden estar garantizados o no garantizados.

Inversionistas personales:

Buscar inversionistas individuales, como familiares, amigos o conocidos, que estén dispuestos a invertir en tu negocio. A menudo, esto implica vender participaciones de tu empresa.

Capital de riesgo:

Buscar inversores de capital de riesgo que estén dispuestos a proporcionar financiamiento a cambio de una participación en tu empresa. Esta opción es más común para startups con un alto potencial de crecimiento.

Crowdfunding:

Utilizar plataformas de crowdfunding en línea para recaudar dinero de una amplia audiencia. Esto puede incluir recompensas (como Kickstarter) o financiamiento colectivo de inversión (como Crowdfunder).

Subvenciones y subsidios:

Buscar programas de subvenciones o subsidios ofrecidos por gobiernos, organizaciones sin fines de lucro o instituciones para financiar proyectos específicos o negocios en sectores particulares.

Préstamos comerciales:

Obtener préstamos comerciales de instituciones financieras alternativas, como compañías de financiamiento en línea o cooperativas de crédito.

Líneas de crédito empresarial:

Establecer una línea de crédito empresarial con un banco o una institución financiera. Esto proporciona flexibilidad para acceder a fondos según sea necesario.

Financiamiento de proveedores:

Negociar plazos de pago extendidos o acuerdos de financiamiento con proveedores para ayudar a gestionar los flujos de efectivo.

Crowdsourcing o micromecenazgo:

Utilizar plataformas de crowdsourcing para obtener financiamiento de una multitud en línea para proyectos o iniciativas específicas.

Programas de aceleradoras y competencias:

Participar en programas de aceleradoras empresariales o competencias de startups que pueden proporcionar financiamiento, orientación y recursos adicionales.

La elección de la fuente de financiamiento dependerá de factores como la etapa de desarrollo de tu negocio, la cantidad de financiamiento requerido, la propiedad que estás dispuesto a ceder y tus propias circunstancias financieras. Es importante investigar y evaluar cuidadosamente cada opción antes de tomar una decisión. También considera hablar con un asesor financiero o legal para obtener orientación sobre la fuente de financiamiento que mejor se adapte a tus necesidades.

Registro y legalización

Elige una estructura legal: Decide la estructura legal de tu negocio, como una empresa individual, sociedad, LLC (Sociedad de Responsabilidad Limitada) u otra entidad legal. Consulta a un abogado o asesor legal para tomar la decisión adecuada.

Elegir la estructura legal adecuada para tu negocio es una decisión importante que afectará diversos aspectos, como la responsabilidad legal, la carga fiscal y la forma en que operas. Antes de tomar una decisión, es aconsejable consultar a un abogado o asesor legal para entender las implicaciones específicas en tu ubicación y situación.

Empresa Individual:

Un negocio individual es propiedad y está operado por una sola persona. Es la estructura más sencilla y no requiere la creación de una entidad legal separada. Sin embargo, el propietario es personalmente responsable de todas las deudas y responsabilidades del negocio.

Sociedad:

Una sociedad es una estructura en la que dos o más personas se asocian para operar un negocio juntas. Puede ser una sociedad general (donde los socios son responsables de las deudas) o una sociedad de responsabilidad limitada (LLP, por sus siglas en inglés) donde algunos socios tienen responsabilidad limitada.

LLC (Sociedad de Responsabilidad Limitada):

Una LLC es una entidad legal que ofrece responsabilidad limitada a los propietarios (llamados miembros). Esto significa que los miembros no son personalmente responsables de las deudas y responsabilidades de la empresa. Las LLC son flexibles en términos de estructura y gestión.

Corporación:

Una corporación es una entidad legal separada de sus propietarios. Puede ser una corporación C (que paga impuestos por separado) o una corporación S (que pasa los ingresos y gastos directamente a los accionistas). Las corporaciones ofrecen responsabilidad limitada y pueden ser atractivas para quienes buscan financiamiento de inversionistas.

Sociedad de Responsabilidad Limitada de Sociedades Anónimas (SRL SA):

Esta es una estructura común en algunos países que combina características de una LLC y una corporación. Proporciona responsabilidad limitada a los accionistas y una estructura de gobierno flexible.

Cooperativa:

Las cooperativas son propiedad de sus miembros y operan con un enfoque en el beneficio mutuo. Son comunes en sectores como la agricultura, la banca y la vivienda.

Fundación:

Las fundaciones suelen ser organizaciones sin fines de lucro que operan para fines benéficos, educativos o sociales. Pueden ser utilizadas para actividades filantrópicas.

Asociación sin fines de lucro:

Las organizaciones sin fines de lucro se crean con el propósito de servir a una causa benéfica o comunitaria y generalmente tienen ventajas fiscales.

La elección de la estructura legal dependerá de factores como el tipo de negocio que estás iniciando, el número de propietarios, la responsabilidad que deseas tener y las implicaciones fiscales. Es importante considerar aspectos como la carga fiscal, la facilidad de administración y la protección de activos. Un asesor legal puede ayudarte a tomar la decisión adecuada según tus necesidades específicas y la legislación vigente en tu ubicación.

Regístrate y obtén licencias: Registra tu negocio y obtén las licencias y permisos necesarios para operar legalmente. Esto varía según tu ubicación y el tipo de negocio.

Paso 4: Planificación operativa

Ubicación y recursos: Encuentra una ubicación adecuada para tu negocio, si es necesario. Adquiere los recursos, equipos y suministros necesarios para operar.

Encontrar la ubicación adecuada y asegurarse de contar con los recursos necesarios son pasos fundamentales para el inicio de un negocio.

Elección de la ubicación:

Investiga y selecciona una ubicación que sea adecuada para tu tipo de negocio. Considera factores como la accesibilidad para los clientes, la visibilidad, la competencia en la zona y las regulaciones locales.

Negociación del contrato de arrendamiento o compra:

Si vas a alquilar un local o comprar una propiedad, negocia un contrato que sea favorable para tu negocio en términos de duración, costos y flexibilidad.

Permisos y licencias:

Asegúrate de obtener todos los permisos y licencias necesarios para operar en tu ubicación. Esto puede incluir permisos de construcción, licencias comerciales y regulaciones específicas de la industria.

Infraestructura y servicios:

Asegúrate de que la ubicación cuente con la infraestructura y los servicios necesarios, como acceso a Internet, electricidad, agua y servicios de saneamiento.

Equipamiento y mobiliario:

Adquiere el equipamiento y mobiliario necesarios para operar tu negocio. Esto puede variar según el tipo de negocio, desde maquinaria y herramientas hasta muebles de oficina.

Suministros y inventario:

Si tu negocio implica la venta de productos, asegúrate de contar con un inventario inicial de mercancía. Establece relaciones con proveedores confiables para abastecerte de manera continua.

Contratación de personal:

Si necesitas empleados, lleva a cabo un proceso de selección y contratación. Asegúrate de proporcionar capacitación adecuada y establecer políticas de recursos humanos claras.

Seguridad:

Considera la seguridad de tu negocio y tus activos. Esto puede incluir sistemas de seguridad, seguros y medidas para la protección de datos.

Recursos financieros:

Asegúrate de tener el capital necesario para cubrir los gastos iniciales, como alquiler, salarios, suministros y marketing. Si no tienes los recursos financieros suficientes, explora opciones de financiamiento, como préstamos comerciales o inversores.

Tecnología y software:

Adquiere la tecnología y el software necesarios para administrar tu negocio de manera eficiente. Esto puede incluir herramientas de contabilidad, software de gestión de proyectos, sistemas de punto de venta, entre otros.

Marketing y branding:

Diseña y adquiere material de marketing y branding, como logotipos, tarjetas de presentación, folletos y un sitio web, si es relevante para tu negocio.

Energía y sostenibilidad:

Considera fuentes de energía sostenibles y eficientes para reducir los costos a largo plazo y minimizar el impacto ambiental.

Planificación de contingencia:

Prepara un plan de contingencia en caso de que surjan problemas inesperados, como retrasos en la construcción o problemas con los proveedores.

Una vez que hayas asegurado la ubicación y los recursos necesarios, estarás listo para iniciar las operaciones de tu negocio. Es fundamental realizar un seguimiento constante de los costos y la eficiencia operativa para garantizar que tu negocio sea rentable y sostenible a largo plazo.

Contrata y capacita: Contrata empleados, si es necesario, y asegúrate de proporcionar la capacitación adecuada.

Desarrollo de procesos: Establece los procesos operativos y sistemas de gestión para garantizar que tu negocio funcione de manera eficiente.

El desarrollo de procesos operativos y sistemas de gestión es fundamental para asegurar que tu negocio funcione de manera eficiente y consistente. Aquí te presento los pasos clave para establecer estos procesos:

Identifica los procesos clave:

Identifica los procesos clave que son fundamentales para la operación de tu negocio. Estos pueden incluir la producción, la entrega de servicios, el marketing, la gestión de proyectos y las operaciones financieras.

Documenta los procesos:

Crea documentación detallada de cada proceso, incluyendo descripciones paso a paso, flujos de trabajo, diagramas de flujo y políticas relacionadas. La documentación debe ser clara y comprensible.

Estandariza los procedimientos:

Establece procedimientos y estándares claros para cada proceso. Esto ayuda a mantener la consistencia y facilita la capacitación de nuevos empleados.

Automatiza tareas repetitivas:

Identifica tareas repetitivas o manuales que pueden ser automatizadas a través de software o herramientas específicas. La automatización ahorra tiempo y reduce errores.

Implementa un sistema de gestión:

Considera la implementación de un sistema de gestión empresarial (ERP) o software de gestión específico para tu industria. Estos sistemas pueden ayudarte a administrar eficazmente las operaciones, la contabilidad y otros aspectos del negocio.

Capacita a tu personal:

Proporciona capacitación adecuada a tus empleados sobre los procesos y procedimientos operativos. Asegúrate de que comprendan las políticas y prácticas de la empresa.

Supervisa y evalúa los procesos:

Establece un sistema de seguimiento y evaluación para medir la eficiencia y la efectividad de tus procesos. Realiza revisiones regulares para identificar áreas de mejora.

Realiza mejoras continuas:

Utiliza los datos recopilados para realizar mejoras continuas en tus procesos. Establece un proceso de retroalimentación y aprendizaje de los errores.

Considera la seguridad y la protección de datos:

Asegúrate de que tus procesos cumplan con los estándares de seguridad y protección de datos necesarios, especialmente si manejas información confidencial.

Prepara un plan de continuidad del negocio:

Desarrolla un plan de continuidad del negocio que incluya procedimientos para hacer frente a situaciones de crisis o desastres.

Cumple con la regulación y la normativa:

Asegúrate de que tus procesos cumplan con las regulaciones y normativas aplicables en tu industria y ubicación.

Fomenta la cultura de mejora continua:

Fomenta una cultura de mejora continua en tu empresa, en la que los empleados estén dispuestos a proponer mejoras y a participar en la optimización de los procesos.

El desarrollo y la gestión efectiva de procesos son esenciales para mantener la eficiencia operativa, mejorar la calidad de los productos o servicios, reducir los costos y aumentar la satisfacción del cliente. A medida que tu negocio crezca, estos procesos y sistemas te ayudarán a mantener el control y la consistencia en todas las áreas de tu empresa.

Marketing y ventas

Desarrolla una estrategia de marketing: Crea una estrategia de marketing que incluya la identificación de tu público objetivo, canales de promoción y estrategias de ventas.

El desarrollo de una estrategia de marketing efectiva es esencial para atraer a tus clientes objetivo y promocionar tu negocio. Aquí tienes los pasos clave para crear una estrategia de marketing:

Define tu público objetivo:

Identifica quiénes son tus clientes ideales. Considera factores demográficos, geográficos, psicográficos y de comportamiento. Cuanto más preciso sea tu perfil de cliente, más eficaz será tu estrategia.

Establece objetivos de marketing:

Define metas claras que deseas alcanzar a través de tu estrategia de marketing. Pueden incluir aumentar la visibilidad de la marca, generar leads, aumentar las ventas o fidelizar a los clientes.

Selecciona canales de marketing:

Determina los canales de marketing que utilizarás para llegar a tu público objetivo. Esto puede incluir marketing en redes sociales, publicidad en línea, marketing por correo electrónico, SEO, marketing de contenidos, marketing de influencers, publicidad impresa, eventos y más.

Crea contenido relevante:

Desarrolla contenido de alta calidad y relevante que resuene con tu audiencia. Esto puede incluir publicaciones en blogs, videos, infografías, contenido en redes sociales y más.

Optimiza tu sitio web:

Asegúrate de que tu sitio web esté optimizado para motores de búsqueda (SEO) para aumentar la visibilidad en línea. Un sitio web amigable y de fácil navegación es esencial.

Planifica tu estrategia de redes sociales:

Utiliza las redes sociales de manera estratégica para promocionar tu negocio y conectarte con tu audiencia. Define un calendario de publicaciones y utiliza contenido atractivo.

Implementa publicidad en línea:

Puedes utilizar publicidad en línea, como anuncios de Google Ads o publicidad en redes sociales, para llegar a una audiencia específica y dirigir el tráfico a tu sitio web.

8. Email marketing:

Utiliza el email marketing para mantener a tus clientes informados y comprometidos. Puedes enviar boletines informativos, ofertas especiales y contenido relevante.

Marketing de contenidos:

Crea contenido útil y valioso que responda a las necesidades y preguntas de tu audiencia. Esto puede incluir blogs, guías, videos instructivos y más.

Marketing de influencers:

Colabora con influencers relevantes en tu industria que puedan promocionar tu producto o servicio ante su audiencia.

Medición y análisis:

Implementa herramientas de seguimiento y analítica para medir el rendimiento de tu estrategia de marketing. Ajusta tus tácticas en función de los resultados y métricas clave.

Presupuesto y gestión de gastos:

Establece un presupuesto para tu estrategia de marketing y asegúrate de gestionar tus gastos de manera eficiente para obtener el mejor retorno de la inversión.

Fomenta la lealtad del cliente:

Desarrolla estrategias para fidelizar a tus clientes existentes, como programas de lealtad y atención al cliente excepcional.

Adaptación y evolución:

La estrategia de marketing debe ser flexible y adaptarse a medida que cambian las necesidades del mercado y la respuesta del público. Estar dispuesto a adaptarse y evolucionar es fundamental para el éxito a largo plazo.

Una estrategia de marketing sólida te ayudará a promocionar tu negocio de manera efectiva y a alcanzar tus objetivos de negocio. Asegúrate de realizar un seguimiento constante del rendimiento y de ajustar tu estrategia según sea necesario para mantener la relevancia y la eficacia.

Construye una presencia en línea: Crea un sitio web y utiliza las redes sociales para promocionar tu negocio y llegar a tu audiencia.

Lanzamiento y crecimiento

Lanzamiento suave: Realiza un lanzamiento suave de tu negocio para perfeccionar los procesos antes de la apertura oficial.

Un lanzamiento suave, también conocido como "soft launch," es una estrategia inteligente para perfeccionar los procesos de tu negocio antes de abrir oficialmente al público. Aquí hay pasos a seguir para un lanzamiento suave exitoso:

Define tus objetivos: Antes de realizar un lanzamiento suave, establece objetivos claros. ¿Qué resultados esperas obtener durante esta fase de prueba? Esto podría incluir recopilar retroalimentación de los clientes, evaluar la eficiencia de tus procesos y sistemas, identificar áreas de mejora, entre otros.

Selecciona un grupo piloto: Elige un grupo piloto de clientes o usuarios para participar en el lanzamiento suave. Pueden ser amigos, familiares, clientes leales o incluso empleados de confianza. Asegúrate de que estén dispuestos a proporcionar retroalimentación honesta.

Comunica tu lanzamiento suave: Informa a tu grupo piloto sobre el propósito del lanzamiento suave y cuáles son tus objetivos. Hazles saber que su retroalimentación es valiosa y que estás buscando mejoras.

Realiza pruebas exhaustivas: Durante el lanzamiento suave, realiza pruebas exhaustivas de tus productos, servicios, sistemas y procesos. Asegúrate de que todo funcione como se esperaba.

Recopila retroalimentación: Actúa activamente para recopilar retroalimentación de tu grupo piloto. Puedes hacerlo a través de encuestas, entrevistas o comentarios directos. Presta atención a sus sugerencias y preocupaciones.

Ajusta y mejora: Utiliza la retroalimentación que recibas para realizar ajustes y mejoras en tus productos o servicios, así como en los procesos y sistemas relacionados. Es importante ser receptivo a las sugerencias y actuar de manera proactiva.

Capacita a tu personal: Si tienes empleados, asegúrate de que estén bien capacitados en los nuevos procesos y sistemas que has implementado. La capacitación adecuada es esencial para una operación suave.

Mide el rendimiento: Continúa midiendo el rendimiento de tu negocio durante el lanzamiento suave. Evalúa si estás alcanzando tus objetivos y si tus mejoras están dando resultados.

Prepárate para el lanzamiento oficial: Una vez que hayas perfeccionado tus procesos y estés satisfecho con el rendimiento de tu negocio, estás listo para el lanzamiento oficial. Comunica a tus clientes y público en general sobre la fecha de apertura oficial y cualquier oferta especial que puedas tener.

Continúa evaluando y mejorando: El lanzamiento suave es solo el comienzo. Después de la apertura oficial, continúa evaluando y mejorando tu negocio en función de la retroalimentación y el rendimiento.

Un lanzamiento suave te brinda la oportunidad de afinar y mejorar tu negocio antes de enfrentarte a una audiencia más amplia. Aprovecha esta fase para resolver problemas, perfeccionar tus procesos y asegurarte de que estás listo para brindar la mejor experiencia posible a tus clientes.

Aprende y adapta: Sé flexible y dispuesto a adaptarte a los cambios a medida que obtienes comentarios de los clientes y analizas el rendimiento.

Mantén el enfoque en el crecimiento: A medida que tu negocio crece, considera nuevas oportunidades de expansión y diversificación.

franquicias o ventas en línea a nivel global.

Alianzas estratégicas:

Colabora con otras empresas o establece alianzas estratégicas que te permitan acceder a nuevos mercados, tecnologías o clientes.

Marketing y publicidad:

Invierte en estrategias de marketing y publicidad efectivas para aumentar la visibilidad de tu negocio y llegar a un público más amplio. Esto puede incluir publicidad en línea, campañas de redes sociales y marketing de contenidos.

Optimización de procesos:

Continúa optimizando tus procesos operativos para aumentar la eficiencia y reducir los costos a medida que creces. La escalabilidad es fundamental.

Fuentes de financiamiento:

Explora opciones de financiamiento, como préstamos, inversionistas, capital de riesgo o crowdfunding, para respaldar tu crecimiento. Un acceso adecuado a capital es fundamental para financiar expansiones.

Desarrollo de personal:

Capacita y desarrolla a tu equipo para manejar el crecimiento y las nuevas responsabilidades que conlleva. La inversión en desarrollo de recursos humanos es esencial.

Evaluación de riesgos:

Evalúa los riesgos potenciales asociados con el crecimiento y desarrolla planes de contingencia para abordar posibles desafíos.

Medición y análisis:

Utiliza métricas clave de desempeño (KPI) para medir y evaluar el impacto de tus iniciativas de crecimiento. Esto te ayudará a tomar decisiones informadas y a ajustar tu estrategia según sea necesario.

Escucha a tus clientes:

Mantén un diálogo abierto con tus clientes para entender sus necesidades cambiantes y obtener retroalimentación sobre tus productos o servicios. Esto te ayudará a adaptarte al mercado.

Innovación continua:

Fomenta la cultura de innovación en tu empresa y busca constantemente formas de mejorar y mantener la competitividad.

El crecimiento exitoso implica una combinación de visión, planificación estratégica, inversión, gestión eficiente y la capacidad de adaptarse a un entorno empresarial en constante evolución. Mantén un enfoque en las oportunidades y desafíos que se presenten a medida que buscas expandir y diversificar tu negocio.

Gestión y sostenibilidad

Gestión eficiente: Administra tu negocio de manera eficiente y supervisa de cerca tus finanzas y operaciones.

La gestión eficiente es clave para el éxito a largo plazo de tu negocio.

Planificación estratégica:

Establece una visión clara para tu negocio y desarrolla un plan estratégico que defina tus objetivos a corto y largo plazo. La planificación estratégica te ayuda a mantener el rumbo y a tomar decisiones informadas.

Gestión financiera:

Lleva un registro preciso de tus finanzas. Esto incluye la contabilidad, el presupuesto, el control de gastos, la gestión del flujo de efectivo y la preparación de estados financieros. Un buen sistema de contabilidad es esencial.

Eficiencia operativa:

Optimiza tus procesos operativos para aumentar la eficiencia. Identifica áreas donde se puedan eliminar redundancias o simplificar tareas. Automatiza procesos siempre que sea posible.

Gestión de recursos humanos:

Contrata y capacita al personal adecuado. Fomenta un ambiente de trabajo colaborativo y promueve la comunicación efectiva. Reconoce y recompensa el desempeño excepcional.

Tecnología y herramientas:

Utiliza herramientas y software de gestión empresarial para automatizar tareas y simplificar la administración. Esto incluye software de contabilidad, gestión de proyectos y CRM (Customer Relationship Management).

Control de inventario:

Si tu negocio implica inventario, realiza un seguimiento meticuloso de los niveles de inventario. Evita tener un exceso de inventario o quedarte sin productos.

Relaciones con proveedores y clientes:

Mantén relaciones sólidas con tus proveedores y clientes. La comunicación abierta y la negociación efectiva pueden ayudarte a obtener mejores acuerdos y retener a tus clientes.

Evaluación de riesgos:

Identifica y gestiona los riesgos que pueden afectar a tu negocio. Desarrolla planes de contingencia para abordar situaciones inesperadas.

Medición y análisis:

Utiliza métricas y análisis para evaluar el rendimiento de tu negocio. Esto te permitirá tomar decisiones basadas en datos y realizar ajustes según sea necesario.

Atención al cliente:

Proporciona un excelente servicio al cliente. La satisfacción del cliente es fundamental para la retención y la construcción de una buena reputación.

Cumplimiento normativo:

Asegúrate de cumplir con las regulaciones y requisitos legales aplicables a tu industria y ubicación.

Innovación:

Fomenta la innovación en tu negocio. Está abierto a nuevas ideas y formas de mejorar tus productos, servicios y procesos.

Evaluación periódica:

Realiza evaluaciones regulares de tu negocio y tu estrategia. Ajusta tu enfoque según lo que aprendas de las experiencias anteriores.

Desarrollo profesional:

Invierte en tu propio desarrollo profesional y en el de tu equipo. La capacitación y el aprendizaje continuo son fundamentales.

Delegación de tareas:

Aprende a delegar responsabilidades. No trates de hacer todo tú mismo; confía en tu equipo y permite que asuman responsabilidades.

La gestión eficiente es un proceso continuo que requiere atención constante a todos los aspectos de tu negocio. Mantén un enfoque en la mejora continua y en la adaptación a medida que cambian las condiciones del mercado y las necesidades de tu empresa.

Mantén la sostenibilidad: Considera cómo tu negocio puede ser sostenible a largo plazo, tanto desde una perspectiva económica como ambiental.

La sostenibilidad es fundamental para el éxito a largo plazo de un negocio. Implica la capacidad de mantener y prosperar en el tiempo, tanto desde una perspectiva económica como ambiental. Aquí hay algunas formas en las que puedes integrar la sostenibilidad en tu negocio:

Desarrollo sostenible:

Al iniciar tu negocio, considera cómo tus operaciones y decisiones impactarán en el medio ambiente a largo plazo. Investiga y adopta prácticas sostenibles, como la gestión de residuos, la conservación de energía y el uso de materiales reciclables.

Responsabilidad social corporativa (RSC):

Incorpora prácticas de RSC en tu negocio. Esto implica actuar de manera ética y contribuir a la comunidad y al bienestar social. Puedes considerar donaciones a organizaciones benéficas, programas de voluntariado y prácticas comerciales justas.

Eficiencia energética:

Adopta medidas para mejorar la eficiencia energética en tus operaciones, como la instalación de iluminación LED, el uso de equipos y sistemas más eficientes y la implementación de prácticas de conservación de energía.

Energía renovable:

Considera la posibilidad de utilizar fuentes de energía renovable, como paneles solares o energía eólica, para reducir la huella de carbono de tu negocio.

Reducción de residuos:

Encuentra formas de reducir la generación de residuos en tus operaciones. Esto puede incluir la compra de productos a granel para reducir envases, la promoción de la reutilización y el reciclaje.

Compra sostenible:

Opta por proveedores y productos sostenibles siempre que sea posible. Esto puede incluir la compra de suministros de empresas con prácticas sostenibles y la elección de productos respetuosos con el medio ambiente.

Transporte sostenible:

Promueve prácticas de transporte sostenible entre tus empleados, como el uso de bicicletas, transporte público o vehículos de bajo consumo de combustible. También considera opciones de teletrabajo para reducir la necesidad de desplazamientos.

Educación y concienciación:

Educa a tus empleados y clientes sobre la importancia de la sostenibilidad y cómo pueden contribuir. Fomenta una cultura de sostenibilidad en tu empresa.

Medición y seguimiento:

Establece indicadores clave de desempeño (KPI) para medir y realizar un seguimiento del impacto de tus iniciativas de sostenibilidad. Realiza informes periódicos sobre tus avances.

Certificaciones sostenibles:

Considera la posibilidad de obtener certificaciones sostenibles, como ISO 14001 (para la gestión ambiental) o B Corp (para empresas social y ambientalmente responsables).

Colaboración:

Colabora con otras empresas y organizaciones que compartan tus valores de sostenibilidad. La colaboración puede llevar a soluciones más efectivas y sostenibles.

La sostenibilidad no solo es ética, sino que también puede generar ahorros a largo plazo y mejorar la reputación de tu negocio. Además, cada vez más consumidores valoran las empresas que adoptan prácticas sostenibles, lo que puede traducirse en una ventaja competitiva. La sostenibilidad es un aspecto crítico a considerar en todas las etapas de tu negocio.

Evolución y mejora continua: La innovación y la mejora continua son clave para el éxito a largo plazo. Mantén un espíritu emprendedor y busca formas de crecer y adaptarte.

La innovación y la mejora continua son fundamentales para el éxito a largo plazo de tu negocio. Mantener un espíritu emprendedor y estar abierto a la evolución es esencial para mantener la competitividad y adaptarse a un entorno empresarial en constante cambio. Aquí hay algunas formas de fomentar la innovación y la mejora continua en tu negocio:

Fomenta una cultura de innovación:

Promueve la creatividad y la generación de ideas entre tus empleados. Anima a tu equipo a proponer nuevas soluciones, procesos y productos.

Escucha a tus clientes:

Los comentarios y sugerencias de tus clientes son valiosos para la mejora continua. Escucha activamente a tus clientes y realiza encuestas de satisfacción para comprender sus necesidades y expectativas.

Realiza investigaciones de mercado:

Mantente al tanto de las tendencias y cambios en tu industria a través de investigaciones de mercado. La información actualizada te permite tomar decisiones informadas.

Establece indicadores clave de desempeño (KPI):

Define KPI para medir el rendimiento de tu negocio en áreas críticas. Esto te ayudará a identificar áreas que necesitan mejoras.

Colabora con otros:

La colaboración con otras empresas y organizaciones puede llevar a ideas innovadoras y soluciones efectivas. La sinergia puede ser poderosa.

Capacitación y desarrollo:

Invierte en la capacitación y el desarrollo de tu personal. Equipa a tu equipo con las habilidades y conocimientos necesarios para impulsar la innovación.

Prototipos y pruebas:

Antes de implementar cambios importantes, crea prototipos y realiza pruebas para evaluar su viabilidad y efectividad.

Invierte en tecnología:

Mantén tus sistemas y tecnología actualizados. La tecnología adecuada puede aumentar la eficiencia y abrir nuevas oportunidades.

Aprende de los errores:

No temas cometer errores, ya que a menudo son una fuente de aprendizaje. Analiza los errores y utiliza esa información para realizar mejoras.

Establece metas de mejora:

Define metas específicas de mejora y un plan de acción para alcanzarlas. El enfoque en objetivos claros impulsa la mejora continua.

Evalúa la competencia:

Observa lo que hacen tus competidores y busca formas de diferenciarte y mejorar tus propias prácticas.

Desafía el status quo:

No te conformes con la forma en que se han hecho las cosas en el pasado. Cuestiona el status quo y busca constantemente formas de innovar.

Adapta tu estrategia:

Está dispuesto a ajustar tu estrategia y enfoque a medida que cambian las circunstancias del mercado.

Mide y retroalimenta:

Mide regularmente el impacto de tus esfuerzos de mejora y retroalimenta tus resultados en tus procesos y prácticas.

La innovación y la mejora continua son procesos que deben integrarse en la cultura y las operaciones de tu negocio. Estar abierto a cambios y enfocado en la evolución constante te ayudará a mantenerte relevante y a superar los desafíos a medida que avanzas en tu viaje empresarial.

Recuerda que emprender un negocio es un proceso que lleva tiempo, paciencia y dedicación. No temas cometer errores, ya que son oportunidades para aprender y mejorar. Además, busca apoyo y consejos de mentores y organizaciones locales de apoyo al emprendimiento para ayudarte en el camino.

20.La economía de la tecnología: impacto de la revolución digital

La economía de la tecnología, también conocida como la economía digital, se refiere al impacto significativo de la revolución digital en la economía global. La creciente adopción de la tecnología de la información y la comunicación (TIC) ha transformado radicalmente la forma en que las empresas operan y cómo interactúan con los consumidores.

1. Transformación de las industrias:

La tecnología ha revolucionado industrias enteras, desde la venta minorista y la educación hasta la atención médica y la banca. Las empresas han tenido que adaptarse a las demandas de una economía cada vez más digital, lo que ha llevado a una mayor eficiencia y una mayor competencia.

2. Educación:

La educación en línea y la tecnología educativa han permitido el aprendizaje a distancia y la personalización del contenido. Las aulas virtuales, las clases en línea y las plataformas de e-learning han revolucionado la educación en todos los niveles, desde la educación básica hasta la educación superior.

3. Atención médica:

La telemedicina ha crecido significativamente, permitiendo consultas médicas virtuales y el acceso a la atención médica en áreas remotas. La tecnología también ha impulsado avances en la recopilación y el análisis de datos de salud, lo que ha llevado a una atención médica más personalizada.

4. Banca:

La banca en línea y las aplicaciones móviles han simplificado la gestión financiera y las transacciones bancarias. La tecnología blockchain ha impulsado la innovación en el sector financiero y las criptomonedas han surgido como una nueva forma de inversión.

5. Viajes y turismo:

Las reservas de viajes en línea y las aplicaciones de viajes han hecho que la planificación y la reserva de viajes sean más accesibles. Además, la tecnología de realidad virtual ha transformado la forma en que las personas exploran destinos antes de viajar.

6. Entretenimiento y medios de comunicación:

Las plataformas de transmisión de video, la música en línea y las redes sociales han cambiado la forma en que consumimos contenido. La publicidad en línea y el marketing de contenidos son ahora parte integral de la estrategia de muchas empresas de medios de comunicación.

7. Transporte:

La tecnología ha revolucionado el transporte a través de servicios de viaje compartido, como Uber y Lyft, y avances en vehículos autónomos. La movilidad compartida y la gestión del tráfico han mejorado la eficiencia del transporte en las ciudades.

8. Energía y sostenibilidad:

La tecnología ha impulsado la transición hacia fuentes de energía más limpias y sostenibles, como la energía solar y eólica. La gestión inteligente de la energía y las redes eléctricas inteligentes son componentes clave de la sostenibilidad energética.

En todas estas industrias, la adaptación a las demandas de una economía digital ha sido esencial para mantener la relevancia y la competitividad. Las empresas que abrazan la tecnología y la innovación tienen la oportunidad de ofrecer mejores servicios, mejorar la eficiencia y satisfacer las cambiantes expectativas de los consumidores. Sin embargo, también deben abordar los desafíos, como la ciberseguridad y la privacidad, a medida que avanzan en la era digital.

2. Automatización y productividad:

La automatización de procesos, impulsada por la tecnología, ha aumentado la productividad en muchas industrias. Las empresas utilizan la automatización para realizar tareas repetitivas y optimizar la eficiencia.

La automatización de procesos es una de las principales formas en que la tecnología ha mejorado la eficiencia y la productividad en muchas industrias. Esta automatización implica el uso de software, robots y sistemas informáticos para realizar tareas y procesos repetitivos de manera más rápida, precisa y sin errores.

1. Manufactura:

La automatización ha sido fundamental en la industria manufacturera. Robótica y sistemas de automatización controlados por computadora se utilizan para ensamblar productos, realizar pruebas de calidad y gestionar la logística. Esto ha llevado a una mayor eficiencia, reducción de costos y una producción más rápida.

2. Cadena de suministro:

La automatización ha optimizado la gestión de la cadena de suministro. Desde la gestión de inventario hasta el seguimiento de envíos y la gestión de almacenes, los sistemas automatizados han mejorado la visibilidad y la eficiencia en toda la cadena de suministro.

3. Finanzas y contabilidad:

En el sector financiero, la automatización de procesos se utiliza para tareas contables y financieras, como la reconciliación de cuentas, la generación de informes y la gestión de facturas. Esto ha reducido los errores humanos y liberado a profesionales para realizar tareas más estratégicas.

4. Recursos humanos:

La automatización de procesos también se ha aplicado en la gestión de recursos humanos para tareas como el reclutamiento, la nómina y la administración de beneficios. Esto ha agilizado los procesos de contratación y gestión de personal.

5. Servicio al cliente:

Los chatbots y sistemas de atención al cliente automatizados se utilizan para brindar respuestas rápidas a consultas comunes. Esto mejora la eficiencia y la disponibilidad del servicio al cliente.

6. Marketing y publicidad:

En el marketing digital, la automatización de procesos se utiliza para la segmentación de audiencia, el envío de correos electrónicos automatizados y la gestión de campañas. Esto permite la personalización a gran escala y la optimización de la eficacia de las estrategias de marketing.

7. Cuidado de la salud:

En el sector de la salud, la automatización se utiliza para la administración de registros médicos, la programación de citas y la gestión de facturación. Esto ha mejorado la precisión y la eficiencia de los procesos clínicos y administrativos.

8. Agricultura:

La agricultura de precisión utiliza tecnología automatizada, como vehículos autónomos y drones, para optimizar la producción agrícola y la gestión de cultivos.

9. Logística y transporte:

La automatización de procesos ha mejorado la eficiencia en la gestión de flotas de vehículos, la planificación de rutas y la distribución de mercancías.

La automatización no solo aumenta la eficiencia, sino que también reduce la posibilidad de errores humanos, lo que lleva a una mayor calidad y consistencia en la ejecución de tareas. Sin embargo, también plantea cuestiones sobre el impacto en el empleo y la necesidad de capacitación para las personas que trabajan en industrias afectadas por la automatización. La capacidad de integrar eficazmente la automatización en las operaciones comerciales es un factor clave en el éxito de las empresas en la economía digital.

3. Comercio electrónico:

El comercio electrónico ha crecido exponencialmente, permitiendo a las empresas llegar a clientes en todo el mundo y ofrecer una amplia gama de productos y servicios en línea. La comodidad del comercio electrónico ha cambiado la forma en que las personas compran y ha impulsado la expansión de empresas en línea.

El crecimiento exponencial del comercio electrónico ha sido uno de los desarrollos más significativos en la economía digital. Ha transformado la forma en que las empresas venden productos y servicios y la forma en que los consumidores compran.

1. Alcance global:

El comercio electrónico permite a las empresas llegar a clientes en todo el mundo. Ya no están limitadas por ubicaciones geográficas y pueden acceder a un mercado mucho más amplio.

2. Comodidad:

Los consumidores pueden comprar productos y servicios en línea desde la comodidad de sus hogares o dispositivos móviles, las 24 horas del día. Esto ha cambiado la forma en que las personas compran, ya que no están limitadas por horarios de tiendas físicas.

3. Variedad de productos y servicios:

El comercio electrónico ofrece una amplia gama de productos y servicios de diversas empresas y sectores. Los consumidores pueden comparar y elegir entre una variedad de opciones en un solo lugar.

4. Personalización:

Las plataformas de comercio electrónico pueden utilizar datos y algoritmos para personalizar las recomendaciones de productos y ofertas para cada cliente, lo que mejora la experiencia de compra.

5. Menores costos operativos:

Las empresas en línea a menudo tienen costos operativos más bajos en comparación con las tiendas físicas. Esto puede resultar en precios más competitivos para los consumidores.

6. Expansión de las pequeñas empresas:

El comercio electrónico ha permitido a las pequeñas y medianas empresas competir en igualdad de condiciones con las grandes empresas. Pueden llegar a un público más amplio sin la necesidad de una presencia física costosa.

7. Oportunidades de emprendimiento:

El bajo costo de entrada en el comercio electrónico ha dado lugar a una gran cantidad de emprendedores y nuevas empresas en línea. La tecnología ha hecho que sea más accesible comenzar un negocio en línea.

8. Seguridad y privacidad:

Se han desarrollado medidas de seguridad y protección de datos para garantizar transacciones seguras en línea. Los consumidores y las empresas se benefician de un entorno más seguro.

9. Logística y envío:

La logística y el envío han evolucionado para satisfacer la demanda del comercio electrónico. Las empresas han desarrollado soluciones de entrega más rápidas y flexibles.

10. Análisis y seguimiento:

Las empresas en línea pueden recopilar datos sobre el comportamiento de los clientes y utilizar análisis para comprender mejor a su audiencia y ajustar su estrategia de ventas.

Si bien el comercio electrónico ha brindado numerosas ventajas, también ha planteado desafíos, como la ciberseguridad, la gestión de devoluciones y la competencia en línea. Sin embargo, su impacto positivo en la economía y la conveniencia que ofrece a los consumidores lo han convertido en una parte integral del panorama empresarial actual. La evolución continua del comercio electrónico promete cambios adicionales en la forma en que compramos y vendemos en el futuro.

4. Economía de plataforma:

Las plataformas en línea, como Amazon, Uber, Airbnb y muchas otras, han creado ecosistemas que conectan a proveedores y consumidores de manera más eficiente. Estas plataformas se han convertido en actores principales en la economía digital.

Las plataformas en línea, como Amazon, Uber, Airbnb y muchas otras, han transformado la economía digital al crear ecosistemas que conectan a proveedores y consumidores de manera eficiente. Estas plataformas se han convertido en actores principales en la economía digital debido a su capacidad para facilitar transacciones, ofrecer comodidad y proporcionar acceso a una amplia gama de productos y servicios.

1. Facilitación de transacciones:

Estas plataformas actúan como intermediarios que facilitan transacciones entre proveedores y consumidores. Proporcionan un mercado en línea donde las personas pueden comprar productos, solicitar servicios o alquilar alojamiento de manera rápida y sencilla.

2. Comodidad:

Las plataformas en línea ofrecen comodidad a los consumidores al permitirles acceder a una amplia variedad de opciones desde sus dispositivos móviles o computadoras. Esto ahorra tiempo y esfuerzo a los consumidores al eliminar la necesidad de desplazarse físicamente a una tienda o realizar llamadas telefónicas.

3. Acceso a la economía compartida:

Plataformas como Uber y Airbnb han dado lugar a la economía compartida, donde las personas pueden compartir recursos, como automóviles y alojamiento, para generar ingresos adicionales.

4. Personalización:

Estas plataformas utilizan algoritmos y datos para personalizar las experiencias de los usuarios. Pueden ofrecer recomendaciones específicas basadas en el historial de compras o preferencias del usuario.

5. Oportunidades para pequeñas empresas:

Las plataformas en línea brindan a las pequeñas empresas la oportunidad de llegar a una audiencia global sin la necesidad de inversiones significativas en infraestructura física.

6. Nuevos modelos de negocio:

Estas plataformas han impulsado la creación de nuevos modelos de negocio. Por ejemplo, Uber ha transformado la industria del transporte, y Airbnb ha revolucionado la forma en que las personas reservan alojamiento.

7. Trabajo flexible:

Las plataformas de economía compartida, como Uber, ofrecen oportunidades de trabajo flexible para conductores y proveedores de servicios. Las personas pueden optar por trabajar según su disponibilidad.

8. Desafíos regulatorios y cuestiones legales:

El éxito de estas plataformas también ha planteado cuestiones regulatorias y legales. En muchos lugares, se han producido debates sobre la regulación y los derechos de los trabajadores.

9. Competencia en línea:

Las grandes plataformas, como Amazon, compiten en una variedad de sectores, lo que a veces genera preocupaciones sobre la competencia y el dominio del mercado.

En general, las plataformas en línea han cambiado la forma en que las personas compran, se desplazan y comparten recursos. Su crecimiento y su impacto en la economía digital han llevado a un debate continuo sobre los beneficios y desafíos asociados con esta forma de operar. A medida que continúa la evolución de la economía digital, es probable que estas plataformas sigan desempeñando un papel importante en la economía global.

5. Economía colaborativa:

La tecnología ha permitido la economía colaborativa, donde las personas comparten recursos, como automóviles y viviendas, a través de plataformas en línea. Esto ha cambiado la forma en que se utilizan los activos y se generan ingresos.

La economía colaborativa, a menudo conocida como "compartir economía" o "economía del compartir," se ha vuelto posible gracias a la tecnología y las plataformas en línea. Esta forma de economía se basa en la idea de compartir recursos y activos entre individuos y empresas a través de plataformas digitales.

1. Plataformas en línea:

Las plataformas en línea, como Airbnb, Uber, BlaBlaCar y muchas otras, han creado mercados virtuales que conectan a personas que desean compartir sus recursos con aquellos que buscan utilizarlos. Estas plataformas hacen posible el alquiler de viviendas, vehículos compartidos, habilidades y más.

2. Comodidad:

La tecnología ha hecho que sea fácil para las personas buscar, reservar y pagar por servicios y activos compartidos en línea. Los usuarios pueden acceder a estas plataformas desde sus dispositivos móviles y realizar transacciones con facilidad.

3. Monetización de activos subutilizados:

La economía colaborativa permite a las personas aprovechar activos que de otro modo podrían estar infrautilizados. Por ejemplo, las personas pueden alquilar una habitación adicional en su casa a través de Airbnb o compartir viajes en su automóvil a través de Uber, lo que les permite generar ingresos adicionales.

4. Mayor sostenibilidad:

Compartir recursos puede contribuir a una mayor sostenibilidad, ya que puede reducir la necesidad de comprar y mantener activos adicionales. Esto puede llevar a un uso más eficiente de los recursos y una menor huella ambiental.

5. Acceso en lugar de propiedad:

La economía colaborativa promueve el acceso a servicios y activos en lugar de la propiedad directa. Las personas pueden utilizar lo que necesitan cuando lo necesitan, en lugar de invertir en la propiedad de un activo completo.

6. Emprendimiento y oportunidades de ingresos:

La economía colaborativa ha abierto oportunidades para el emprendimiento. Las personas pueden convertir sus activos en fuentes de ingresos adicionales, lo que ha llevado a la creación de pequeños negocios y emprendimientos en línea.

7. Cambios en la movilidad:

En el sector de la movilidad, el uso compartido de vehículos y bicicletas ha influido en la forma en que las personas se desplazan por las ciudades y ha contribuido a la reducción de la congestión y la contaminación.

8. Regulación y cuestiones legales:

La economía colaborativa ha planteado desafíos regulatorios y legales en muchos lugares, ya que a menudo no se ajusta a las regulaciones tradicionales. Esto ha llevado a debates sobre la seguridad, la fiscalidad y los derechos de los trabajadores.

La economía colaborativa ha demostrado ser una forma innovadora de utilizar y compartir activos, y ha generado oportunidades económicas tanto para individuos como para empresas. Sin embargo, también ha suscitado preocupaciones y desafíos que requieren una regulación y supervisión adecuadas a medida que continúa su crecimiento.

6. Inteligencia artificial y aprendizaje automático:

El crecimiento de la inteligencia artificial y el aprendizaje automático ha llevado a avances significativos en la toma de decisiones automatizada, la atención al cliente y la optimización de procesos.

El crecimiento de la inteligencia artificial (IA) y el aprendizaje automático (machine learning) ha tenido un impacto profundo en diversos aspectos de la economía digital y la forma en que las empresas operan.

1. Toma de decisiones automatizada:

Los algoritmos de aprendizaje automático pueden analizar grandes conjuntos de datos y tomar decisiones automatizadas en una variedad de áreas. Por ejemplo, en las finanzas, se utilizan para la detección de fraudes, la gestión de inversiones y la toma de decisiones comerciales basadas en datos. En la atención médica, la IA se usa para el diagnóstico médico y la personalización de tratamientos. En la logística, se emplean para optimizar rutas y programar entregas.

2. Atención al cliente:

Los chatbots y asistentes virtuales impulsados por IA se utilizan para brindar atención al cliente en línea las 24 horas del día. Estos sistemas pueden responder preguntas comunes, proporcionar asistencia en la navegación de sitios web y ayudar en la resolución de problemas. Esto mejora la eficiencia y la disponibilidad del servicio al cliente.

3. Automatización de procesos empresariales:

La automatización robótica de procesos (RPA) y la IA se utilizan para automatizar tareas comerciales repetitivas, como el procesamiento de facturas, la gestión de inventario y la recopilación de datos. Esto reduce la carga de trabajo manual y aumenta la eficiencia operativa.

4. Marketing y personalización:

Los algoritmos de IA pueden analizar el comportamiento del usuario y los datos de clientes para ofrecer recomendaciones y publicidad personalizada. Esto permite a las empresas dirigir sus esfuerzos de marketing de manera más precisa y aumentar la retención de clientes.

5. Análisis de datos y pronósticos:

La IA y el aprendizaje automático son fundamentales en el análisis de datos y los pronósticos empresariales. Las empresas pueden utilizar estas tecnologías para identificar tendencias, prever la demanda del mercado y tomar decisiones informadas basadas en datos.

6. Automatización de procesos de fabricación:

En la industria manufacturera, la robótica y la automatización de procesos han sido mejoradas por la IA, lo que ha llevado a una mayor precisión y eficiencia en la producción.

7. Optimización de la cadena de suministro:

La IA se utiliza para optimizar la gestión de la cadena de suministro, desde la planificación de la demanda hasta la distribución y la gestión de inventario. Esto mejora la eficiencia y reduce costos.

8. Ciberseguridad:

La IA se emplea en la detección de amenazas y la seguridad informática para identificar patrones de actividad maliciosa y proteger sistemas y datos.

La IA y el aprendizaje automático han revolucionado la forma en que las empresas toman decisiones, brindan servicios al cliente y optimizan sus operaciones. Estos avances continúan evolucionando y tienen el potencial de cambiar aún más la economía digital y la forma en que interactuamos con la tecnología.

7. Economía del conocimiento:

El acceso a información y conocimiento a través de la web ha permitido una economía basada en el conocimiento. Las empresas se han centrado en la creación y distribución de contenido y servicios basados en el conocimiento.

El acceso a información y conocimiento a través de la web ha sido un impulsor clave de la economía basada en el conocimiento. Esta economía se caracteriza por la generación, distribución y utilización de información y conocimiento como recursos fundamentales para la creación de valor.

1. Contenido digital:

La disponibilidad de contenido digital en línea, como artículos, videos, cursos en línea y libros electrónicos, ha permitido a las empresas crear y distribuir información valiosa. Plataformas como YouTube, Coursera y

Kindle han transformado la forma en que se comparte y consume contenido.

2. Plataformas de aprendizaje en línea:

Las empresas que ofrecen plataformas de aprendizaje en línea, como edX, Udemy y Khan Academy, han democratizado el acceso a la educación y el conocimiento. Los usuarios pueden aprender nuevas habilidades y adquirir conocimiento en una amplia variedad de campos.

3. Contenido generado por el usuario:

Las redes sociales, los blogs y otras plataformas permiten a los usuarios generar y compartir su propio contenido, lo que ha llevado a una abundancia de información y conocimiento colaborativo.

4. Servicios de software y tecnología:

Las empresas de software y tecnología se centran en la creación de herramientas y servicios basados en el conocimiento, como sistemas de gestión de información, análisis de datos y software de inteligencia artificial.

5. Investigación y desarrollo:

En la economía basada en el conocimiento, la inversión en investigación y desarrollo es fundamental. Las empresas buscan innovar y desarrollar nuevas tecnologías y conocimientos para mantener su competitividad.

6. Análisis de datos y toma de decisiones informada:

El análisis de datos y la toma de decisiones basadas en datos son prácticas comunes en la economía basada en el conocimiento. Las empresas recopilan y analizan datos para obtener información valiosa que guía sus estrategias y decisiones comerciales.

7. Economía del software como servicio (SaaS):

El modelo de negocio SaaS se basa en la distribución de software y servicios a través de la web. Las empresas ofrecen soluciones basadas en la nube que permiten a los usuarios acceder a herramientas de software y recursos de conocimiento sin necesidad de instalación local.

8. Compartir conocimiento:

La economía basada en el conocimiento fomenta la colaboración y el intercambio de información entre empresas, instituciones académicas y organizaciones, lo que contribuye al avance y la innovación.

9. Mercados de trabajo basados en habilidades:

Los mercados laborales están orientados hacia la demanda de habilidades y conocimiento específicos. Las empresas buscan profesionales que posean competencias relevantes en campos como la tecnología, la ciencia de datos y la inteligencia artificial.

La economía basada en el conocimiento ha transformado la forma en que las empresas generan valor y se ha convertido en un motor de innovación y crecimiento económico. La capacidad de acceder y utilizar información y conocimiento de manera efectiva se ha vuelto fundamental para la competitividad en esta era digital.

8. Trabajo remoto y movilidad:

La tecnología ha permitido un mayor trabajo remoto y movilidad. Las personas pueden trabajar desde cualquier lugar y las empresas pueden aprovechar el talento global.

La tecnología ha revolucionado la forma en que las personas trabajan y ha habilitado un mayor trabajo remoto y movilidad. Esto ha tenido un profundo impacto en la forma en que las empresas operan y en cómo se accede al talento a nivel global.

1. Conectividad en línea:

La proliferación de la banda ancha, las redes móviles y las herramientas de comunicación en línea ha hecho posible que las personas estén conectadas y trabajen desde prácticamente cualquier lugar con acceso a Internet.

2. Herramientas de colaboración:

Plataformas de colaboración como Slack, Microsoft Teams y Google Workspace permiten a los equipos trabajar juntos de manera efectiva, independientemente de su ubicación geográfica. Se pueden compartir documentos, comunicarse y colaborar en tiempo real.

3. Videoconferencias y comunicación en tiempo real:

Las tecnologías de videoconferencia, como Zoom y Skype, han mejorado la comunicación cara a cara, lo que ha reducido la necesidad de viajar para reuniones presenciales.

4. Flexibilidad laboral:

Muchas empresas han adoptado políticas de flexibilidad laboral que permiten a los empleados elegir sus horarios y lugares de trabajo. Esto promueve un mejor equilibrio entre el trabajo y la vida personal.

5. Economía gig:

La tecnología ha dado lugar a la economía gig, donde las personas trabajan de manera independiente o como contratistas autónomos a través de plataformas en línea. Esto ofrece una mayor flexibilidad y opciones de trabajo.

6. Globalización del talento:

Las empresas pueden aprovechar el talento global al contratar trabajadores remotos y colaboradores independientes de diferentes partes del mundo. Esto les permite acceder a habilidades específicas sin importar la ubicación geográfica.

7. Reducción de costos:

El trabajo remoto puede reducir los costos de infraestructura de oficina y los gastos relacionados con el desplazamiento. Esto puede ser beneficioso tanto para las empresas como para los empleados.

8. Continuidad del negocio:

La capacidad de trabajar de forma remota ha demostrado ser esencial en situaciones de crisis, como la pandemia de COVID-19, donde las empresas han tenido que adaptarse rápidamente para mantener sus operaciones.

9. Oportunidades de emprendimiento:

La tecnología ha habilitado a emprendedores y autónomos para crear sus propios negocios y servicios en línea, lo que a su vez ha aumentado la movilidad laboral y la autonomía.

10. Mejora de la productividad:

Aunque el trabajo remoto presenta desafíos, también puede mejorar la productividad para muchas personas al eliminar desplazamientos y proporcionar un ambiente de trabajo más cómodo.

La tecnología ha permitido una mayor flexibilidad en la forma en que las personas trabajan y ha abierto oportunidades para la movilidad laboral y la colaboración global. Si bien el trabajo remoto ha demostrado ser beneficioso en muchos aspectos, también ha planteado desafíos, como la necesidad de abordar la desconexión y la gestión efectiva de equipos distribuidos. A medida que la tecnología continúa evolucionando, es probable que el trabajo remoto siga siendo una parte importante del panorama laboral.

9. Big Data y análisis:

La recopilación y el análisis de grandes cantidades de datos han permitido a las empresas tomar decisiones más informadas y personalizar sus productos y servicios.

La recopilación y el análisis de grandes cantidades de datos, un campo conocido como análisis de datos o "big data", han tenido un impacto significativo en la forma en que las empresas operan y toman decisiones. Aquí hay algunas formas en que el análisis de datos ha permitido a las empresas tomar decisiones más informadas y personalizar sus productos y servicios:

1. Toma de decisiones basada en datos:

Las empresas utilizan datos para respaldar decisiones comerciales críticas. El análisis de datos permite a las empresas evaluar tendencias, identificar patrones y pronosticar resultados con mayor precisión.

2. Segmentación de clientes:

El análisis de datos permite a las empresas dividir a su audiencia en segmentos más específicos según características como la edad, el comportamiento de compra y las preferencias. Esto les permite personalizar sus estrategias de marketing y ofrecer productos y servicios más relevantes.

3. Personalización de productos y servicios:

Las empresas pueden utilizar datos para personalizar la oferta de productos y servicios según las necesidades y preferencias individuales de los clientes. Esto mejora la satisfacción del cliente y la lealtad a la marca.

4. Optimización de precios:

Las empresas utilizan análisis de precios basados en datos para ajustar sus estrategias de precios de acuerdo con la demanda, la competencia y otros factores. Esto puede maximizar los ingresos y la rentabilidad.

5. Publicidad dirigida:

El análisis de datos se utiliza para orientar la publicidad de manera más efectiva. Las empresas pueden mostrar anuncios a audiencias específicas que son más propensas a estar interesadas en sus productos o servicios.

6. Mejora de la eficiencia operativa:

Las empresas utilizan datos para optimizar procesos internos y reducir costos. Esto puede incluir la gestión de inventario, la logística y la planificación de la cadena de suministro.

7. Detección de fraudes y seguridad:

El análisis de datos se utiliza para detectar patrones anómalos que pueden indicar actividades fraudulentas o ciberataques. Esto es fundamental para la seguridad y la protección de datos.

8. Evaluación del rendimiento:

Las empresas pueden medir el rendimiento y evaluar el éxito de sus iniciativas utilizando datos. Esto permite realizar ajustes y mejoras continuas.

9. Investigación y desarrollo:

Las empresas utilizan datos para informar el proceso de investigación y desarrollo, lo que puede llevar a la creación de productos y servicios más innovadores y alineados con las necesidades del mercado.

10. Predicciones y pronósticos:

El análisis de datos permite a las empresas prever tendencias futuras, como la demanda del mercado, el comportamiento del cliente y los resultados financieros. Esto es esencial para la planificación estratégica.

En resumen, el análisis de datos ha transformado la forma en que las empresas operan, permitiéndoles tomar decisiones más informadas y personalizar sus productos y servicios para satisfacer las necesidades de los clientes de manera más efectiva. A medida que la tecnología continúa avanzando y la cantidad de datos disponibles sigue aumentando, el análisis de datos seguirá siendo una herramienta fundamental para la toma de decisiones empresariales.

10. Ciberseguridad y privacidad:

La creciente digitalización ha llevado a una mayor preocupación por la ciberseguridad y la privacidad de los datos. Las empresas y los gobiernos han tenido que abordar estas preocupaciones.

La creciente digitalización ha traído consigo una mayor preocupación por la ciberseguridad y la privacidad de los datos. A medida que más aspectos de nuestras vidas se trasladan al entorno digital, las amenazas cibernéticas se han vuelto más sofisticadas y numerosas. Tanto empresas como gobiernos han tenido que tomar medidas para abordar estas preocupaciones.

Razones de preocupación:

Amenazas cibernéticas: La digitalización ha dado lugar a un aumento en las amenazas cibernéticas, como ataques de malware, ransomware y ataques de phishing, que pueden afectar tanto a empresas como a individuos.

Brechas de datos: La filtración de datos y las brechas de seguridad pueden tener graves consecuencias en términos de robo de información personal y financiera.

Privacidad de datos: La recopilación y el uso de datos personales plantean preocupaciones sobre la privacidad y la ética, lo que ha llevado a la introducción de regulaciones de protección de datos, como el Reglamento General de Protección de Datos (RGPD) de la Unión Europea.

Ciberespionaje: Los gobiernos y las empresas son cada vez más vulnerables al ciberespionaje, lo que puede tener graves implicaciones para la seguridad nacional y económica.

Ciberataques a infraestructura crítica: Los ataques cibernéticos a infraestructura crítica, como la energía y el transporte, pueden tener un impacto devastador en la sociedad y la economía.

Acciones tomadas por empresas y gobiernos:

Mejoras en la ciberseguridad: Tanto las empresas como los gobiernos han invertido en la mejora de la ciberseguridad, implementando medidas como cortafuegos, sistemas de detección de intrusiones y sistemas de prevención de amenazas.

Educación y concienciación: Se han llevado a cabo campañas de concienciación para educar a las personas sobre las amenazas cibernéticas y la importancia de la higiene digital.

Leyes y regulaciones de protección de datos: Se han promulgado leyes y regulaciones de protección de datos en muchas regiones para garantizar que las empresas manejen los datos de los usuarios de manera adecuada y respeten la privacidad.

Cooperación internacional: Los gobiernos han cooperado a nivel internacional para abordar amenazas cibernéticas transfronterizas y compartir información sobre ciberataques.

Inversiones en I+D en ciberseguridad: Se han realizado inversiones significativas en investigación y desarrollo en el campo de la ciberseguridad para desarrollar tecnologías avanzadas y contramedidas contra amenazas cibernéticas.

Seguridad en la cadena de suministro: Se han intensificado los esfuerzos para garantizar la seguridad en la cadena de suministro de hardware y software, ya que las vulnerabilidades en estos componentes pueden ser explotadas por actores maliciosos.

Estrategias de respuesta a incidentes: Tanto las empresas como los gobiernos han desarrollado estrategias de respuesta a incidentes para abordar y mitigar los efectos de los ciberataques cuando ocurren.

Desarrollo de políticas de seguridad cibernética: Los gobiernos han desarrollado políticas de seguridad cibernética y han establecido agencias y comités encargados de la seguridad digital.

La ciberseguridad y la privacidad de los datos siguen siendo preocupaciones importantes a medida que la digitalización continúa expandiéndose. Las empresas y los gobiernos deben seguir adaptándose y fortaleciendo sus medidas de seguridad para proteger la información y la infraestructura crítica.

11. Innovación constante:

La economía digital se caracteriza por una rápida innovación y cambio. Las empresas deben adaptarse constantemente a nuevas tecnologías y tendencias.

La economía digital se caracteriza por su rápida innovación y cambio constante. Las empresas que operan en este entorno deben estar preparadas para adaptarse de manera ágil a las nuevas tecnologías y tendencias emergentes.

1. Evolución tecnológica: Las tecnologías digitales avanzan a un ritmo acelerado. Lo que es innovador hoy puede volverse obsoleto en cuestión de meses. Las empresas deben seguir el ritmo de los avances tecnológicos para mantenerse competitivas.

2. Cambios en el comportamiento del consumidor: Las preferencias y el comportamiento de los consumidores pueden cambiar rápidamente. Las

empresas deben estar atentas a estas tendencias y adaptar sus estrategias de marketing y ventas en consecuencia.

3. Competencia global: La economía digital permite que las empresas compitan a nivel global. Esto significa que las empresas deben estar preparadas para competir con actores internacionales y adaptarse a los diferentes mercados y regulaciones.

4. Nuevos modelos de negocio: La digitalización ha dado lugar a la creación de nuevos modelos de negocio, como el comercio electrónico, la economía colaborativa y la inteligencia artificial. Las empresas deben estar dispuestas a explorar y adoptar estos modelos para mantenerse relevantes.

5. Datos y análisis: La recopilación y el análisis de datos desempeñan un papel importante en la economía digital. Las empresas deben estar preparadas para aprovechar los datos y las analíticas para tomar decisiones informadas y personalizar sus ofertas.

6. Seguridad cibernética: Con la creciente digitalización, la ciberseguridad se ha vuelto crítica. Las amenazas cibernéticas evolucionan constantemente, y las empresas deben adaptar sus estrategias de seguridad para protegerse contra nuevas amenazas.

7. Cambios regulatorios: Los gobiernos a nivel mundial están implementando regulaciones de protección de datos y ciberseguridad. Las empresas deben adaptarse a estas regulaciones y asegurarse de cumplirlas.

8. Innovación disruptiva: La innovación disruptiva puede cambiar por completo una industria. Las empresas deben estar atentas a nuevas tecnologías y empresas emergentes que puedan transformar su sector.

9. Cambios en la fuerza laboral: La economía digital ha cambiado la forma en que trabajamos. La adopción de modelos de trabajo remoto y el auge de la economía gig requieren que las empresas adapten sus estrategias de gestión de personal.

10. Experiencia del cliente: La satisfacción del cliente es fundamental en la economía digital. Las empresas deben estar dispuestas a mejorar continuamente la experiencia del cliente y adaptarse a sus necesidades cambiantes.

En resumen, la adaptación constante es esencial en la economía digital. Las empresas que pueden pivotar rápidamente, adoptar nuevas tecnologías y abrazar la innovación tienen más posibilidades de tener éxito en este entorno altamente dinámico. La flexibilidad y la capacidad de aprender y adaptarse rápidamente son activos valiosos en la economía digital.

21.Economía y desigualdad: ¿por qué existen diferencias tan grandes?

La desigualdad en la economía es un fenómeno complejo y multifacético, y existen diversas razones por las cuales se producen diferencias tan grandes entre individuos y grupos de población en términos de ingresos, riqueza y oportunidades. Algunos de los factores que contribuyen a la desigualdad económica incluyen:

Diferencias en la distribución de ingresos y riqueza:

La distribución desigual de ingresos y riqueza existente en una sociedad es uno de los principales impulsores de la desigualdad económica. Las personas con ingresos más altos y mayores niveles de riqueza tienden a acumular más riqueza con el tiempo, mientras que aquellos con ingresos bajos pueden tener dificultades para salir de la pobreza.

la distribución desigual de ingresos y riqueza es un factor importante que contribuye a la desigualdad económica en una sociedad. Esta desigualdad puede manifestarse de diversas maneras y tener efectos negativos en la economía y la sociedad en su conjunto. Algunos de los principales impulsores de la desigualdad económica relacionados con la distribución desigual de ingresos y riqueza incluyen:

Acumulación de riqueza: Las personas con ingresos más altos y mayores niveles de riqueza tienen la capacidad de invertir y acumular más riqueza con el tiempo. Esto se debe a que pueden acceder a oportunidades de inversión, como acciones, propiedades o inversiones financieras, que les permiten aumentar su riqueza de manera más efectiva. Mientras tanto, aquellos con ingresos bajos tienen menos recursos para invertir y, a menudo, se ven atrapados en un ciclo de pobreza.

Dificultades para salir de la pobreza: Las personas con ingresos bajos a menudo enfrentan barreras significativas para salir de la pobreza. Esto puede incluir la falta de acceso a una educación de calidad, oportunidades de empleo precarias y sistemas de seguridad social inadecuados. La brecha entre los ingresos bajos y altos puede ser tan amplia que resulta difícil para las personas en la base de la pirámide económica mejorar su situación.

Desigualdad de oportunidades: La desigualdad en la distribución de ingresos y riqueza también puede traducirse en desigualdades en las oportunidades disponibles para las personas. Aquellos con recursos financieros tienen más probabilidades de acceder a una educación de calidad, atención médica, viviendas seguras y otros servicios esenciales que pueden mejorar sus perspectivas económicas. Por otro lado, aquellos con ingresos más bajos pueden carecer de estas oportunidades, lo que perpetúa la desigualdad.

Impacto en la movilidad social: La distribución desigual de ingresos y riqueza puede obstaculizar la movilidad social, lo que significa que las personas tienen dificultades para mejorar su posición económica en la sociedad. Esto puede llevar a una falta de meritocracia en la que el éxito económico depende en gran medida de la posición económica de uno al nacer, en lugar de su esfuerzo y habilidades.

Abordar la desigualdad económica suele ser un desafío complejo que requiere una combinación de políticas gubernamentales, reformas económicas y cambios en la mentalidad social. Algunas de las medidas que se pueden tomar incluyen aumentar el acceso a una educación de calidad, implementar políticas fiscales progresivas, promover la igualdad de oportunidades y garantizar una red de seguridad social sólida para proteger a las personas en situaciones de bajos ingresos.

Diferencias en el acceso a la educación:

El acceso a una educación de calidad es fundamental para las oportunidades económicas. Las disparidades en la educación, que pueden deberse a factores como la ubicación geográfica o el nivel socioeconómico, pueden perpetuar la desigualdad económica.

El acceso a una educación de calidad es fundamental para las oportunidades económicas y desempeña un papel crucial en la perpetuación de la desigualdad económica. Las disparidades en la educación pueden surgir de varios factores, como la ubicación geográfica, el nivel socioeconómico, la calidad de las escuelas y las oportunidades educativas disponibles. Estas disparidades pueden tener un impacto significativo en el ciclo de la desigualdad económica de varias maneras:

Desigualdades iniciales: Las desigualdades en el acceso a una educación de calidad a menudo comienzan en la infancia. Los niños que provienen de hogares con recursos limitados pueden enfrentar dificultades para acceder a servicios de cuidado infantil de calidad, libros y materiales educativos en el hogar, y actividades extracurriculares enriquecedoras que pueden fomentar el aprendizaje y el desarrollo.

Calidad de la educación: Las escuelas ubicadas en áreas con bajos ingresos a menudo tienen menos recursos, maestros menos calificados y menos programas educativos. Esto puede resultar en una educación de menor calidad para los estudiantes que asisten a esas escuelas. Como resultado, estos estudiantes pueden estar menos preparados para enfrentar los desafíos educativos y laborales en el futuro.

Oportunidades de acceso: El acceso a una educación superior de calidad también puede verse limitado por barreras financieras. Las familias de bajos ingresos pueden tener dificultades para pagar la matrícula universitaria y los gastos relacionados, lo que limita las oportunidades de educación superior para sus hijos. Esto puede reducir sus perspectivas económicas a largo plazo.

Brechas de habilidades: Las disparidades en la calidad de la educación pueden resultar en brechas significativas en las habilidades y conocimientos de los estudiantes. Esto puede hacer que sea más difícil para quienes han recibido una educación deficiente competir en el mercado laboral y acceder a empleos bien remunerados.

Para abordar la desigualdad económica, es esencial abordar estas disparidades en la educación. Esto implica invertir en la mejora de la calidad de la educación en áreas desfavorecidas, proporcionar oportunidades de educación preescolar, implementar políticas de ayuda financiera para estudiantes universitarios y garantizar que las oportunidades educativas estén disponibles para todos, independientemente de su origen socioeconómico o ubicación geográfica. El acceso a una educación de calidad es una herramienta poderosa para romper el ciclo de la desigualdad económica y brindar oportunidades equitativas a todos los miembros de la sociedad.

Discriminación y prejuicio:

La discriminación basada en el género, la raza, la etnia u otras características personales puede limitar las oportunidades económicas de ciertos grupos de población. La discriminación en el lugar de trabajo y en la sociedad en general puede llevar a diferencias salariales y de oportunidades.

la discriminación basada en el género, la raza, la etnia y otras características personales es un factor clave que contribuye a la desigualdad económica y puede limitar significativamente las oportunidades de ciertos grupos de población. Esta discriminación puede manifestarse de diversas maneras y tener un impacto negativo en las vidas de las personas. Algunos ejemplos de cómo la discriminación puede conducir a diferencias salariales y de oportunidades incluyen:

Brecha salarial de género: Las mujeres a menudo enfrentan una brecha salarial en comparación con los hombres que realizan trabajos similares. Esto puede deberse a la discriminación salarial directa, donde a las mujeres se les paga menos que a los hombres por el mismo trabajo, así como a la segregación ocupacional, donde las mujeres tienden a trabajar en industrias y ocupaciones que históricamente han pagado menos.

Discriminación racial y étnica: Las personas de diferentes grupos raciales y étnicos pueden enfrentar discriminación en el lugar de trabajo, lo que puede llevar a diferencias en la contratación, promoción y salarios. Las personas de color a menudo tienen menos oportunidades para avanzar en sus carreras y pueden ganar menos que sus colegas de raza blanca.

Acceso limitado a recursos y oportunidades: La discriminación también puede limitar el acceso a recursos económicos, como préstamos y financiamiento para iniciar un negocio. Las personas de ciertos grupos pueden enfrentar obstáculos para acceder a educación de calidad, vivienda segura y servicios de salud adecuados, lo que afecta sus perspectivas económicas.

Desigualdad en la movilidad social: La discriminación puede dificultar que las personas asciendan en la jerarquía económica y social. Cuando ciertos grupos enfrentan discriminación en el acceso a oportunidades educativas, empleos de calidad y promoción, sus posibilidades de mejorar su situación económica se ven limitadas.

Para abordar la desigualdad económica relacionada con la discriminación, es fundamental implementar políticas y prácticas que promuevan la igualdad de oportunidades y combatan la discriminación en el lugar de trabajo y en la sociedad en general. Esto puede incluir leyes antidiscriminación, programas de diversidad e inclusión, medidas afirmativas y la promoción de una mayor conciencia sobre los problemas de discriminación. La lucha contra la discriminación es esencial para crear sociedades más justas y equitativas en las que todas las personas tengan la posibilidad de alcanzar su máximo potencial económico.

Herencia y transmisión intergeneracional de la riqueza:

La riqueza y los recursos se transmiten de una generación a la siguiente. Las familias con activos significativos pueden proporcionar ventajas financieras a sus hijos, mientras que las familias con menos recursos tienen menos oportunidades para acumular riqueza.

La transmisión intergeneracional de riqueza y recursos desempeña un papel importante en la desigualdad económica. Las familias con activos significativos tienen la capacidad de proporcionar ventajas financieras a sus hijos, lo que a menudo les permite acumular más riqueza, mientras que las familias con menos recursos enfrentan desafíos para mejorar su situación económica. Algunos de los mecanismos que contribuyen a esta transmisión de desigualdad incluyen:

Herencia y donaciones: Las familias ricas a menudo pueden legar activos, propiedades y recursos financieros a sus descendientes. Esto puede proporcionar a las generaciones más jóvenes una ventaja inicial en términos de riqueza y seguridad financiera.

Educación de calidad: Las familias con recursos económicos pueden invertir en una educación de calidad para sus hijos, lo que les brinda una ventaja en términos de habilidades y oportunidades. Una educación de calidad puede conducir a mejores perspectivas de empleo y, en última instancia, a una mayor acumulación de riqueza.

Redes sociales y contactos: Las familias con conexiones en redes sociales y empresariales a menudo pueden proporcionar a sus hijos acceso a oportunidades de trabajo y negocios que pueden no estar disponibles para aquellos sin tales conexiones. Estas redes pueden facilitar el avance económico.

Recursos financieros iniciales: Las familias con recursos económicos pueden ayudar a sus hijos a comprar viviendas, iniciar negocios o invertir en activos financieros. Estos recursos iniciales pueden generar un crecimiento de la riqueza a lo largo del tiempo.

Cultura de inversión y educación financiera: Las familias con conocimientos financieros y una cultura de inversión pueden transmitir estos conocimientos a sus hijos, lo que les permite tomar decisiones financieras más informadas y rentables.

Para abordar la transmisión intergeneracional de la desigualdad, es fundamental implementar políticas y medidas que promuevan la igualdad de oportunidades y reduzcan las disparidades en el acceso a recursos económicos y educativos. Esto puede incluir políticas de redistribución de la riqueza, acceso equitativo a una educación de calidad, medidas para aumentar la movilidad social y programas que apoyen a las familias de bajos ingresos. La lucha contra la transmisión intergeneracional de la desigualdad es un paso importante para construir una sociedad más equitativa y justa.

Cambios tecnológicos y desempleo estructural:

Los avances tecnológicos pueden cambiar la demanda de habilidades laborales, lo que puede llevar al desempleo estructural y la pérdida de empleos en ciertas industrias. Aquellos que no tienen las habilidades requeridas pueden enfrentar dificultades económicas. Los avances tecnológicos pueden tener un impacto significativo en el mercado laboral y la desigualdad económica. Los cambios en la tecnología pueden cambiar la demanda de habilidades laborales, lo que a su vez puede llevar al desempleo estructural y la pérdida de empleos en ciertas industrias. Esto puede resultar en dificultades económicas para las personas que no tienen las habilidades requeridas para los nuevos trabajos. Algunos aspectos clave relacionados con este fenómeno incluyen:

Automatización y reemplazo de empleos: Los avances tecnológicos, como la automatización y la inteligencia artificial, pueden reemplazar ciertas tareas y empleos que solían ser realizados por trabajadores humanos. Esto es especialmente evidente en industrias como la manufactura, la logística y la atención al cliente, donde la automatización puede reducir la demanda de trabajadores.

Cambios en la demanda de habilidades: A medida que la tecnología avanza, la demanda de habilidades laborales cambia. Los trabajadores con habilidades digitales, habilidades de programación y capacidad para adaptarse a nuevas tecnologías suelen estar en alta demanda, mientras que aquellos con habilidades obsoletas pueden enfrentar dificultades para encontrar empleo.

Brechas en habilidades: Las brechas en habilidades pueden llevar a la desigualdad económica. Las personas que no tienen acceso a oportunidades de capacitación y educación para adquirir nuevas habilidades pueden quedar rezagadas en el mercado laboral, lo que contribuye a la desigualdad de ingresos.

Desplazamiento de trabajadores en industrias en declive: Los avances tecnológicos pueden hacer que algunas industrias sean menos competitivas o incluso obsoletas, lo que puede resultar en la pérdida de empleos en esas áreas. Los trabajadores que dependen de estas industrias pueden verse especialmente afectados.

Para abordar la desigualdad económica derivada de los avances tecnológicos, es importante implementar políticas que fomenten la formación y la recualificación de la fuerza laboral, brindando a las personas la oportunidad de adquirir nuevas habilidades que estén en demanda en la economía digital. Además, es fundamental promover la inclusión y el acceso equitativo a la educación y la capacitación tecnológica. La adaptación a los cambios tecnológicos es esencial para asegurarse de que la desigualdad no se profundice a medida que evoluciona la economía.

Políticas gubernamentales y regulaciones:

Las políticas fiscales, de bienestar social y laborales pueden influir en la desigualdad económica. Políticas que favorecen a ciertos grupos o que reducen las redes de seguridad social pueden aumentar la desigualdad.

as políticas fiscales, de bienestar social y laborales desempeñan un papel fundamental en la determinación de los niveles de desigualdad económica en una sociedad. Estas políticas pueden influir de manera significativa en la distribución de ingresos y riqueza. Aquí hay algunos ejemplos de cómo diferentes políticas pueden impactar la desigualdad:

Políticas fiscales: La estructura fiscal de un país, que incluye impuestos sobre la renta, el consumo y la propiedad, puede tener un impacto directo en la desigualdad. Los impuestos progresivos, que gravan a los ingresos más altos a tasas más altas, pueden reducir la desigualdad al redistribuir la riqueza de manera más equitativa. Por otro lado, políticas fiscales regresivas, que favorecen a los grupos de mayores ingresos, pueden aumentar la desigualdad.

Políticas de bienestar social: Los programas de bienestar social, como el seguro de desempleo, el seguro de salud y la asistencia alimentaria, pueden ayudar a proteger a las personas de los riesgos económicos y reducir la desigualdad. La generosidad y la accesibilidad de estos programas son factores importantes para determinar su efectividad en la reducción de la desigualdad.

Políticas laborales: Las leyes laborales y las regulaciones que rigen el empleo, como el salario mínimo, las normas de seguridad laboral y los derechos sindicales, pueden influir en la distribución de ingresos y la protección de los trabajadores. Las políticas laborales que debilitan los derechos de los trabajadores o permiten la explotación laboral pueden aumentar la desigualdad.

Acceso a la educación y la formación: Las políticas educativas y de formación pueden afectar la igualdad de oportunidades. El acceso equitativo a una educación de calidad y a oportunidades de formación es esencial para reducir la desigualdad económica a largo plazo.

Para abordar la desigualdad económica, es importante que los gobiernos consideren cuidadosamente sus políticas y busquen un equilibrio entre los intereses de crecimiento económico y la equidad. Políticas que promuevan la redistribución de ingresos, proporcionen una red de seguridad social sólida y promuevan la igualdad de oportunidades pueden desempeñar un papel importante en la reducción de la desigualdad económica. Estas políticas son fundamentales para garantizar que los beneficios del crecimiento económico se compartan de manera más equitativa en la sociedad.

Globalización y competencia internacional:

La globalización ha permitido la competencia económica a nivel mundial. Si bien esto puede impulsar el crecimiento económico, también puede tener efectos negativos, como la deslocalización de empleos y la competencia global que afecta a los trabajadores.

La globalización ha tenido un impacto significativo en la economía mundial y ha generado una serie de efectos, tanto positivos como negativos. Uno de los aspectos clave de la globalización es la competencia económica a nivel mundial, que puede impulsar el crecimiento económico, pero también conlleva desafíos importantes:

Crecimiento económico: La globalización ha llevado a un mayor flujo de bienes, servicios, inversiones y tecnología entre países. Esto puede impulsar el crecimiento económico al permitir que las empresas accedan a mercados más grandes y se beneficien de economías de escala.

Deslocalización de empleos: La globalización ha llevado a la deslocalización de empleos, donde las empresas trasladan la producción a países con costos laborales más bajos. Si bien esto puede aumentar la eficiencia y reducir los costos de producción, también puede resultar en la pérdida de empleos en ciertas industrias y regiones.

Competencia global: La competencia global puede presionar a las empresas para ser más eficientes y competitivas. Sin embargo, también puede llevar a la explotación laboral, la reducción de salarios y condiciones laborales precarias en un esfuerzo por reducir costos y competir en el mercado mundial.

Desigualdad económica: La globalización puede aumentar la desigualdad económica en algunos casos. Las personas con habilidades y educación que son valiosas en la economía globalizada pueden beneficiarse, mientras que los trabajadores con habilidades obsoletas o en industrias en declive pueden enfrentar dificultades.

Impacto en los países en desarrollo: La globalización ha tenido un impacto desigual en los países en desarrollo. Si bien puede brindar oportunidades de crecimiento económico, también puede exacerbar la desigualdad y tener efectos negativos en los sectores más vulnerables de la población.

Para abordar los desafíos de la globalización y sus efectos negativos, es importante implementar políticas que busquen un equilibrio entre la apertura económica y la protección de los trabajadores y las comunidades afectadas. Esto puede incluir medidas para mejorar la educación y la formación de la fuerza laboral, regulaciones laborales y comerciales justas, así como redes de seguridad social sólidas para ayudar a los trabajadores afectados por la competencia global. La globalización es un proceso complejo que requiere una gestión cuidadosa para maximizar sus beneficios y minimizar sus efectos perjudiciales.

Concentración de poder y monopolios:

La concentración de poder económico en manos de unas pocas empresas o individuos puede dar lugar a desigualdades económicas significativas. Los monopolios y oligopolios pueden influir en los precios y limitar la competencia.

La concentración de poder económico en manos de unas pocas empresas o individuos es un factor importante que contribuye a la desigualdad económica. Cuando un pequeño número de empresas o personas controla una parte significativa de la riqueza y los recursos económicos, puede tener una serie de efectos negativos en la economía y en la sociedad en general:

Desigualdad de ingresos y riqueza: La concentración de poder económico a menudo resulta en una distribución desigual de los ingresos y la riqueza. Las empresas o individuos con un control significativo de los recursos pueden acumular riqueza a un ritmo mucho más rápido que otros, lo que contribuye a la desigualdad.

Monopolios y oligopolios: Cuando unas pocas empresas dominan un sector o industria, pueden influir en los precios, limitar la competencia y explotar a los consumidores. Esto puede llevar a precios más altos y una calidad de productos o servicios inferior.

Acceso desigual a oportunidades económicas: En un entorno donde el poder económico está altamente concentrado, las personas y las empresas que no forman parte de ese círculo selecto pueden tener dificultades para competir y acceder a oportunidades económicas. Esto puede limitar su capacidad para prosperar y contribuir a la desigualdad.

Influencia política: La concentración de riqueza también puede llevar a una influencia política desproporcionada, ya que las empresas o individuos ricos pueden financiar campañas políticas y ejercer presión sobre los gobiernos para obtener políticas que les favorezcan, lo que a menudo perpetúa la desigualdad.

Para abordar la concentración de poder económico y la desigualdad que conlleva, es fundamental implementar regulaciones y políticas que promuevan la competencia justa en los mercados, eviten la formación de monopolios y oligopolios, y redistribuyan la riqueza de manera equitativa a través de políticas fiscales progresivas. Además, la transparencia en las prácticas empresariales y la regulación financiera efectiva son herramientas esenciales para garantizar que el poder económico se distribuya de manera más justa en la sociedad.

Cambios demográficos:

Cambios en la estructura de edad de la población, como el envejecimiento de la población, pueden tener implicaciones económicas. Por ejemplo, el costo creciente de los sistemas de seguridad social puede afectar la desigualdad.

Los cambios en la estructura de edad de la población, como el envejecimiento de la población, tienen importantes implicaciones económicas que pueden afectar la desigualdad. El envejecimiento de la población se refiere al aumento de la proporción de personas mayores en comparación con la población en edad de trabajar. Esto puede tener varios efectos económicos, incluyendo:

Costos crecientes de los sistemas de seguridad social: A medida que la población envejece, aumenta la demanda de servicios de seguridad social, como pensiones y atención médica para personas mayores. Esto puede generar una presión financiera significativa en los sistemas de seguridad social, lo que puede resultar en un aumento de los impuestos o reducciones en los beneficios. Dependiendo de cómo se gestionen estos cambios, pueden tener un impacto desigual en la población y afectar a los grupos de bajos ingresos de manera desproporcionada.

Impacto en la fuerza laboral y la productividad: Un envejecimiento de la población puede resultar en una disminución de la fuerza laboral, ya que hay menos personas en edad de trabajar. Esto puede afectar la productividad y el crecimiento económico, lo que a su vez puede tener un impacto en la creación de empleo y los salarios.

Presión sobre la atención médica: A medida que la población envejece, la demanda de atención médica a menudo aumenta, lo que puede aumentar los costos de atención médica. Esto puede ser un problema especialmente en sistemas de salud que no están bien equipados para hacer frente a las necesidades de una población envejecida.

Ahorro y patrimonio neto: Las personas mayores a menudo tienen un ahorro y un patrimonio neto más significativos, mientras que los jóvenes pueden tener menos recursos. Esto puede contribuir a la desigualdad económica, ya que las personas mayores pueden tener una mayor seguridad financiera, mientras que los jóvenes pueden enfrentar dificultades económicas.

Para abordar las implicaciones económicas del envejecimiento de la población y minimizar el impacto en la desigualdad, es importante que los gobiernos desarrollen políticas que fomenten el ahorro para la jubilación, promuevan la inversión en la fuerza laboral y la capacitación de los trabajadores, y busquen soluciones para garantizar que los sistemas de seguridad social sean sostenibles y equitativos. La planificación cuidadosa y la implementación de políticas pueden ayudar a mitigar los desafíos económicos relacionados con el envejecimiento de la población.

Acceso limitado a servicios básicos: - La falta de acceso a servicios de salud, vivienda asequible, transporte confiable y otros servicios básicos puede tener un impacto negativo en las oportunidades económicas de las personas.

el acceso limitado a servicios básicos puede tener un impacto significativo en las oportunidades económicas de las personas y contribuir a la desigualdad económica. Aquí hay algunas maneras en las que la falta de acceso a servicios esenciales puede afectar a las personas:

Salud: La falta de acceso a servicios de salud de calidad puede llevar a la falta de atención médica preventiva, diagnóstico y tratamiento oportunos, lo que a su vez puede afectar la salud de las personas y su capacidad para trabajar y generar ingresos.

Vivienda asequible: Los altos costos de la vivienda pueden poner una carga financiera significativa en las familias, lo que limita su capacidad para ahorrar, invertir o mejorar sus condiciones de vida. La falta de vivienda asequible también puede llevar a la inseguridad de la vivienda y la falta de estabilidad.

Transporte confiable: Un sistema de transporte confiable y asequible es fundamental para acceder a empleos, educación y servicios. La falta de acceso a opciones de transporte puede dificultar que las personas lleguen a sus lugares de trabajo, escuelas o centros de atención médica.

Educación de calidad: El acceso a una educación de calidad es esencial para mejorar las perspectivas económicas de las personas. La falta de acceso a escuelas de calidad, maestros capacitados y recursos educativos puede perpetuar la desigualdad en las oportunidades educativas y económicas.

Seguridad alimentaria: La falta de acceso a alimentos asequibles y nutritivos puede resultar en problemas de salud, malnutrición y una menor capacidad para concentrarse en el trabajo o en la educación.

Para abordar estas desigualdades en el acceso a servicios básicos, es importante que los gobiernos y las comunidades trabajen juntos para garantizar que estas necesidades se satisfagan de manera equitativa. Esto puede implicar la expansión de programas de atención médica accesible, la promoción de viviendas asequibles, el desarrollo de sistemas de transporte público efectivos y la inversión en infraestructura educativa y alimentaria. El acceso igualitario a servicios básicos es esencial para crear oportunidades económicas equitativas y mejorar la calidad de vida de las personas en todas las comunidades.

Es importante destacar que la desigualdad económica no es necesariamente mala en sí misma, ya que cierto grado de desigualdad puede proporcionar incentivos para el esfuerzo y la innovación. Sin embargo, las desigualdades excesivas pueden tener consecuencias negativas para la cohesión social y la movilidad económica. Por lo tanto, abordar la desigualdad económica es un desafío complejo que implica una combinación de políticas, regulaciones y esfuerzos a nivel de la sociedad para promover la equidad y la justicia económica.

22.Economía del bienestar: ¿cómo medir el éxito de un país?

La economía del bienestar es un enfoque que busca medir el éxito de un país más allá de indicadores económicos tradicionales, como el crecimiento del PIB (Producto Interno Bruto). Se centra en evaluar el bienestar y la calidad de vida de la población en términos más amplios. A continuación, se presentan algunas de las principales medidas y enfoques utilizados para medir el éxito de un país desde la perspectiva de la economía del bienestar:

Felicidad y satisfacción: Encuestas de bienestar subjetivo, como la Escala de Felicidad, se utilizan para medir el grado de satisfacción y felicidad de la población. Estas encuestas pueden proporcionar información sobre cómo se sienten las personas en su vida cotidiana.

Las encuestas de bienestar subjetivo, como la Escala de Felicidad, son herramientas importantes para medir el grado de satisfacción y felicidad de la población en su vida cotidiana. Estas encuestas se basan en la idea de que el bienestar no se puede medir únicamente a través de indicadores objetivos como el ingreso o la educación, sino que también es fundamental comprender cómo se sienten las personas en sus vidas.

Algunos de los conceptos y herramientas relacionados con la medición de la felicidad y la satisfacción incluyen:

Escala de Felicidad: La Escala de Felicidad es una encuesta que pide a las personas que califiquen su nivel de felicidad o satisfacción con la vida en una escala de puntos. Las respuestas suelen variar desde "muy infeliz" hasta "muy feliz". Al analizar las respuestas, los investigadores pueden obtener una medida cuantitativa de la satisfacción subjetiva.

Calidad de vida: La calidad de vida se refiere a la percepción general de bienestar y satisfacción de una persona en varios aspectos de su vida, como la salud, las relaciones, el trabajo y el entorno. Las encuestas de calidad de vida evalúan cómo las personas valoran estos aspectos y cómo influyen en su satisfacción general.

Índices de felicidad y bienestar: Algunos países han desarrollado índices de felicidad y bienestar que combinan diversas medidas subjetivas para evaluar el bienestar general de la población. Un ejemplo es el Informe Mundial de la Felicidad de las Naciones Unidas, que clasifica a los países según la percepción de felicidad de sus ciudadanos.

Factores determinantes de la felicidad: Las encuestas de bienestar suelen incluir preguntas sobre los factores que influyen en la felicidad, como las relaciones familiares, el empleo, la salud, la seguridad y la satisfacción con la vida en general.

Comparación entre grupos de población: Las encuestas de bienestar pueden utilizarse para comparar el grado de felicidad y satisfacción entre diferentes grupos de población, lo que puede revelar disparidades en el bienestar subjetivo.

La medición de la felicidad y la satisfacción es importante para comprender cómo las políticas y las condiciones sociales afectan la vida de las personas y cómo se puede mejorar el bienestar en la sociedad. Además, puede complementar otras métricas económicas y sociales al proporcionar una visión más completa del éxito de un país desde la perspectiva de sus ciudadanos.

Índices de calidad de vida: Los índices, como el Índice de Desarrollo Humano (IDH) de las Naciones Unidas, consideran factores como la esperanza de vida, la educación y el ingreso per cápita para evaluar la calidad de vida de una población.

Los índices de calidad de vida, como el Índice de Desarrollo Humano (IDH) de las Naciones Unidas, son herramientas ampliamente utilizadas para evaluar la calidad de vida de una población. Estos índices proporcionan una visión más completa y multidimensional del bienestar de una sociedad al considerar una variedad de factores más allá del ingreso per cápita. El IDH, en particular, se ha convertido en un indicador de referencia a nivel mundial. Aquí hay una explicación más detallada:

Índice de Desarrollo Humano (IDH): Este índice fue desarrollado por el Programa de las Naciones Unidas para el Desarrollo (PNUD) y se utiliza para evaluar el desarrollo humano en un país. El IDH combina tres dimensiones clave:

Salud (esperanza de vida al nacer): Mide la calidad y la esperanza de vida de la población.

Educación (años de escolaridad y años esperados de escolaridad): Evalúa el acceso y la calidad de la educación en un país.

Ingreso per cápita (PIB per cápita ajustado por paridad de poder adquisitivo): Mide el nivel de ingresos y bienestar económico de la población.

Estas tres dimensiones se combinan en un solo índice que se utiliza para clasificar a los países en función de su desarrollo humano. El IDH es una medida útil porque va más allá del enfoque exclusivo en el crecimiento económico y considera aspectos de salud, educación y bienestar.

Otros índices de calidad de vida también pueden considerar factores adicionales, como la igualdad de género, el acceso a servicios básicos, la seguridad alimentaria y la sostenibilidad ambiental. Estos índices proporcionan una evaluación más holística de la calidad de vida de una población y ayudan a los gobiernos y las organizaciones a comprender mejor las áreas en las que pueden enfocarse para mejorar el bienestar de sus ciudadanos.

Los índices de calidad de vida son herramientas valiosas, pero también pueden ser simplificaciones de la complejidad del bienestar humano. A menudo, se complementan con otros indicadores y enfoques para obtener una imagen más completa de la situación en un país.

Medición de la pobreza y la desigualdad: Las medidas de pobreza y desigualdad, como el Índice de Gini, se utilizan para evaluar el grado de desigualdad de ingresos y la cantidad de personas que viven en la pobreza.

La medición de la pobreza y la desigualdad es fundamental para comprender la distribución de ingresos y recursos dentro de una sociedad y para evaluar el bienestar económico de su población.

Índice de Gini: El Índice de Gini es uno de los indicadores más utilizados para medir la desigualdad de ingresos dentro de una población. Este índice varía de 0 a 1, donde 0 representa la igualdad total (cada individuo tiene los mismos ingresos) y 1 representa la desigualdad total (un individuo tiene todos los ingresos mientras que los demás no tienen ingresos). Cuanto más cercano a 1 sea el valor del Índice de Gini, mayor será la desigualdad de ingresos.

Línea de pobreza: La línea de pobreza es un umbral de ingresos o consumo por debajo del cual una persona se considera pobre. Esta medida se utiliza para determinar cuántas personas viven en la pobreza. La línea de pobreza puede variar según el país y se calcula en función de las necesidades básicas, como alimentos, vivienda y atención médica.

Tasa de pobreza: La tasa de pobreza es el porcentaje de la población que se encuentra por debajo de la línea de pobreza. Se utiliza para evaluar el grado de pobreza en una sociedad y puede calcularse tanto en términos absolutos (por ejemplo, la cantidad de personas que viven con menos de $1.90 al día) como en términos relativos (porcentaje de personas con ingresos significativamente inferiores al ingreso medio de la población).

Coeficiente de Gini: El coeficiente de Gini es una medida de desigualdad que complementa al Índice de Gini. A diferencia del Índice de Gini, el coeficiente de Gini no se expresa en una escala de 0 a 1, sino que se representa en una escala de 0 a 100. Este coeficiente es especialmente útil para comparar la desigualdad entre diferentes regiones o países.

Índices de Desarrollo Humano (IDH) ajustados por desigualdad: Estos son índices que tienen en cuenta tanto la calidad de vida (como la esperanza de vida y la educación) como la desigualdad de ingresos. Se utilizan para evaluar el bienestar de una población considerando no solo la riqueza promedio, sino también cómo se distribuye esa riqueza.

La medición de la pobreza y la desigualdad es esencial para la formulación de políticas públicas y la toma de decisiones. Ayuda a identificar grupos de población en situación de vulnerabilidad y a evaluar la efectividad de las políticas destinadas a reducir la pobreza y la desigualdad. Estos indicadores desempeñan un papel importante en la comprensión del bienestar económico y social de una sociedad.

Acceso a servicios básicos: El acceso a servicios esenciales, como atención médica, educación, vivienda asequible, agua potable y saneamiento, es fundamental para el bienestar. Las métricas relacionadas con el acceso a estos servicios son importantes para medir el éxito de un país. El acceso a servicios básicos es fundamental para el bienestar de la población y es un componente esencial al evaluar el éxito de un país. Estos servicios esenciales incluyen, entre otros:

Atención médica: El acceso a servicios de atención médica de calidad es crucial para mantener la salud de la población, prevenir enfermedades y tratar problemas de salud. Las métricas relacionadas con el acceso a atención médica incluyen la disponibilidad de centros de salud, la cobertura de seguros de salud y la accesibilidad financiera a la atención médica.

Educación: El acceso a una educación de calidad es un factor importante para el desarrollo individual y económico. Las métricas relacionadas con la educación incluyen las tasas de escolarización, la calidad de la enseñanza, la inversión en educación y el acceso a oportunidades educativas.

Vivienda asequible: El acceso a viviendas asequibles y seguras es esencial para la estabilidad de las familias. Las métricas relacionadas con la vivienda incluyen los costos de vivienda en relación con los ingresos, la disponibilidad de viviendas asequibles y la calidad de las viviendas.

Agua potable y saneamiento: El acceso a agua potable limpia y servicios de saneamiento adecuados es crucial para la salud y el bienestar. Las métricas relacionadas con el acceso al agua y al saneamiento incluyen la disponibilidad de agua potable segura y sistemas de saneamiento.

Transporte y movilidad: El acceso a sistemas de transporte confiables y asequibles es importante para garantizar que las personas puedan acceder a empleos, servicios y oportunidades. Las métricas relacionadas con el transporte incluyen la disponibilidad de opciones de transporte público, costos de transporte y tiempo de viaje.

Seguridad alimentaria: El acceso a alimentos asequibles y nutritivos es fundamental para la salud y el bienestar. Las métricas relacionadas con la seguridad alimentaria incluyen la disponibilidad de alimentos, la asequibilidad de los alimentos y la nutrición de la población.

El acceso a estos servicios esenciales no solo mejora el bienestar de la población, sino que también puede tener un impacto positivo en el desarrollo económico y social de un país. La medición de estas métricas permite a los gobiernos y las organizaciones identificar áreas de mejora, garantizar la equidad en el acceso a servicios y diseñar políticas que promuevan el bienestar general de la sociedad.

Desarrollo sostenible: La sostenibilidad ambiental se ha vuelto cada vez más importante en la medición del éxito de un país. Indicadores relacionados con la huella ecológica, la conservación de recursos naturales y la mitigación del cambio climático se consideran fundamentales.

La sostenibilidad ambiental se ha convertido en un componente crucial en la medición del éxito de un país y en la evaluación del bienestar de la sociedad. El desarrollo sostenible se refiere a la capacidad de satisfacer las necesidades presentes sin comprometer la capacidad de las generaciones futuras para satisfacer sus propias necesidades. Algunos de los indicadores y aspectos clave relacionados con la sostenibilidad ambiental incluyen:

Huella ecológica: La huella ecológica mide el impacto ambiental de una población o país en términos de recursos naturales consumidos y la capacidad de la Tierra para regenerar esos recursos. Evalúa si un país está consumiendo recursos a una tasa que es sostenible a largo plazo.

Conservación de recursos naturales: Esto incluye la preservación de recursos naturales, como la biodiversidad, los bosques, los suelos fértiles y los cuerpos de agua. La conservación de estos recursos es fundamental para garantizar la sostenibilidad a largo plazo.

Mitigación del cambio climático: La reducción de las emisiones de gases de efecto invernadero y la adopción de prácticas sostenibles para combatir el cambio climático son indicadores clave de sostenibilidad ambiental. Esto incluye la inversión en energías renovables, la eficiencia energética y la adaptación a los efectos del cambio climático.

Gestión de residuos y reciclaje: La gestión adecuada de residuos y el fomento del reciclaje son componentes importantes de la sostenibilidad ambiental. Reducir la generación de residuos y reciclar materiales contribuyen a la conservación de recursos y la reducción de la contaminación.

Uso de energías limpias y renovables: La transición hacia fuentes de energía limpias y renovables, como la solar, eólica e hidroeléctrica, es esencial para reducir la dependencia de los combustibles fósiles y disminuir la huella de carbono.

Consumo sostenible: Fomentar un consumo más responsable y sostenible, que incluye la elección de productos y servicios con menor impacto ambiental, es un aspecto importante de la sostenibilidad.

La sostenibilidad ambiental es crucial para garantizar que las sociedades puedan mantener un alto nivel de bienestar en el futuro sin agotar los recursos naturales ni dañar irreversiblemente el medio ambiente. Los indicadores relacionados con la sostenibilidad ambiental ayudan a los gobiernos y las organizaciones a evaluar su impacto en el entorno y a diseñar políticas que promuevan un desarrollo sostenible, equitativo y respetuoso con el medio ambiente. Además, la sostenibilidad ambiental se ha convertido en una preocupación global a medida que se reconoce la interconexión entre el bienestar humano y la salud del planeta.

Empleo y seguridad laboral: La tasa de empleo, la calidad de los empleos (salarios, condiciones laborales) y la seguridad en el trabajo son indicadores importantes de bienestar económico.

el empleo y la seguridad laboral son aspectos fundamentales del bienestar económico de la población. Estos indicadores no solo reflejan la disponibilidad de oportunidades económicas, sino también la calidad de esas oportunidades y la protección de los derechos laborales.

Tasa de empleo: La tasa de empleo mide la proporción de la población en edad de trabajar que está empleada. Es un indicador clave del acceso de la población al mercado laboral y su capacidad para generar ingresos.

Salarios: Los salarios son un componente esencial de la calidad de los empleos. La cantidad de remuneración que los trabajadores reciben por su trabajo tiene un impacto directo en su nivel de vida y bienestar económico. La medición de los salarios puede incluir indicadores como el salario mínimo, el salario promedio por sector o el salario mediano.

Condiciones laborales: La calidad de las condiciones laborales es importante para el bienestar de los trabajadores. Esto incluye aspectos como las horas de trabajo, la seguridad en el lugar de trabajo, los derechos laborales, la posibilidad de equilibrio entre trabajo y vida personal y la existencia de prácticas de empleo justas.

Seguridad en el trabajo: La seguridad laboral se refiere a la protección de los trabajadores contra lesiones y accidentes en el lugar de trabajo. Las medidas de seguridad en el trabajo incluyen tasas de accidentes laborales, cumplimiento de regulaciones de seguridad y salud en el trabajo, y acceso a atención médica en caso de accidentes laborales.

Desempleo: El desempleo es la falta de empleo de una persona que busca activamente trabajo. La tasa de desempleo es un indicador clave de las condiciones económicas de una región y puede indicar la salud general del mercado laboral.

Empleo precario: Además del desempleo, la calidad de los empleos a menudo se mide a través de la presencia de empleo precario. Esto incluye trabajos temporales, empleos a tiempo parcial no deseados y empleos mal remunerados con falta de beneficios y seguridad laboral.

El empleo de calidad, los salarios justos, las condiciones laborales seguras y la seguridad laboral son esenciales para el bienestar económico y social de la población. Los gobiernos y las organizaciones utilizan estos indicadores para evaluar la salud del mercado laboral, identificar desafíos y diseñar políticas que promuevan empleos de calidad y la protección de los derechos laborales. Un mercado laboral fuerte y equitativo es un pilar importante del éxito económico de un país y del bienestar de su población.

Inclusión y equidad: La inclusión de grupos marginados y la equidad en el acceso a oportunidades económicas y sociales son factores que afectan el bienestar de una sociedad.

la inclusión y la equidad son factores fundamentales para el bienestar de una sociedad. Estos aspectos se refieren a la participación equitativa y justa de todos los miembros de la sociedad en las oportunidades económicas y sociales, sin importar su origen, género, raza, etnia, discapacidad u otras características personales.

Inclusión: La inclusión se refiere a la participación activa y significativa de todas las personas en la vida económica y social de la sociedad. Esto implica eliminar barreras que puedan excluir a ciertos grupos de población y promover un entorno en el que todos tengan igualdad de oportunidades y acceso a recursos y servicios.

Equidad: La equidad se relaciona con la distribución justa y equitativa de recursos, oportunidades y beneficios. Implica la búsqueda de igualdad en el acceso a servicios esenciales, como atención médica, educación y empleo, así como en la distribución de la riqueza y los ingresos.

Diversidad e inclusión en el lugar de trabajo: La diversidad en el lugar de trabajo se refiere a la incorporación de personas de diferentes orígenes, experiencias y características en el entorno laboral. La inclusión en el lugar de trabajo implica crear un ambiente en el que todos los empleados se sientan valorados, respetados y tengan igualdad de oportunidades.

Igualdad de género: La promoción de la igualdad de género es un componente esencial de la inclusión y la equidad. Se trata de garantizar que hombres y mujeres tengan igualdad de oportunidades en todos los aspectos de la vida, incluido el acceso al empleo, la educación, la toma de decisiones y la representación en la sociedad.

Acceso a servicios básicos: La equidad en el acceso a servicios esenciales, como atención médica, vivienda asequible y educación de calidad, es crucial para garantizar que todas las personas tengan igualdad de oportunidades y puedan satisfacer sus necesidades básicas.

Participación cívica: La inclusión y la equidad también se relacionan con la participación cívica y política. Se trata de garantizar que todas las personas tengan la oportunidad de participar en el proceso democrático y en la toma de decisiones que afectan sus vidas.

La promoción de la inclusión y la equidad es esencial para garantizar que ninguna persona o grupo de población se quede atrás y que todas tengan la oportunidad de alcanzar su máximo potencial. Los gobiernos, las organizaciones y la sociedad en su conjunto desempeñan un papel importante en la creación de políticas y prácticas que promuevan la inclusión y la equidad, lo que, a su vez, contribuye al bienestar y al éxito económico de un país.

Salud y bienestar mental: Los indicadores de salud, como la esperanza de vida, la tasa de mortalidad infantil y la salud mental de la población, son fundamentales para evaluar el bienestar.

La salud y el bienestar mental son aspectos críticos del bienestar de la población y se consideran indicadores fundamentales al evaluar el éxito de un país. Estos indicadores reflejan no solo la salud física, sino también la salud emocional y psicológica de la sociedad.

Esperanza de vida: La esperanza de vida al nacer es un indicador que mide la duración promedio de la vida de una población. Refleja la salud general y las condiciones de vida en un país.

Tasa de mortalidad infantil: La tasa de mortalidad infantil se refiere al número de muertes de niños menores de un año por cada 1,000 nacidos vivos. Una tasa baja indica un buen acceso a atención médica materno-infantil y condiciones de vida seguras.

Salud mental: La salud mental de la población es un componente importante del bienestar. Los indicadores de salud mental pueden incluir tasas de trastornos mentales, acceso a servicios de salud mental y percepciones de bienestar emocional.

Acceso a atención médica: La disponibilidad y accesibilidad de servicios de atención médica de calidad son fundamentales para el bienestar. Esto incluye el acceso a servicios preventivos, tratamientos médicos y servicios de salud mental.

Acceso a medicamentos y tratamientos: La accesibilidad a medicamentos y tratamientos es esencial para abordar enfermedades y mantener la salud. El acceso a medicamentos asequibles es fundamental para el bienestar de la población.

Prevención de enfermedades y promoción de la salud: Las medidas de prevención, como la inmunización, la promoción de hábitos saludables y la educación sobre la salud, son fundamentales para mantener y mejorar la salud de la población.

La salud y el bienestar mental son indicadores críticos del éxito de un país, ya que una población sana y emocionalmente equilibrada es más productiva y tiene una mejor calidad de vida. Los gobiernos y las organizaciones trabajan en la promoción de la salud y la prevención de enfermedades, así como en la provisión de servicios de atención médica y salud mental para garantizar que la población tenga acceso a la atención que necesita para mantener su bienestar. Estos indicadores son fundamentales para comprender el bienestar humano en su conjunto.

Educación y habilidades: La educación y la adquisición de habilidades son esenciales para el bienestar individual y el desarrollo económico. Las métricas incluyen tasas de escolarización, niveles educativos y oportunidades de formación.

la educación y el desarrollo de habilidades son fundamentales tanto para el bienestar individual como para el desarrollo económico de un país. Estos indicadores reflejan la capacidad de la sociedad para adquirir conocimientos, habilidades y competencias necesarios para prosperar en una economía cada vez más globalizada y basada en el conocimiento.

Tasas de escolarización: Las tasas de escolarización miden la proporción de la población en edad de recibir educación que está matriculada en instituciones educativas, ya sea en la educación básica, secundaria, terciaria o superior. La educación es un pilar fundamental para el acceso a oportunidades económicas y sociales.

Niveles educativos: Los niveles educativos reflejan el grado de educación alcanzado por la población. Estos niveles pueden incluir la educación primaria, secundaria, técnica o universitaria. Cuanto mayor sea el nivel educativo de una persona, es probable que tenga más oportunidades en el mercado laboral y una mayor capacidad para contribuir al desarrollo económico.

Calidad de la educación: Además de la cantidad, la calidad de la educación es importante. Las métricas de calidad de la educación pueden incluir resultados de pruebas estandarizadas, la capacitación y la calificación de los docentes, la disponibilidad de recursos educativos y la infraestructura escolar.

Oportunidades de formación y capacitación: El acceso a oportunidades de formación y capacitación continua es esencial en una economía en constante evolución. Esto permite a las personas adquirir nuevas habilidades y mantenerse actualizadas en sus campos, lo que es crucial para la empleabilidad y el éxito económico.

Equidad en la educación: Garantizar que todas las personas tengan igualdad de oportunidades para acceder a una educación de calidad es fundamental. La equidad en la educación se relaciona con la eliminación de barreras como la discriminación, la pobreza y la ubicación geográfica que pueden limitar el acceso a la educación.

Educación técnica y habilidades laborales: Las habilidades técnicas y laborales son cada vez más importantes en un mercado laboral en constante cambio. La promoción de la educación técnica y la formación en habilidades específicas puede mejorar la empleabilidad y el desarrollo económico.

La educación y el desarrollo de habilidades son inversiones clave en el capital humano de un país y desempeñan un papel crucial en la mejora del bienestar individual y el éxito económico. Los gobiernos y las organizaciones se esfuerzan por promover la educación de calidad y el acceso equitativo a oportunidades educativas para garantizar que la población esté preparada para los desafíos y oportunidades de un mundo en constante cambio.

Participación cívica y seguridad personal: La participación en la vida política, la seguridad personal y la ausencia de violencia son factores que contribuyen al bienestar y la estabilidad de una sociedad.

La participación cívica y la seguridad personal son factores clave para el bienestar y la estabilidad de una sociedad. Estos aspectos reflejan la capacidad de las personas para influir en las decisiones que afectan sus vidas y su capacidad para vivir en un entorno seguro y libre de violencia.

Participación cívica: La participación cívica se refiere a la participación activa de los ciudadanos en la vida política y social de su país. Esto incluye el derecho al voto, la participación en organizaciones comunitarias, la expresión de opiniones y la implicación en actividades cívicas y políticas.

Derechos civiles y políticos: La garantía de derechos civiles y políticos es esencial para la participación cívica. Esto incluye derechos como la libertad de expresión, la libertad de asociación, el derecho a un juicio justo y el derecho al voto.

Seguridad personal: La seguridad personal es fundamental para el bienestar de los individuos. Implica vivir en un entorno seguro y libre de amenazas para la vida y la integridad física.

Prevención de la violencia: La prevención de la violencia es un aspecto importante de la seguridad personal y social. Esto incluye medidas para prevenir la violencia doméstica, la violencia juvenil, el crimen violento y el terrorismo.

Estado de derecho: El estado de derecho se refiere a la existencia de un sistema legal en el que todas las personas, incluidos los líderes y las instituciones gubernamentales, están sujetos a las mismas leyes. El estado de derecho es fundamental para garantizar la justicia y la igualdad.

Gobernanza democrática: La gobernanza democrática implica la toma de decisiones a través de procesos democráticos y la rendición de cuentas de los líderes políticos. La participación cívica y la gobernanza democrática están estrechamente relacionadas.

La participación cívica y la seguridad personal no solo son indicadores de bienestar, sino que también son fundamentales para la estabilidad y la cohesión social de una sociedad. La participación activa de los ciudadanos en la toma de decisiones y la protección de sus derechos son elementos esenciales de la democracia y la justicia. Además, la seguridad personal y la prevención de la violencia contribuyen al ambiente propicio para el desarrollo económico y social. Las políticas y las prácticas que promueven la participación cívica y la seguridad personal son esenciales para el éxito y la estabilidad de un país.

Medir el éxito de un país desde una perspectiva de economía del bienestar implica un enfoque más amplio y diversificado que va más allá de los indicadores económicos tradicionales. El objetivo es evaluar el bienestar general y la calidad de vida de la población, lo que incluye no solo aspectos materiales, sino también factores sociales, emocionales y ambientales. Estas medidas pueden ayudar a los gobiernos y las organizaciones a tomar decisiones informadas y abordar desafíos que afectan el bienestar de la sociedad en su conjunto.

23.Economía del sector público: educación, salud y seguridad

El sector público desempeña un papel fundamental en la provisión y regulación de servicios esenciales, como la educación, la salud y la seguridad. Estos son componentes clave del bienestar de la sociedad y, por lo tanto, son áreas de enfoque importante para las políticas públicas. Aquí te proporciono una descripción de la función del sector público en estos sectores:

Educación pública:

Financiamiento de la educación: El sector público a menudo es responsable de proporcionar financiamiento para la educación, desde la educación preescolar hasta la educación superior. Esto puede incluir la asignación de fondos a las escuelas públicas, becas y subvenciones para estudiantes, y la inversión en infraestructura educativa.

El financiamiento de la educación es un componente clave de la inversión pública en capital humano y desarrollo económico. El sector público juega un papel esencial en proporcionar recursos financieros para apoyar una amplia gama de niveles educativos, desde la educación preescolar hasta la educación superior.

Financiamiento de escuelas públicas: El gobierno es responsable de financiar las escuelas públicas. Esto incluye la asignación de fondos para el funcionamiento de las escuelas, la contratación y capacitación de docentes, la adquisición de materiales educativos y la mejora de las instalaciones escolares. La calidad y la equidad en la distribución de estos fondos son cuestiones clave.

Becas y subvenciones para estudiantes: El sector público a menudo ofrece becas y subvenciones para estudiantes, especialmente en niveles superiores de educación. Estos programas pueden estar destinados a ayudar a estudiantes con méritos académicos, a aquellos con necesidades financieras o a grupos subrepresentados.

Infraestructura educativa: El financiamiento del sector público se destina a la construcción y el mantenimiento de infraestructura educativa, como escuelas, aulas, laboratorios y bibliotecas. La inversión en infraestructura es fundamental para proporcionar un entorno de aprendizaje adecuado.

Desarrollo del currículo y programas educativos: Los gobiernos financian la elaboración y la revisión del currículo educativo, así como la implementación de programas educativos específicos. Esto incluye la introducción de nuevas tecnologías y métodos de enseñanza.

Apoyo a la educación especial y a grupos en riesgo: El financiamiento público puede destinarse a apoyar la educación de estudiantes con discapacidades y grupos en riesgo, como aquellos en situaciones de pobreza o con necesidades educativas especiales. Esto promueve la equidad en la educación.

Educación superior: Los gobiernos suelen financiar instituciones de educación superior, lo que puede incluir universidades públicas y colegios comunitarios. Esto puede implicar subsidios a las instituciones o programas de préstamos estudiantiles con tasas de interés favorables.

Investigación educativa: El financiamiento público también puede destinarse a la investigación en educación, que contribuye al desarrollo de mejores prácticas y políticas educativas.

El financiamiento de la educación es esencial para garantizar que la población tenga acceso a oportunidades educativas de calidad y para promover el desarrollo de habilidades y conocimientos. La inversión en educación no solo beneficia a los individuos, sino que también tiene un impacto positivo en la economía, la sociedad y el progreso de un país. La equidad en la distribución de los recursos y el acceso a la educación es un objetivo importante de las políticas públicas en este ámbito.

Estándares educativos: El gobierno establece estándares y regulaciones educativas para garantizar la calidad de la educación. Esto incluye la elaboración de planes de estudios, la certificación de maestros y la supervisión de las escuelas.

Los estándares y regulaciones educativas son fundamentales para garantizar la calidad y la coherencia de la educación en un país. El gobierno juega un papel esencial en el establecimiento de estándares y regulaciones que rigen la educación, desde la educación preescolar hasta la educación superior.

Planes de estudios: El gobierno, a través del ministerio o departamento de educación, establece planes de estudios nacionales que especifican qué temas y habilidades deben enseñarse en las escuelas. Estos planes de estudios son diseñados para garantizar que los estudiantes adquieran una educación integral que cubra una variedad de áreas de conocimiento.

Evaluación y pruebas estandarizadas: Los gobiernos a menudo desarrollan sistemas de evaluación y pruebas estandarizadas para medir el progreso de los estudiantes y evaluar la calidad de la educación. Estas pruebas pueden utilizarse para identificar áreas de mejora en el sistema educativo y para evaluar el rendimiento de las escuelas y los maestros.

Certificación de maestros: Los gobiernos establecen requisitos para la certificación y la formación de maestros. Esto incluye la obtención de títulos o certificados de enseñanza y la participación en programas de formación continua para mantenerse actualizados en las mejores prácticas educativas.

Supervisión y rendición de cuentas: Los gobiernos supervisan el funcionamiento de las escuelas y las instituciones educativas para garantizar que cumplan con los estándares y regulaciones establecidos. También establecen mecanismos de rendición de cuentas para evaluar el desempeño de las escuelas y las instituciones y tomar medidas en caso de incumplimiento.

Equidad y accesibilidad: Los estándares educativos deben abordar la equidad y la accesibilidad en la educación. Esto implica asegurarse de que todos los estudiantes, independientemente de su origen, tengan igualdad de oportunidades para acceder a una educación de calidad.

Inclusión y educación especial: Los estándares educativos pueden incluir disposiciones para la inclusión de estudiantes con discapacidades y la provisión de educación especializada cuando sea necesario.

Actualización de estándares: Los estándares educativos no son estáticos y pueden actualizarse periódicamente para reflejar las cambiantes necesidades educativas y las mejores prácticas. Los cambios en los planes de estudios y las regulaciones pueden basarse en la investigación educativa y en la retroalimentación de educadores y expertos.

La calidad de la educación depende en gran medida de la calidad de los estándares y regulaciones establecidos por el gobierno. Estos estándares garantizan que los estudiantes reciban una educación sólida y que los maestros estén adecuadamente capacitados. La supervisión y la rendición de cuentas son esenciales para garantizar que los estándares se cumplan y que se aborden las inequidades en el sistema educativo. Los gobiernos desempeñan un papel central en la promoción de la calidad y la equidad en la educación a través de la regulación y el establecimiento de estándares educativos.

Acceso equitativo: El sector público trabaja para garantizar que todos los ciudadanos tengan igualdad de oportunidades en la educación, independientemente de su origen, género o situación socioeconómica. Esto puede incluir programas de apoyo a estudiantes desfavorecidos.

El acceso equitativo a la educación es un principio fundamental que busca garantizar que todos los ciudadanos tengan igualdad de oportunidades para recibir una educación de calidad, independientemente de su origen, género, raza, etnia, situación socioeconómica o cualquier otra característica personal. El sector público desempeña un papel esencial en la promoción de la equidad educativa a través de diversas políticas y programas.

Programas de apoyo a estudiantes desfavorecidos: El gobierno puede implementar programas de apoyo específicos destinados a estudiantes que enfrentan desventajas, como aquellos en situaciones de pobreza, con discapacidades o pertenecientes a grupos marginados. Estos programas pueden incluir becas, tutorías, material educativo gratuito y servicios de apoyo adicionales.

Educación inclusiva: La educación inclusiva es un enfoque que busca la participación de todos los estudiantes, incluidos aquellos con discapacidades, en escuelas regulares. Esto promueve la equidad al permitir que todos los estudiantes tengan acceso a una educación de calidad en el mismo entorno educativo.

Reducción de barreras económicas: Los gobiernos pueden implementar políticas que reduzcan las barreras económicas para el acceso a la educación. Esto puede incluir la eliminación de tarifas escolares, la provisión de libros de texto gratuitos o subvenciones para el transporte escolar.

Equidad de género: La promoción de la igualdad de género en la educación es un componente importante de la equidad. Los gobiernos pueden implementar políticas que aborden desafíos específicos que enfrentan las niñas y las mujeres en el acceso a la educación.

Acceso a educación temprana: Garantizar el acceso a programas de educación preescolar y temprana es crucial para establecer una base sólida para el aprendizaje y promover la equidad desde una edad temprana.

Medidas contra la discriminación: Las políticas públicas pueden abordar la discriminación en la educación y promover un entorno educativo inclusivo y respetuoso.

Participación de la comunidad: Involucrar a la comunidad en la toma de decisiones y la supervisión de las instituciones educativas puede promover la equidad al garantizar que se atiendan las necesidades locales y se rindan cuentas de manera efectiva.

La promoción del acceso equitativo a la educación es esencial para superar las desigualdades y brindar a todos los individuos la oportunidad de alcanzar su máximo potencial. Los gobiernos, las organizaciones educativas y la sociedad en su conjunto desempeñan un papel importante en la implementación de políticas y programas que garanticen la equidad educativa y aborden las disparidades en el acceso a la educación.

Educación superior: En muchos países, el gobierno financia y regula las instituciones de educación superior públicas, lo que contribuye a la disponibilidad de opciones educativas asequibles y de calidad. aspectos clave de la política educativa en muchos países. Estas instituciones desempeñan un papel crucial en la provisión de opciones educativas asequibles y de calidad para estudiantes de diversos orígenes.

Financiamiento público: El gobierno proporciona financiamiento a las instituciones de educación superior públicas a través de subvenciones, asignaciones presupuestarias o subsidios. Esta financiación puede cubrir una parte sustancial de los costos de funcionamiento, lo que permite a las instituciones ofrecer matrículas más bajas en comparación con las instituciones privadas.

Acceso equitativo: Los gobiernos a menudo tienen políticas destinadas a garantizar un acceso equitativo a la educación superior. Esto puede incluir la implementación de sistemas de becas y ayudas financieras para estudiantes de bajos ingresos, así como programas de inclusión para grupos subrepresentados.

Regulación académica y acreditación: El gobierno regula la calidad académica de las instituciones de educación superior a través de organismos reguladores y agencias de acreditación. Estos organismos supervisan la calidad de los programas académicos, la infraestructura y la calidad de la enseñanza.

Establecimiento de políticas educativas: El gobierno establece políticas educativas que guían el funcionamiento de las instituciones de educación superior públicas. Esto puede incluir directrices sobre los planes de estudio, la admisión de estudiantes y las tasas de matrícula.

Transparencia y rendición de cuentas: Los gobiernos a menudo exigen que las instituciones de educación superior públicas sean transparentes en cuanto a su financiamiento, rendición de cuentas y resultados académicos. Esto ayuda a garantizar la eficiencia y la efectividad en el uso de los recursos públicos.

Investigación y desarrollo académico: Muchas instituciones de educación superior públicas tienen un fuerte enfoque en la investigación académica. El gobierno puede proporcionar financiamiento adicional para apoyar la investigación y el desarrollo académico, lo que contribuye al avance de la ciencia y la innovación.

Evaluación y mejora continua: El gobierno puede establecer procesos de evaluación y revisión periódica para garantizar que las instituciones de educación superior públicas cumplan con los estándares de calidad. Esto incluye la revisión de programas académicos y la planificación estratégica.

El financiamiento y la regulación de las instituciones de educación superior públicas son esenciales para garantizar que estas instituciones ofrezcan programas de calidad, sean accesibles para una amplia gama de estudiantes y contribuyan al desarrollo económico y social. La educación superior desempeña un papel importante en la formación de futuros profesionales y en la generación de conocimiento a través de la investigación, lo que hace que el apoyo gubernamental sea crítico en este ámbito.

Salud pública:

Sistema de salud pública: El sector público suele ser responsable de la gestión de un sistema de salud público que proporciona servicios médicos a la población. Esto puede incluir hospitales públicos, clínicas de salud y programas de atención médica.

Un sistema de salud pública es una parte fundamental de cualquier sociedad, ya que proporciona servicios médicos y atención sanitaria a la población en general. El sector público desempeña un papel clave en la gestión y financiamiento de estos sistemas, con el objetivo de garantizar el acceso equitativo a la atención médica.

Hospitales y clínicas públicas: El sector público opera hospitales y clínicas que brindan atención médica a los ciudadanos. Estos establecimientos pueden variar en tamaño y alcance, desde hospitales generales hasta clínicas de atención primaria. La atención en estos centros suele ser asequible o gratuita para los pacientes.

Programas de atención médica: El gobierno puede ofrecer programas de atención médica a la población, que pueden incluir servicios de atención primaria, atención de emergencia, atención materna e infantil, servicios de salud mental y prevención de enfermedades.

Financiamiento público: Los sistemas de salud pública a menudo se financian a través de fondos públicos, como impuestos y cotizaciones de seguridad social. Este financiamiento ayuda a garantizar que la atención médica sea accesible para todos los ciudadanos.

Regulación de la atención médica: El gobierno establece regulaciones y estándares para la atención médica, incluyendo la certificación de profesionales de la salud, la seguridad de los medicamentos y la calidad de la atención.

Seguro de salud público: En algunos países, se implementa un sistema de seguro de salud público en el que el gobierno proporciona cobertura de atención médica a todos los ciudadanos. Esto puede garantizar que la atención médica sea accesible y asequible para todos.

Promoción de la salud pública: Los gobiernos también se dedican a la promoción de la salud pública a través de campañas de prevención de enfermedades, educación sobre salud y promoción de estilos de vida saludables.

Investigación médica y desarrollo de políticas: El gobierno puede financiar la investigación médica y contribuir al desarrollo de políticas de salud basadas en evidencia. Esto ayuda a mejorar la atención médica y a abordar los desafíos de salud actuales y emergentes.

El sistema de salud pública tiene como objetivo principal garantizar que todos los ciudadanos tengan acceso a atención médica de calidad, sin importar su situación económica. Los sistemas de salud pública pueden variar en su alcance y en la forma en que se financian, pero en última instancia, tienen como objetivo mejorar la salud y el bienestar de la población. La equidad en la atención médica y el acceso a servicios de calidad son objetivos fundamentales en estos sistemas.

Financiamiento de la salud: El gobierno puede financiar la atención médica a través de sistemas de seguro de salud público, como el sistema de salud universal, o proporcionar subsidios para ayudar a las personas a acceder a la atención médica.

El financiamiento de la atención médica es un componente crítico de cualquier sistema de salud, y el gobierno desempeña un papel importante en la provisión de recursos financieros para garantizar que los ciudadanos tengan acceso a atención médica de calidad. A continuación, se describen dos enfoques comunes que el gobierno utiliza para financiar la atención médica:

Sistema de salud universal (Seguro de salud público):

Financiamiento a través de impuestos: En un sistema de salud universal, el gobierno recauda impuestos de la población para financiar la atención médica. Los fondos recaudados se utilizan para cubrir los costos de atención médica, hospitales, clínicas y otros servicios de salud. Este enfoque garantiza que todos los ciudadanos tengan acceso a atención médica sin importar su capacidad de pago.

Cobertura integral: El sistema de salud universal ofrece una amplia cobertura que incluye servicios de atención primaria, especializada, hospitalaria y medicamentos recetados. Los ciudadanos pueden acceder a una amplia gama de servicios médicos sin costo adicional o con costos muy bajos.

Equidad en el acceso: El objetivo principal de un sistema de salud universal es garantizar que la atención médica sea accesible y equitativa para todos. Los ciudadanos no deben preocuparse por la carga financiera de los servicios médicos.

Subsidios y asistencia financiera:

Subsidios para la atención médica: En este enfoque, el gobierno proporciona subsidios a las personas o familias que tienen dificultades para pagar la atención médica. Estos subsidios pueden destinarse a cubrir primas de seguros de salud, copagos o gastos médicos directos.

Seguros de salud públicos o programas específicos: El gobierno puede establecer programas de seguro de salud público o específicos para ciertos grupos, como niños, personas mayores o personas con discapacidades. Estos programas ofrecen cobertura de atención médica a aquellos que califican.

Reducción de barreras económicas: La asistencia financiera del gobierno tiene como objetivo reducir las barreras económicas que podrían impedir que las personas accedan a atención médica necesaria.

La combinación de estos enfoques puede variar según el país y el sistema de salud específico. El objetivo final es garantizar que la atención médica sea accesible y que los ciudadanos reciban el cuidado que necesitan sin incurrir en costos financieros excesivos.

El financiamiento de la atención médica es un tema complejo y puede variar considerablemente entre diferentes naciones. El enfoque elegido por un país depende de sus valores, recursos financieros y objetivos de política pública. El gobierno desempeña un papel central en la formulación de políticas y la administración de sistemas de salud para garantizar que la atención médica sea accesible y de calidad para todos los ciudadanos.

Regulación de la atención médica: El gobierno establece regulaciones y estándares en el sector de la salud para garantizar la calidad y la seguridad de la atención médica. Esto puede incluir la acreditación de hospitales y la supervisión de profesionales de la salud.

La regulación de la atención médica es esencial para garantizar que la atención médica sea segura, efectiva y de alta calidad. El gobierno desempeña un papel importante en la supervisión y el establecimiento de regulaciones y estándares que rigen el sector de la salud.

Acreditación de hospitales y proveedores de atención médica: Los gobiernos a menudo establecen un proceso de acreditación para hospitales y proveedores de atención médica. Esto implica la evaluación de la calidad de los servicios y la seguridad del paciente. Los hospitales y proveedores acreditados cumplen con estándares específicos de calidad y seguridad.

Licencia y certificación de profesionales de la salud: Los profesionales de la salud, como médicos, enfermeras y otros proveedores de atención médica, deben obtener licencias o certificaciones para ejercer legalmente. Esto implica la verificación de la educación, la formación y la competencia de los profesionales de la salud.

Estándares de atención médica: Los gobiernos establecen estándares y directrices de atención médica que deben seguir los profesionales de la salud. Estos estándares pueden abordar cuestiones de seguridad del paciente, procedimientos médicos, ética y calidad del cuidado.

Regulación de la práctica médica: La regulación de la práctica médica incluye normativas sobre la prescripción de medicamentos, la realización de cirugías y otros procedimientos médicos, así como la gestión de registros médicos y la confidencialidad de la información del paciente.

Seguridad del paciente: Los gobiernos trabajan en la promoción de la seguridad del paciente a través de la implementación de protocolos y prácticas para prevenir errores médicos, infecciones nosocomiales y otros riesgos para la salud.

Farmacovigilancia: La regulación de medicamentos incluye la supervisión de la seguridad y eficacia de los medicamentos. Los gobiernos monitorean y regulan la aprobación de nuevos medicamentos, así como la evaluación de los riesgos y beneficios a lo largo del tiempo.

Control de infecciones y salud pública: Los gobiernos tienen un papel en la prevención y el control de enfermedades infecciosas y en la promoción de la salud pública. Esto incluye la regulación de vacunas, medidas de control de epidemias y promoción de prácticas de salud pública.

Ética y derechos del paciente: Las regulaciones también pueden abordar cuestiones éticas en la atención médica, como el consentimiento informado, la toma de decisiones compartida y el respeto de los derechos del paciente.

La regulación de la atención médica es esencial para proteger la salud y la seguridad de los pacientes, garantizar la calidad de la atención y promover la ética en la práctica médica. Los gobiernos trabajan en estrecha colaboración con organismos de salud y profesionales de la salud para desarrollar y aplicar regulaciones que mejoren la atención médica y protejan los intereses de los pacientes. La regulación también contribuye a la confianza pública en el sistema de salud.

Salud pública y prevención de enfermedades: El sector público se dedica a la promoción de la salud pública y la prevención de enfermedades a través de campañas de vacunación, educación sobre salud y control de enfermedades.

La salud pública y la prevención de enfermedades son componentes esenciales de la política de salud en el sector público. El gobierno desempeña un papel fundamental en la promoción de la salud pública y en la prevención de enfermedades a través de diversas iniciativas y programas.

Campañas de vacunación: El gobierno a menudo organiza campañas de vacunación para proteger a la población contra enfermedades infecciosas. Las vacunas son una herramienta efectiva para prevenir enfermedades y proteger la salud pública.

Educación sobre salud: Los gobiernos proporcionan información y educación sobre salud a la población. Esto incluye la promoción de estilos de vida saludables, la concienciación sobre los riesgos de enfermedades y la educación sobre prácticas de prevención.

Control de enfermedades transmisibles: Las agencias de salud pública supervisan y controlan enfermedades transmisibles, como enfermedades infecciosas y epidemias. Esto puede incluir el seguimiento de brotes, la cuarentena, la investigación epidemiológica y la promoción de prácticas de higiene.

Salud materno-infantil: Los programas de salud pública a menudo se centran en la promoción de la salud materno-infantil. Esto incluye el acceso a atención prenatal, la promoción de la lactancia materna y la atención pediátrica.

Prevención del tabaquismo y el consumo de alcohol: Los gobiernos implementan políticas de prevención del tabaquismo y el consumo de alcohol para reducir los riesgos asociados con estos comportamientos.

Control de enfermedades crónicas: La promoción de prácticas de vida saludable y la prevención de enfermedades crónicas, como la diabetes y las enfermedades cardiovasculares, son objetivos importantes de la salud pública.

Seguridad alimentaria y nutrición: La regulación de la seguridad alimentaria y la promoción de una nutrición adecuada son áreas de enfoque para prevenir enfermedades relacionadas con la alimentación.

Salud mental: Los gobiernos promueven la salud mental y la prevención de enfermedades mentales a través de servicios de salud mental y campañas de concienciación.

La salud pública y la prevención de enfermedades buscan reducir la carga de enfermedades y promover la salud y el bienestar de la población. Los programas de salud pública suelen ser colaborativos e involucran a profesionales de la salud, organizaciones no gubernamentales y la sociedad en su conjunto. La inversión en la promoción de la salud pública y la prevención de enfermedades puede generar beneficios significativos en términos de reducción de costos de atención médica y mejora de la calidad de vida de la población.

Seguridad pública:

Policía y fuerzas de seguridad: El gobierno es responsable de mantener la seguridad pública a través de agencias de policía y fuerzas de seguridad. Esto incluye la prevención y la respuesta a delitos.

La seguridad pública es una función fundamental del gobierno, y las agencias de policía y las fuerzas de seguridad desempeñan un papel esencial en el mantenimiento de la ley y el orden en la sociedad. El gobierno es responsable de garantizar la seguridad de sus ciudadanos y de prevenir y responder a los delitos.

Prevención del delito: Las agencias de policía y las fuerzas de seguridad trabajan en la prevención del delito a través de patrullas, vigilancia y la presencia policial visible en las comunidades. Esto puede incluir la implementación de estrategias comunitarias para abordar las causas subyacentes del delito.

Investigación de delitos: Las agencias de policía investigan los delitos para identificar y detener a los presuntos delincuentes. Esto puede incluir la recopilación de pruebas, entrevistas a testigos y la realización de investigaciones forenses.

Mantenimiento de la paz y el orden público: Las fuerzas de seguridad se encargan de mantener la paz y el orden en situaciones de disturbios, protestas o eventos de gran envergadura. Esto se logra a través de la gestión de multitudes, el control del tráfico y la respuesta a emergencias.

Aplicación de la ley: Las agencias de policía tienen la responsabilidad de hacer cumplir las leyes y regulaciones locales, estatales y nacionales. Esto incluye la detención de personas que infringen la ley y la presentación de cargos ante los tribunales.

Protección de la comunidad: Las agencias de policía brindan protección a la comunidad en general y a individuos en situaciones de riesgo. Esto puede incluir la protección de testigos, la lucha contra la violencia doméstica y la asistencia a víctimas de delitos.

Cooperación con otras agencias: Las fuerzas de seguridad a menudo colaboran con otras agencias, como el sistema de justicia penal, servicios de emergencia y agencias de seguridad nacional, para abordar amenazas a la seguridad pública.

Prevención del terrorismo: Las fuerzas de seguridad también tienen un papel en la prevención del terrorismo y la respuesta a situaciones de emergencia relacionadas con la seguridad nacional.

Educación y sensibilización: Las agencias de policía a menudo llevan a cabo programas de educación y sensibilización en la comunidad para promover la seguridad y prevenir el delito. Esto puede incluir la concienciación sobre la seguridad vial y la prevención de delitos.

El mantenimiento de la seguridad pública es esencial para el funcionamiento de una sociedad, y las agencias de policía y las fuerzas de seguridad son responsables de garantizar un entorno seguro para los ciudadanos. Estas agencias operan de acuerdo con la ley y el respeto a los derechos civiles y trabajan en estrecha colaboración con la comunidad para lograr sus objetivos de prevención y respuesta al delito. La seguridad pública es un aspecto fundamental de la gobernanza y el estado de derecho.

Sistemas de justicia penal: El sistema de justicia penal, que incluye tribunales y prisiones, es supervisado por el sector público y es responsable de procesar y sancionar a quienes infringen la ley.

El sistema de justicia penal es un componente crucial de la gobernanza y el mantenimiento del estado de derecho en una sociedad. Este sistema, supervisado por el sector público, está diseñado para procesar y sancionar a quienes infringen la ley y para garantizar que los procesos judiciales sean justos y equitativos.

Tribunales: Los tribunales son instituciones encargadas de administrar justicia. Estos tribunales pueden ser de jurisdicción local, estatal o federal, y se encargan de resolver disputas legales y determinar la culpabilidad o inocencia de los acusados. El sistema judicial garantiza que los acusados reciban un juicio justo y tengan derecho a la defensa legal.

Procesamiento de casos: Las agencias encargadas de hacer cumplir la ley, como la policía y la fiscalía, investigan y presentan casos ante los tribunales. El proceso de procesamiento de casos implica la recopilación de pruebas, la presentación de cargos y la preparación para el juicio.

Defensa legal: Los acusados tienen derecho a la defensa legal. Los abogados defensores, tanto públicos como privados, representan a los acusados y se aseguran de que sus derechos sean protegidos durante el proceso judicial.

Sanciones penales: Cuando un individuo es declarado culpable de un delito, los tribunales imponen sanciones penales que pueden incluir multas, libertad condicional, prisión o medidas alternativas, como el servicio comunitario.

Rehabilitación y reinserción: El sistema de justicia penal también se enfoca en la rehabilitación y la reinserción de los infractores en la sociedad. Esto puede incluir programas de tratamiento para delincuentes, educación en prisión y asistencia para la transición a la vida fuera de la prisión.

Prisiones y centros de detención: Las prisiones y centros de detención son instituciones de corrección que albergan a personas condenadas por delitos. Estas instituciones están bajo la supervisión del gobierno y tienen la responsabilidad de garantizar la seguridad de los reclusos y proporcionar oportunidades para la rehabilitación.

Protección de los derechos humanos: El sistema de justicia penal debe garantizar el respeto de los derechos humanos de los acusados y de los reclusos. Esto incluye el derecho a un juicio justo, la prohibición de la tortura y el acceso a atención médica adecuada en prisión.

Recursos de apelación: Los acusados tienen derecho a apelar sus condenas si consideran que se cometieron errores legales en su caso. Los tribunales de apelación revisan los casos y pueden anular o confirmar las condenas.

Prevención del delito: Además de procesar delincuentes, el sistema de justicia penal también se involucra en la prevención del delito a través de programas de educación y reinserción.

El sistema de justicia penal busca garantizar que la justicia se administre de manera justa y equitativa, y que las personas acusadas de delitos sean tratadas de acuerdo con la ley. La rehabilitación y la prevención del delito son componentes importantes para reducir la reincidencia y promover la seguridad pública. El sistema de justicia penal es un pilar fundamental de la sociedad y el estado de derecho.

Servicios de emergencia: El gobierno brinda servicios de emergencia, como servicios de bomberos y servicios médicos de emergencia, para garantizar la seguridad pública y la respuesta a desastres.

Los servicios de emergencia son una parte vital de la infraestructura pública que garantiza la seguridad pública y la respuesta eficiente a situaciones de emergencia, desastres naturales, incendios y otras situaciones que requieren atención inmediata. El gobierno es responsable de proporcionar y coordinar estos servicios para garantizar la seguridad y el bienestar de la comunidad.

Servicios de Bomberos:

Prevención y control de incendios: Los servicios de bomberos se dedican a prevenir incendios a través de inspecciones y educación sobre seguridad contra incendios. Además, responden a incendios para extinguirlos y salvar vidas y propiedades.

Rescate en situaciones de emergencia: Además de combatir incendios, los bomberos realizan operaciones de rescate en situaciones de emergencia, como accidentes de tráfico, derrumbes de edificios y rescate de personas atrapadas.

Atención médica de emergencia: Muchos servicios de bomberos están capacitados para proporcionar atención médica de emergencia, como reanimación cardiopulmonar (RCP) y primeros auxilios, hasta que llegue una ambulancia.

Mitigación de riesgos: Los bomberos también trabajan para reducir los riesgos de desastres, como la gestión de materiales peligrosos y la respuesta a incidentes químicos y biológicos.

Servicios Médicos de Emergencia (EMS):

Atención médica de urgencia: Los servicios médicos de emergencia brindan atención médica de urgencia en el lugar de la emergencia y durante el transporte al hospital. Esto incluye la estabilización de pacientes, la administración de medicamentos y la respuesta a situaciones médicas críticas.

Transporte médico de emergencia: Los servicios de EMS proporcionan transporte médico a personas que requieren atención médica inmediata en un entorno hospitalario.

Rescate en situaciones de emergencia: Los equipos de EMS, al igual que los bomberos, pueden realizar operaciones de rescate en situaciones de emergencia.

Coordinación con hospitales: Los servicios médicos de emergencia coordinan con hospitales para garantizar la atención adecuada de los pacientes.

La coordinación y colaboración entre los servicios de bomberos, los servicios médicos de emergencia y otras agencias de respuesta a emergencias son esenciales para garantizar una respuesta eficiente y efectiva a situaciones de crisis. Estos servicios no solo se ocupan de situaciones de emergencia, sino que también desempeñan un papel en la prevención de desastres y en la promoción de la seguridad pública a través de programas de educación y concienciación. Su misión es salvar vidas y proteger la seguridad de la comunidad.

La provisión de servicios públicos, como la educación, la salud y la seguridad, es esencial para el bienestar de la población y el desarrollo económico de un país. El sector público desempeña un papel crucial en garantizar el acceso equitativo a estos servicios y en establecer regulaciones que protejan la calidad y la seguridad de los mismos. La inversión en estos sectores es una inversión en el capital humano y el desarrollo sostenible de una sociedad.

24. El sistema monetario: cómo funciona el dinero

El sistema monetario es fundamental para la economía de cualquier país. El dinero es una herramienta que facilita el intercambio de bienes y servicios, y se utiliza como unidad de cuenta y almacén de valor. Aquí se explica cómo funciona el dinero en un sistema monetario:

Funciones del dinero:

Medio de intercambio: El dinero se utiliza como medio de intercambio para facilitar las transacciones comerciales. Las personas pueden intercambiar bienes y servicios por dinero en lugar de realizar trueques.

Facilita el comercio: El dinero hace que el intercambio de bienes y servicios sea más sencillo y eficiente. En lugar de depender de trueques directos, las personas pueden utilizar dinero para comprar lo que necesitan, lo que amplía significativamente las opciones disponibles en el mercado.

Flexibilidad y diversidad de transacciones: El dinero es versátil y se puede utilizar para una amplia variedad de transacciones. Puede utilizarse para comprar alimentos, pagar el alquiler, adquirir bienes duraderos, pagar servicios, realizar inversiones y más.

Elimina la necesidad de la coincidencia de deseos: En un sistema de trueque, ambas partes deben tener lo que la otra parte desea. El dinero elimina esta restricción y permite que las personas compren lo que necesitan con la moneda universalmente aceptada.

Reducción de costos de transacción: Los trueques y las transacciones de trueque a menudo implican costos de búsqueda y negociación significativos. El uso del dinero reduce estos costos al actuar como un intermediario confiable y de fácil manejo.

Facilita el cálculo de precios y valores: El dinero proporciona una unidad común de medida que facilita la comparación de precios y valores. Esto permite a las personas tomar decisiones informadas sobre sus compras y gastos.

Aumenta la eficiencia económica: Al permitir un mercado más eficiente y una mayor especialización económica, el dinero contribuye a un mayor crecimiento económico y a la asignación eficiente de recursos.

Almacén de valor: Además de su función como medio de intercambio, el dinero actúa como un almacén de valor. Las personas pueden ahorrar dinero para usarlo en el futuro, lo que promueve la inversión y el ahorro.

Flexibilidad para las empresas: El dinero facilita las transacciones comerciales y permite que las empresas adquieran materias primas, pague a sus empleados y realice inversiones sin la necesidad de recurrir a trueques complicados.

El dinero desempeña un papel fundamental como medio de intercambio en la economía al simplificar las transacciones, reducir costos y permitir una mayor eficiencia económica. Es una herramienta esencial que ha mejorado significativamente la capacidad de las personas para comerciar y llevar a cabo transacciones en una economía moderna.

Unidad de cuenta: El dinero actúa como una unidad de medida común para valorar los bienes y servicios. Permite a las personas comparar y establecer precios.

La función del dinero como unidad de cuenta es esencial en la economía, ya que proporciona una medida común y estandarizada que permite a las personas comparar, valorar y establecer precios para bienes y servicios. Aquí se explican en detalle las implicaciones y beneficios de esta función del dinero:

Comparación de precios: El dinero permite a los consumidores comparar fácilmente los precios de diferentes productos y servicios. Como el dinero es una medida común de valor, es posible evaluar cuánto cuesta un producto o servicio en relación con otros.

Estándar de valor: El dinero actúa como un estándar o unidad de medida para el valor de los bienes y servicios. Esto significa que los precios se expresan en términos de una unidad monetaria específica (por ejemplo, dólares, euros, etc.), lo que facilita las transacciones y la contabilidad.

Conveniencia en la toma de decisiones: La unidad de cuenta del dinero simplifica la toma de decisiones de compra. Las personas pueden comparar el precio de diferentes opciones y elegir la que mejor se ajuste a sus necesidades y preferencias.

Facilita la contabilidad y la planificación financiera: Para las empresas y los individuos, el dinero como unidad de cuenta facilita la contabilidad y la planificación financiera. Las empresas pueden llevar registros precisos de ingresos y gastos, y las personas pueden presupuestar y planificar sus finanzas de manera más efectiva.

Estabilidad de precios: La estabilidad de precios, en la que el valor del dinero se mantiene relativamente constante, es importante para mantener la función de unidad de cuenta del dinero. Cuando hay inflación significativa, los precios fluctúan bruscamente y la unidad de cuenta puede volverse menos confiable.

Comparación intertemporal: La unidad de cuenta del dinero permite a las personas comparar precios y costos en diferentes momentos. Pueden evaluar si los precios de bienes y servicios han aumentado o disminuido con el tiempo, lo que es importante para tomar decisiones financieras a largo plazo.

Contratos y acuerdos: Los contratos y acuerdos financieros se redactan en términos de la unidad de cuenta del dinero. Esto es crucial para garantizar que todas las partes comprendan claramente los términos y las obligaciones.

Simplifica el comercio internacional: En el comercio internacional, el uso de una moneda común como el dólar estadounidense o el euro facilita las transacciones al proporcionar una unidad de cuenta aceptada globalmente.

En resumen, la función del dinero como unidad de cuenta es esencial para la economía moderna, ya que proporciona una medida común y estandarizada que simplifica las transacciones, la toma de decisiones y la contabilidad. Permite a las personas y las empresas comparar precios y valores de manera eficiente, lo que contribuye a la eficiencia y la transparencia en la economía.

Almacén de valor: El dinero se puede guardar y utilizar en el futuro. Es una forma de preservar valor a lo largo del tiempo. Esto significa que el dinero debe mantener su valor en el tiempo y no deteriorarse significativamente.

Patrón de referencia: El dinero es un patrón de referencia para otras formas de valor, como contratos, deudas y acuerdos financieros.

El dinero cumple dos funciones adicionales importantes en una economía moderna: actúa como almacén de valor y como patrón de referencia.

Almacén de valor:

Preservación del valor a lo largo del tiempo: El dinero sirve como una forma de preservar valor a lo largo del tiempo. Las personas pueden ahorrar dinero en lugar de gastarlo inmediatamente y confiar en que su poder adquisitivo se mantendrá en el futuro. Esto permite a las personas acumular riqueza y planificar para el futuro.

Liquidez: El dinero es altamente líquido, lo que significa que se puede convertir en bienes y servicios o en otros activos rápidamente y sin pérdida significativa de valor. Esta liquidez lo convierte en un almacén de valor eficaz.

Alternativa a otros activos: Las personas a menudo utilizan el dinero como alternativa a otros activos, como bienes raíces, acciones, bonos u otros instrumentos financieros, para mantener su riqueza y preservar su poder adquisitivo.

Protección contra la inflación: El dinero es especialmente útil como almacén de valor cuando mantiene su valor en un entorno económico estable. Sin embargo, en caso de inflación significativa, su poder adquisitivo puede erosionarse con el tiempo.

Patrón de referencia:

Contratos y acuerdos financieros: El dinero es un patrón de referencia en contratos y acuerdos financieros. Cuando se establece un valor en términos de dinero, todas las partes involucradas entienden claramente el valor acordado y las obligaciones asociadas.

Valoración de activos y deudas: El dinero se utiliza para valorar activos, como propiedades y acciones, y deudas, como préstamos y bonos. Esto facilita la evaluación y comparación de activos y pasivos en términos monetarios.

Consistencia y claridad: El dinero como patrón de referencia proporciona una medida común y estandarizada que garantiza la consistencia y la claridad en los contratos y transacciones financieras.

Facilita el comercio internacional: En el comercio internacional, el uso de una moneda común como el dólar estadounidense o el euro como patrón de referencia simplifica las transacciones y la valoración de bienes y servicios en diferentes monedas.

El dinero actúa como un almacén de valor al permitir a las personas preservar su riqueza y planificar para el futuro. También funciona como un patrón de referencia que establece un valor comúnmente aceptado en contratos, acuerdos financieros y valoración de activos y deudas. Estas funciones adicionales del dinero contribuyen a su papel esencial en la economía y en la facilitación de transacciones y acuerdos económicos.

Tipos de dinero:

Dinero en efectivo: Incluye billetes y monedas físicas emitidas por la autoridad monetaria de un país, como un banco central. El dinero en efectivo es de curso legal y se utiliza en transacciones cotidianas.

valores. Los billetes suelen estar disponibles en diferentes valores, como $1, $5, $10, $20, $50, y $100, entre otros. Las monedas también tienen valores, como centavos, dólares y fracciones de la moneda local.

Apariencia y diseño: Los billetes y las monedas están diseñados con características específicas que los hacen únicos y difíciles de falsificar. Pueden incluir elementos de seguridad, como marcas de agua, hologramas, tintas especiales y detalles visuales que ayudan a verificar su autenticidad.

Medio de intercambio cotidiano: El dinero en efectivo se utiliza comúnmente en transacciones cotidianas, como comprar alimentos, pagar el transporte público, hacer compras en tiendas y realizar pagos a pequeña escala. Su portabilidad y facilidad de uso lo hacen conveniente para estas transacciones.

Liquidez inmediata: El dinero en efectivo es altamente líquido, lo que significa que se puede utilizar de inmediato en transacciones. No requiere procesamiento o aprobación adicional y es aceptado de manera casi universal.

Ahorro y reserva de valor: Además de su función como medio de intercambio, muchas personas utilizan el dinero en efectivo como una forma de ahorro y reserva de valor. Pueden guardar billetes y monedas en casa o en cuentas de ahorro para su uso futuro.

Uso en emergencias: El dinero en efectivo es especialmente valioso en situaciones de emergencia, como apagones, problemas técnicos en sistemas de pago electrónico o desastres naturales. En estas situaciones, el efectivo sigue siendo un medio de pago confiable.

Dependencia de la moneda local: El dinero en efectivo se refiere a la moneda local del país en el que se emite. Por lo tanto, su uso está vinculado a la economía y la política monetaria de ese país.

Seguridad y almacenamiento: Aunque es ampliamente aceptado, el dinero en efectivo debe manejarse y almacenarse con precaución para evitar pérdidas, robos o daños.

Es importante destacar que, en la era digital, las transacciones electrónicas y el uso de tarjetas de débito y crédito han ganado popularidad y se utilizan con frecuencia en lugar del dinero en efectivo. Sin embargo, el dinero en efectivo sigue desempeñando un papel significativo en la economía y en las transacciones cotidianas de muchas personas en todo el mundo.

Dinero bancario: Este tipo de dinero se encuentra en cuentas bancarias y se utiliza para transacciones electrónicas, cheques y transferencias. Representa pasivos de los bancos y es más líquido que el dinero en efectivo.

El dinero bancario es una forma de dinero que se encuentra en cuentas bancarias y es utilizado principalmente para transacciones electrónicas, cheques y transferencias. Es una parte esencial de la economía moderna y complementa el dinero en efectivo.

Depósitos bancarios: El dinero bancario se crea cuando las personas y las empresas depositan dinero en cuentas bancarias. Estos depósitos pueden ser en cuentas de cheques, cuentas de ahorro, cuentas de mercado monetario y otras cuentas bancarias.

Facilita transacciones electrónicas: El dinero bancario es altamente líquido y se utiliza para realizar transacciones electrónicas, como transferencias de fondos, pagos con tarjeta de débito y crédito, y pagos en línea. Esto simplifica las transacciones y reduce la necesidad de usar dinero en efectivo.

Cheques: El dinero bancario permite el uso de cheques, que son órdenes de pago escritas que permiten a las personas transferir fondos desde su cuenta bancaria a la cuenta del destinatario. Los cheques son una forma segura y ampliamente utilizada de pago.

Respaldo en reservas bancarias: Los bancos están obligados a mantener un cierto nivel de reservas, que es una parte de los depósitos de los clientes que se almacena en efectivo o en cuentas en el banco central. Sin embargo, el dinero bancario en cuentas corrientes es creado en exceso de estas reservas, lo que permite a los bancos prestar y generar interés a partir de los depósitos.

Representa pasivos de los bancos: El dinero en cuentas bancarias es considerado un pasivo para los bancos, ya que representan deudas hacia los depositantes. Los bancos deben estar preparados para satisfacer las demandas de retiros de los clientes.

Intereses y rendimientos: Los bancos a menudo pagan intereses a los titulares de cuentas de ahorro y cuentas de mercado monetario por mantener su dinero en esas cuentas. Esto permite que las personas ganen intereses sobre sus depósitos bancarios.

Seguridad y control: El dinero bancario es seguro y se puede controlar fácilmente a través de servicios bancarios en línea, lo que permite a las personas verificar saldos, realizar transferencias y realizar un seguimiento de sus transacciones financieras.

Complemento al dinero en efectivo: Aunque el dinero en efectivo sigue siendo importante en las transacciones cotidianas, el dinero bancario complementa su uso y se utiliza para transacciones electrónicas y financieras más complejas.

Es importante destacar que el dinero bancario es una parte fundamental del sistema financiero y de pago moderno, y es ampliamente utilizado en todo el mundo para facilitar las transacciones y la gestión de fondos. Sin embargo, está respaldado por la solidez y la estabilidad del sistema bancario, y la confianza en el mismo es esencial para su funcionamiento eficaz.

Emisión de dinero:

Banco central: En la mayoría de los países, el banco central es la entidad encargada de emitir billetes y monedas de curso legal. También regula la cantidad de dinero en la economía y establece las tasas de interés.

El banco central desempeña un papel crucial en la gestión de la moneda y la política monetaria en la mayoría de los países.

Emisión de moneda: El banco central es la única entidad autorizada para emitir billetes y monedas de curso legal en un país. Esta responsabilidad incluye la impresión y acuñación de dinero físico, así como su distribución en la economía.

Regulación de la cantidad de dinero: El banco central controla la cantidad de dinero en circulación en la economía. Puede ajustar la cantidad de dinero en circulación mediante la compra y venta de activos financieros, lo que influye en la oferta monetaria. Este control es esencial para mantener la estabilidad de precios y evitar la inflación o la deflación significativas.

Establecimiento de tasas de interés: El banco central tiene la autoridad para establecer tasas de interés, como la tasa de interés de referencia o la tasa de descuento. Las tasas de interés influyen en el costo del endeudamiento y en la rentabilidad de las inversiones, lo que a su vez afecta el comportamiento de los consumidores y las empresas.

Supervisión del sistema bancario: El banco central supervisa y regula el sistema bancario para garantizar su solidez y estabilidad. Esto incluye la emisión de regulaciones y directrices para los bancos, la realización de pruebas de estrés y la supervisión de la solvencia y la liquidez de las instituciones financieras.

Función de prestamista de última instancia: En momentos de crisis financiera, el banco central puede actuar como prestamista de última instancia al proporcionar fondos de emergencia a los bancos para mantener la estabilidad del sistema financiero.

Gestión de reservas internacionales: El banco central administra las reservas internacionales del país, como las reservas en divisas extranjeras, para respaldar la estabilidad monetaria y el comercio internacional.

Promoción de la estabilidad financiera: El banco central juega un papel importante en la promoción de la estabilidad financiera, lo que implica prevenir crisis bancarias y financieras y mitigar los riesgos sistémicos.

Asesoramiento al gobierno: El banco central a menudo asesora al gobierno sobre políticas económicas, especialmente en lo que respecta a la política monetaria y fiscal.

Transparencia y rendición de cuentas: El banco central generalmente opera con un alto nivel de transparencia y rendición de cuentas para garantizar la confianza del público y los mercados. Publica informes, declara sus objetivos de política monetaria y comunica sus decisiones de tasas de interés al público.

El banco central desempeña un papel crítico en la gestión de la política monetaria y la estabilidad económica de un país. Sus decisiones y acciones tienen un impacto significativo en la economía, los mercados financieros y la vida de las personas. La independencia del banco central y su capacidad para tomar decisiones basadas en objetivos de política monetaria a largo plazo son aspectos fundamentales para su eficacia.

Bancos comerciales: Los bancos comerciales desempeñan un papel importante en la creación de dinero a través del proceso de multiplicador del dinero. Prestan dinero que se deposita en cuentas, lo que aumenta la cantidad de dinero en la economía.

Los bancos comerciales son instituciones financieras clave en la economía y desempeñan un papel crucial en la creación de dinero a través de un proceso conocido como el multiplicador del dinero.

Depósitos y préstamos: Los bancos comerciales aceptan depósitos de sus clientes, ya sea en cuentas corrientes, cuentas de ahorro o en otras formas de cuentas bancarias. Estos depósitos representan pasivos para los bancos, ya que los bancos están obligados a devolver el dinero a sus clientes cuando lo soliciten.

Préstamos y activos: Los bancos comerciales utilizan los depósitos que reciben para otorgar préstamos a individuos, empresas y otras entidades. Estos préstamos se consideran activos para los bancos, ya que representan el dinero prestado que se espera que se reembolse con intereses.

Multiplicador del dinero: El proceso de multiplicador del dinero se produce cuando un banco comercial presta una parte de los depósitos que ha recibido. Por ejemplo, si un banco recibe un depósito de $1,000 y presta $800 de ese depósito a un prestatario, aún mantiene $200 en reservas (efectivo o depósitos en el banco central) como respaldo. El prestatario, a su vez, deposita los $800 prestados en otro banco comercial, y ese banco puede prestar una parte de esos $800 nuevamente. Este proceso puede repetirse en varios bancos.

Creación de dinero: Como resultado de este proceso, se crea dinero adicional en la economía. El dinero en circulación aumenta a medida que los préstamos se multiplican a través del sistema bancario. La cantidad de dinero que se crea a partir de un depósito inicial se basa en la tasa de reserva requerida por el banco central y la tasa de multiplicador de dinero.

Tasa de reserva requerida: El banco central establece una tasa de reserva requerida que determina cuánto dinero debe mantener un banco como reserva en relación con sus depósitos totales. El resto de los depósitos se puede utilizar para otorgar préstamos.

Control del multiplicador de dinero: El banco central puede influir en la cantidad de dinero creado al ajustar la tasa de reserva requerida. Si se aumenta la tasa de reserva requerida, los bancos deben mantener más dinero como reservas, lo que reduce su capacidad para prestar y multiplicar el dinero. Si se reduce la tasa de reserva requerida, los bancos pueden prestar más y multiplicar el dinero.

Importancia en la economía: La creación de dinero a través del proceso de multiplicador del dinero es esencial para la expansión económica y el funcionamiento de la economía. Permite a las personas y las empresas acceder a crédito, financiar inversiones y mantener la liquidez en la economía.

Es importante tener en cuenta que, aunque los bancos comerciales desempeñan un papel crucial en la creación de dinero, están sujetos a regulaciones y supervisión por parte de las autoridades financieras y el banco central para garantizar su solidez y la estabilidad del sistema financiero. Además, la política monetaria y las decisiones del banco central también influyen en el proceso de multiplicador del dinero y la cantidad de dinero en circulación.

Política monetaria:

Control de la cantidad de dinero: El banco central puede ajustar la cantidad de dinero en circulación mediante la compra y venta de activos financieros, la modificación de las tasas de interés y otras herramientas de política monetaria.

El control de la cantidad de dinero en circulación es una de las responsabilidades más importantes del banco central en su función de gestionar la política monetaria. El banco central utiliza diversas herramientas para influir en la oferta de dinero en la economía y, por lo tanto, en la estabilidad de precios y otras metas económicas.

Operaciones de mercado abierto: El banco central puede llevar a cabo operaciones de mercado abierto, que implican la compra y venta de activos financieros, como bonos del gobierno, valores respaldados por hipotecas y otros instrumentos. Al comprar activos, el banco central inyecta dinero en la economía, aumentando la oferta de dinero. Al vender activos, retira dinero de la economía.

Tasas de interés: El banco central puede ajustar las tasas de interés de referencia, como la tasa de interés de política (tasa de descuento) o la tasa de interés de mercado (tasas de fondos federales en el caso de la Reserva Federal de Estados Unidos). Cambiar las tasas de interés puede influir en la disposición de los bancos a prestar dinero y en la decisión de las personas y las empresas de tomar préstamos.

Requisitos de reserva: El banco central puede establecer requisitos de reserva para los bancos comerciales, especificando la cantidad de dinero que deben mantener en reserva en relación con sus depósitos. Aumentar los requisitos de reserva reduce la cantidad de dinero que los bancos pueden prestar y multiplicar a través del proceso de multiplicador del dinero.

Tipo de cambio: En el caso de un banco central en un país con una moneda extranjera, la intervención en el mercado de divisas puede afectar la cantidad de dinero en circulación. Comprar o vender moneda extranjera puede aumentar o reducir la oferta de dinero en la economía.

Comunicación de política monetaria: La comunicación efectiva de la política monetaria por parte del banco central puede influir en las expectativas del mercado y en el comportamiento de los agentes económicos. Anunciar las intenciones del banco central en cuanto a las tasas de interés y la oferta de dinero puede afectar la toma de decisiones financieras.

La combinación de estas herramientas permite al banco central ajustar la oferta de dinero para alcanzar sus objetivos de política monetaria. Los objetivos típicos de política monetaria incluyen mantener la estabilidad de precios, promover el crecimiento económico y controlar la inflación.

Es importante destacar que el uso de estas herramientas es una responsabilidad crítica y delicada, ya que un control inadecuado de la cantidad de dinero puede dar lugar a problemas económicos, como la inflación descontrolada o la recesión. Por lo tanto, el banco central debe tomar decisiones cuidadosas y basadas en datos para lograr un equilibrio en la economía.

Estabilidad de precios: Una de las metas clave de la política monetaria es mantener la estabilidad de precios para evitar la inflación o la deflación significativas.

La estabilidad de precios es una de las metas clave de la política monetaria y se refiere al mantenimiento de un nivel general de precios que experimenta una inflación moderada y evita la deflación significativa. La estabilidad de precios es esencial para el funcionamiento saludable de una economía y para el bienestar de las personas.

Inflación moderada: La inflación moderada se refiere a un aumento gradual y controlado de los precios de bienes y servicios en una economía. Un cierto nivel de inflación es considerado normal y saludable, ya que puede reflejar el crecimiento económico y el aumento de la demanda. Sin embargo, cuando la inflación es excesivamente alta, puede erosionar el poder adquisitivo de la moneda y reducir la calidad de vida de las personas.

Deflación significativa: La deflación es el opuesto de la inflación y se refiere a una disminución generalizada y sostenida de los precios. La deflación significativa puede ser perjudicial, ya que puede llevar a la disminución de la demanda de bienes y servicios, la disminución de la inversión y el aumento del desempleo. Las empresas pueden postergar la inversión y los consumidores pueden retrasar las compras esperando precios más bajos en el futuro.

Impacto en el poder adquisitivo: La estabilidad de precios es importante para preservar el poder adquisitivo de la moneda. Cuando los precios suben de manera incontrolada (alta inflación), el poder adquisitivo de la moneda disminuye, lo que significa que se necesita más dinero para comprar los mismos bienes y servicios. Esto puede afectar negativamente a las personas con ingresos fijos y ahorros.

Confianza del consumidor y empresarial: La estabilidad de precios contribuye a la confianza del consumidor y empresarial. Cuando las personas pueden prever los precios con relativa certeza, es más probable que gasten y hagan inversiones. La incertidumbre sobre los precios puede llevar a la toma de decisiones económicas menos eficientes.

Política monetaria: El banco central desempeña un papel clave en la gestión de la estabilidad de precios a través de la política monetaria. Ajusta las tasas de interés y utiliza otras herramientas para controlar la cantidad de dinero en circulación, lo que a su vez influye en la inflación y la estabilidad de precios.

Objetivo de inflación: En muchas economías, los bancos centrales establecen un objetivo de inflación, que es un nivel específico al que aspiran mantener la inflación. El objetivo de inflación suele ser un porcentaje anual, y el banco central ajusta su política monetaria para lograr este objetivo.

Indicadores económicos: Para evaluar la estabilidad de precios, se utilizan indicadores económicos, como el índice de precios al consumidor (IPC) y el índice de precios al productor (IPP), que miden el cambio en los precios de bienes y servicios en la economía.

La estabilidad de precios es un objetivo esencial para evitar las distorsiones económicas y promover un ambiente propicio para el crecimiento sostenible. La gestión eficaz de la política monetaria es fundamental para lograr este objetivo y para mantener la confianza en la moneda y en la economía en su conjunto.

Bancos y sistema financiero:

Los bancos y otras instituciones financieras desempeñan un papel importante en la intermediación financiera. Aceptan depósitos de los ahorradores y otorgan préstamos a quienes necesitan financiamiento.

La intermediación financiera es un proceso clave en el sistema financiero que involucra a las instituciones financieras, como bancos y otras entidades financieras, para conectar a los ahorradores con aquellos que necesitan financiamiento. Esta función de intermediación es fundamental para facilitar el flujo de fondos en la economía y apoyar el crecimiento económico.

Captación de depósitos: Los bancos y otras instituciones financieras captan depósitos de individuos, empresas e instituciones. Estos depósitos pueden ser en cuentas corrientes, cuentas de ahorro, cuentas a plazo fijo y otros tipos de cuentas. Los ahorradores confían su dinero a estas instituciones financieras para mantenerlo seguro y, a menudo, generan intereses sobre los depósitos.

Concesión de préstamos: Las instituciones financieras utilizan los fondos captados a través de los depósitos y otras fuentes de financiamiento para otorgar préstamos a personas, empresas y gobiernos que necesitan financiamiento. Los préstamos pueden ser para una variedad de propósitos, como comprar una casa, expandir un negocio o financiar proyectos gubernamentales.

Intermediación de crédito: Los bancos y otras instituciones financieras actúan como intermediarios de crédito, conectando a prestatarios con prestamistas. Facilitan la canalización de fondos de aquellos con excedentes de dinero (ahorradores) hacia aquellos que tienen necesidades de financiamiento.

Evaluación del riesgo crediticio: Antes de otorgar préstamos, los bancos y las instituciones financieras evalúan el riesgo crediticio de los prestatarios. Esto implica determinar la capacidad y la disposición de los prestatarios para cumplir con sus obligaciones de pago. La evaluación del riesgo crediticio es fundamental para garantizar la seguridad y la solidez financiera de las instituciones financieras.

Generación de intereses y comisiones: Los bancos obtienen ingresos de la diferencia entre las tasas de interés que pagan a los depositantes y las tasas de interés que cobran a los prestatarios. También pueden cobrar comisiones y tarifas por servicios financieros, como la emisión de cheques, la gestión de cuentas y la intermediación en transacciones financieras.

Diversificación de riesgos: Las instituciones financieras diversifican sus riesgos al prestar a una variedad de prestatarios y al mantener carteras de activos diversificadas. Esto ayuda a reducir el riesgo de pérdidas significativas en caso de que algunos prestatarios incumplan sus obligaciones.

Fomento del ahorro y la inversión: Las instituciones financieras promueven el ahorro al proporcionar incentivos, como tasas de interés, para atraer a los ahorradores. Al mismo tiempo, fomentan la inversión al proporcionar financiamiento a personas y empresas que buscan expandir sus actividades.

Contribución a la estabilidad financiera: Las instituciones financieras también juegan un papel en la estabilidad financiera al proporcionar liquidez a la economía y al actuar como prestamistas de última instancia en situaciones de crisis.

Regulación y supervisión: Los bancos y las instituciones financieras están sujetos a regulaciones y supervisión por parte de las autoridades financieras y el banco central para garantizar su solidez y la protección de los depositantes y los prestatarios.

La intermediación financiera es esencial para mantener el flujo de fondos en la economía y facilitar el crecimiento económico. Las instituciones financieras desempeñan un papel crucial en este proceso al conectar a quienes tienen excedentes de fondos con quienes necesitan financiamiento, lo que contribuye al funcionamiento eficaz del sistema financiero y al desarrollo económico.

Regulación y supervisión:

Los sistemas monetarios están sujetos a regulación y supervisión por parte de las autoridades gubernamentales para garantizar la integridad y estabilidad del sistema financiero.

La regulación y supervisión de los sistemas monetarios y financieros son fundamentales para garantizar la integridad y estabilidad del sistema financiero, proteger a los inversores y depositantes, prevenir prácticas fraudulentas y promover la confianza en el sistema. Las autoridades gubernamentales, que a menudo incluyen al banco central y otras agencias regulatorias, desempeñan un papel crucial en este proceso.

Regulación financiera: La regulación financiera implica el establecimiento de reglas y regulaciones que gobiernan la conducta de las instituciones financieras y otras entidades que operan en el sistema financiero. Esto incluye la regulación de bancos, instituciones de valores, compañías de seguros, fondos de inversión y otras entidades financieras. La regulación abarca una amplia gama de aspectos, como los requisitos de capital, la gestión de riesgos, la contabilidad, la transparencia y la prevención del lavado de dinero.

Supervisión financiera: La supervisión financiera implica la vigilancia y el control continuos de las instituciones financieras para garantizar su cumplimiento con las regulaciones y para evaluar su salud financiera. Las agencias de supervisión, que pueden ser independientes o formar parte de una entidad gubernamental, tienen la autoridad para llevar a cabo auditorías, inspecciones y monitoreo constante de las actividades de las instituciones financieras.

Estabilidad financiera: Las autoridades gubernamentales, incluido el banco central, tienen la responsabilidad de preservar la estabilidad financiera. Esto implica monitorear y abordar riesgos sistémicos que puedan amenazar el sistema financiero en su conjunto. En tiempos de crisis financiera, el gobierno y el banco central pueden intervenir para garantizar la estabilidad.

Protección al consumidor: La regulación financiera a menudo incluye medidas destinadas a proteger a los consumidores y a los inversores. Esto puede incluir requisitos de divulgación, prohibiciones de prácticas engañosas y la creación de agencias de protección al consumidor.

Prevención del lavado de dinero y la financiación del terrorismo: Las autoridades gubernamentales implementan regulaciones y supervisan las actividades financieras para prevenir el lavado de dinero y la financiación del terrorismo. Esto incluye la implementación de políticas Know Your Customer (KYC) y la presentación de informes de transacciones sospechosas.

Resolución de crisis financieras: En caso de crisis financiera, las autoridades gubernamentales pueden desempeñar un papel importante en la resolución de la crisis. Esto puede incluir la recapitalización de bancos en problemas, la nacionalización de instituciones financieras, la garantía de depósitos y la inyección de liquidez en el sistema.

Cooperación internacional: Dado que las actividades financieras a menudo trascienden las fronteras, la cooperación internacional es fundamental. Los acuerdos y organismos internacionales, como el Comité de Basilea sobre Supervisión Bancaria, desempeñan un papel en el establecimiento de estándares y prácticas globales de regulación y supervisión.

La regulación y supervisión del sistema financiero son esenciales para garantizar que funcione de manera segura y eficiente. Además, contribuyen a mantener la confianza en el sistema y protegen a los consumidores e inversores. Los eventos financieros, como la crisis económica de 2008, han destacado la importancia de una regulación y supervisión efectivas para prevenir riesgos sistémicos y proteger la economía en su conjunto.

El dinero es un componente esencial de la economía moderna y facilita el comercio, la inversión y el ahorro. Un sistema monetario eficiente es crucial para el funcionamiento de la economía y el bienestar de la sociedad. Los bancos centrales y otras instituciones financieras desempeñan un papel fundamental en la gestión y regulación del sistema monetario.

25.Economía de las crisis financieras

La economía de las crisis financieras es un campo de estudio que se centra en comprender las causas, las dinámicas y las consecuencias de las crisis financieras en las economías. Estas crisis pueden tener un impacto significativo en los mercados financieros, la economía real y la vida de las personas. Aquí se presentan algunos conceptos clave y aspectos importantes relacionados con la economía de las crisis financieras:

Definición de crisis financiera: Una crisis financiera es un evento en el que los mercados financieros experimentan una perturbación significativa que resulta en la interrupción del flujo de crédito y la pérdida de confianza en el sistema financiero. Las crisis financieras pueden manifestarse de diversas formas, como crisis bancarias, colapsos de mercados de valores, crisis de deuda soberana y crisis cambiarias.

Una crisis financiera es un fenómeno económico caracterizado por una serie de perturbaciones significativas en los mercados financieros que pueden tener un impacto negativo en la economía en su conjunto. Estas perturbaciones a menudo resultan en la interrupción del flujo de crédito y la pérdida de confianza en el sistema financiero. Aquí hay una ampliación del concepto de crisis financiera:

Perturbaciones en los mercados financieros: Una crisis financiera implica perturbaciones, con frecuencia abruptas y generalizadas, en los mercados financieros. Estos mercados incluyen el mercado de valores, el mercado de deuda, el mercado de divisas y el mercado bancario. Las perturbaciones pueden manifestarse en forma de caídas sustanciales de precios de activos, volatilidad extrema, congelamiento del mercado de crédito o pérdida de valor de las inversiones.

Flujo de crédito interrumpido: Uno de los signos más distintivos de una crisis financiera es la interrupción del flujo de crédito. Esto significa que las instituciones financieras pueden volverse reacias a prestar dinero a empresas y particulares, lo que puede tener efectos paralizantes en la inversión y el gasto. Esta falta de acceso al crédito puede agravar la crisis económica.

Pérdida de confianza: La confianza en el sistema financiero es un componente fundamental para su funcionamiento. En una crisis financiera, se produce una pérdida de confianza generalizada. Los inversores, depositantes y prestamistas pueden retirar su apoyo a las instituciones financieras debido a temores sobre la solidez y la solvencia de estas instituciones.

Diversas manifestaciones: Las crisis financieras pueden asumir diversas formas, lo que incluye:

Crisis bancarias: Cuando los bancos enfrentan problemas significativos de solvencia y liquidez, lo que lleva a la retirada de depósitos y al colapso del sistema bancario.

Colapsos de mercados de valores: Cuando los mercados de valores experimentan caídas bruscas y sostenidas en los precios de las acciones, lo que puede erosionar la riqueza de los inversores y tener un efecto negativo en el consumo.

Crisis de deuda soberana: Cuando un país enfrenta problemas para pagar su deuda, lo que puede llevar a una reestructuración de la deuda o incluso al impago.

Crisis cambiarias: Cuando una moneda experimenta una depreciación repentina y significativa en relación con otras monedas, lo que puede tener efectos en el comercio internacional y la inversión extranjera.

Impacto económico y social: Las crisis financieras tienen un impacto económico significativo. Pueden resultar en recesiones económicas, aumento del desempleo, contracción del crecimiento económico y pérdida de riqueza para inversores y hogares. El costo económico y social de una crisis financiera puede ser sustancial y puede llevar tiempo recuperarse de sus efectos.

Respuesta política: En respuesta a una crisis financiera, los gobiernos y los bancos centrales suelen tomar medidas para estabilizar los mercados financieros y restaurar la confianza. Esto puede incluir la inyección de liquidez, la garantía de depósitos, la recapitalización de instituciones financieras y políticas fiscales y monetarias expansivas.

Lecciones aprendidas y reformas: Las crisis financieras a menudo llevan a un replanteamiento de las regulaciones financieras y a reformas destinadas a fortalecer la supervisión, mejorar la gestión de riesgos y reducir el riesgo sistémico. Las lecciones aprendidas de las crisis pasadas influyen en las políticas y prácticas futuras en el sector financiero.

Una crisis financiera es un evento complejo y disruptivo que tiene profundas implicaciones para la economía y la sociedad en su conjunto. A menudo se requiere una respuesta coordinada de las autoridades económicas y financieras para mitigar sus efectos y restaurar la estabilidad financiera.

Causas de las crisis financieras: Las crisis financieras pueden tener múltiples causas, que incluyen burbujas especulativas, prácticas crediticias imprudentes, falta de regulación adecuada, eventos macroeconómicos adversos, cambios repentinos en la confianza del mercado y factores geopolíticos.

Las crisis financieras pueden tener una variedad de causas, y es importante comprender que a menudo no se deben a un solo factor, sino a una combinación de factores. A continuación, se detallan algunas de las causas más comunes de las crisis financieras:

Burbujas especulativas: Una de las causas más frecuentes de las crisis financieras es la formación y posterior estallido de burbujas especulativas en los mercados de activos. Esto ocurre cuando los precios de los activos, como bienes raíces, acciones o commodities, suben de manera desproporcionada en relación con su valor subyacente. Los inversores compran activos con la expectativa de que los precios seguirán aumentando, lo que alimenta la especulación. Cuando la burbuja estalla y los precios caen abruptamente, puede desencadenar una crisis financiera.

Prácticas crediticias imprudentes: Durante las fases de expansión económica, las instituciones financieras a veces adoptan prácticas de préstamo imprudentes. Esto puede incluir la concesión de préstamos a prestatarios de alto riesgo, la relajación de los estándares de crédito y la acumulación de deudas insostenibles. Cuando los prestatarios no pueden cumplir con sus obligaciones de pago, las instituciones financieras enfrentan pérdidas significativas, lo que puede desencadenar una crisis.

Falta de regulación adecuada: La falta de regulación y supervisión adecuadas en el sector financiero puede permitir la aparición de comportamientos riesgosos y prácticas abusivas. La desregulación excesiva o la falta de aplicación de las regulaciones existentes pueden aumentar la fragilidad del sistema financiero y su susceptibilidad a crisis.

Eventos macroeconómicos adversos: Eventos macroeconómicos inesperados, como recesiones, crisis energéticas o desastres naturales, pueden ejercer presión sobre los mercados financieros. Los cambios en las condiciones económicas pueden afectar la capacidad de las empresas y los individuos para cumplir con sus obligaciones financieras, lo que a su vez puede llevar a una crisis.

Cambios repentinos en la confianza del mercado: La confianza del mercado es un elemento crucial en el funcionamiento de los mercados financieros. Cambios repentinos en la confianza, ya sea por eventos inesperados o noticias negativas, pueden llevar a la venta masiva de activos y a una rápida caída de los precios. La percepción de que el sistema financiero está en riesgo puede desencadenar una crisis de confianza.

Factores geopolíticos: Los factores geopolíticos, como conflictos armados, sanciones económicas y tensiones comerciales, pueden tener un impacto en los mercados financieros. La incertidumbre política y económica generada por eventos geopolíticos puede provocar la volatilidad en los mercados y desencadenar crisis.

Desequilibrios comerciales y deuda externa: Los desequilibrios comerciales y la acumulación de deuda externa pueden aumentar la vulnerabilidad de un país a crisis financieras. Cuando un país depende en exceso de financiamiento extranjero, puede enfrentar dificultades si los inversores extranjeros retiran su capital.

Problemas en el sistema bancario: Las crisis bancarias, donde las instituciones financieras enfrentan problemas de solvencia o liquidez, pueden ser una causa importante de crisis financieras. Los retiros masivos de depósitos o la exposición a activos tóxicos pueden desencadenar problemas sistémicos.

Es importante destacar que las causas de una crisis financiera pueden variar según la crisis y el contexto económico. Además, las crisis financieras a menudo resultan de una combinación de factores interrelacionados. La comprensión de estas causas es fundamental para prevenir y gestionar crisis financieras en el futuro.

Secuencia de una crisis financiera: Las crisis financieras suelen seguir una secuencia común. Comienzan con la percepción de riesgo en los mercados, lo que lleva a la retirada de fondos de instituciones financieras y la caída de los precios de activos. A medida que la crisis se intensifica, las instituciones financieras pueden quebrar, lo que conduce a una mayor pérdida de confianza y una disminución del crédito disponible.

Percepción de riesgo creciente: El proceso generalmente comienza con la percepción de un mayor riesgo en los mercados financieros o en la economía en su conjunto. Esto puede deberse a una variedad de factores, como señales de debilitamiento económico, tensiones geopolíticas, incertidumbre política o eventos negativos inesperados.

Retirada de fondos: A medida que la percepción de riesgo aumenta, los inversores y depositantes pueden comenzar a retirar fondos de instituciones financieras y activos de mayor riesgo. Esta retirada puede incluir la venta de acciones, la retirada de depósitos bancarios y la venta de bonos u otros activos financieros.

Caída de precios de activos: La retirada de fondos y la venta masiva de activos a menudo conducen a una caída en los precios de activos. Esto puede incluir una disminución en el valor de las acciones, bonos, bienes raíces y otros activos financieros. La caída de los precios de activos puede erosionar la riqueza de los inversores y las instituciones financieras.

Aumento de la volatilidad: A medida que los precios de los activos se desploman y la incertidumbre aumenta, la volatilidad en los mercados financieros puede aumentar significativamente. Los inversores pueden volverse nerviosos y propensos a reacciones emocionales, lo que puede exacerbar la volatilidad.

Problemas en las instituciones financieras: La caída de los precios de activos y la retirada de fondos pueden generar problemas de solvencia y liquidez en las instituciones financieras. Algunas instituciones pueden verse incapaces de cubrir sus obligaciones financieras o de afrontar la retirada masiva de depósitos.

Pérdida de confianza: La aparición de problemas en las instituciones financieras y la caída de los precios de activos pueden erosionar aún más la confianza en el sistema financiero. Los inversores y depositantes pueden temer que sus activos no estén seguros en las instituciones financieras, lo que puede llevar a una retirada aún mayor de fondos.

Disminución del crédito disponible: A medida que se intensifica la crisis y las instituciones financieras enfrentan problemas de solvencia y liquidez, pueden volverse reacias a prestar dinero. Esto conduce a una disminución del crédito disponible para empresas y particulares, lo que puede afectar negativamente la inversión y el gasto.

Respuesta de las autoridades económicas: En respuesta a la crisis, los gobiernos y los bancos centrales suelen tomar medidas para estabilizar los mercados financieros y restaurar la confianza. Esto puede incluir la inyección de liquidez, la garantía de depósitos, la recapitalización de instituciones financieras y políticas fiscales y monetarias expansivas.

Duración y recuperación: La duración de una crisis financiera y su recuperación pueden variar significativamente según la gravedad y las políticas implementadas. Algunas crisis pueden resolverse relativamente rápido, mientras que otras pueden tener efectos a más largo plazo en la economía y los mercados.

La secuencia de una crisis financiera puede ser rápida y desencadenar eventos significativos en los mercados financieros y la economía real. La respuesta oportuna de las autoridades económicas y financieras es esencial para limitar el impacto de la crisis y restaurar la estabilidad financiera.

Impacto económico: Las crisis financieras pueden tener un impacto económico significativo. Pueden resultar en recesiones económicas, aumento del desempleo, contracción del crédito y pérdida de riqueza para inversores y hogares. El costo económico y social de una crisis financiera puede ser sustancial.

El impacto económico de una crisis financiera puede ser profundo y abarcar diversos aspectos de la economía y la sociedad.

Recesión económica: Las crisis financieras a menudo desencadenan recesiones económicas. La contracción en la actividad económica puede ser el resultado de la disminución de la inversión empresarial, la disminución del consumo, la caída de la producción y la reducción de la demanda agregada. Durante una recesión, el Producto Interno Bruto (PIB) puede disminuir, lo que indica una contracción económica.

Aumento del desempleo: Las empresas pueden reducir la contratación o recortar empleos como respuesta a una crisis financiera. El aumento del desempleo es un efecto común de las recesiones, ya que las empresas buscan reducir costos y adaptarse a la disminución de la demanda. El desempleo elevado puede afectar negativamente el bienestar de las personas y reducir los ingresos disponibles.

Contracción del crédito: Durante una crisis financiera, las instituciones financieras a menudo se vuelven reacias a prestar dinero. Esto puede dificultar la financiación de proyectos de inversión y el acceso al crédito para empresas y particulares. La contracción del crédito puede frenar la inversión y el gasto, lo que a su vez puede prolongar la recesión.

Pérdida de riqueza: La caída de los precios de los activos, como las acciones y los bienes raíces, puede llevar a la pérdida de riqueza para inversores y hogares. Esto reduce la capacidad de las personas para gastar e invertir, lo que puede debilitar la demanda agregada y retrasar la recuperación económica.

Impacto en las finanzas públicas: Las crisis financieras pueden tener un impacto en las finanzas públicas a través de la reducción de los ingresos fiscales y el aumento de los gastos relacionados con la asistencia social y los rescates financieros. Los gobiernos a menudo implementan políticas fiscales expansivas para estimular la economía y estabilizar el sistema financiero, lo que puede llevar a un aumento de la deuda pública.

Aumento de la incertidumbre económica: Las crisis financieras pueden generar incertidumbre económica y financiera. La incertidumbre puede desalentar la inversión y el gasto, ya que las empresas y los consumidores pueden posponer decisiones económicas importantes hasta que se aclare el panorama económico.

Desafíos para las pequeñas empresas: Las pequeñas empresas suelen ser especialmente vulnerables durante una crisis financiera, ya que pueden tener dificultades para acceder al crédito y enfrentar presiones financieras. El cierre de pequeñas empresas puede tener un impacto significativo en el empleo y la economía local.

Desigualdad económica: Las crisis financieras a menudo tienen un impacto desigual en la sociedad. Las personas con ingresos más bajos suelen ser más vulnerables a los efectos negativos, como la pérdida de empleo y la dificultad para acceder al crédito. Esto puede aumentar la desigualdad económica.

Cambios en las políticas económicas: Las crisis financieras a menudo llevan a cambios en las políticas económicas y financieras. Los gobiernos y los bancos centrales pueden implementar medidas de estímulo fiscal y monetario, así como reformas regulatorias, para estabilizar la economía y prevenir futuras crisis.

En resumen, el impacto económico de una crisis financiera es complejo y puede afectar de manera significativa la economía y la sociedad. La recuperación económica generalmente depende de la magnitud de la crisis, la eficacia de las políticas de respuesta y la rapidez con la que se restaura la confianza en los mercados financieros.

Política de respuesta: En respuesta a una crisis financiera, los gobiernos y los bancos centrales a menudo toman medidas para estabilizar los mercados financieros y restaurar la confianza. Esto puede incluir la inyección de liquidez, la nacionalización de instituciones financieras en problemas, la garantía de depósitos y la implementación de políticas fiscales y monetarias expansivas.

La política de respuesta a una crisis financiera es fundamental para mitigar sus efectos negativos en la economía y el sistema financiero.

Inyección de liquidez: Para abordar la escasez de liquidez en el sistema financiero, los bancos centrales a menudo inyectan liquidez en el sistema mediante la compra de activos financieros, como bonos gubernamentales y valores respaldados por hipotecas. Esta medida ayuda a mantener el flujo de crédito y evita que las instituciones financieras enfrenten problemas de liquidez.

Política monetaria expansiva: Los bancos centrales pueden reducir las tasas de interés y llevar a cabo medidas de flexibilización cuantitativa para estimular el gasto y la inversión. La reducción de las tasas de interés busca abaratar el crédito y alentar a las empresas y los consumidores a pedir préstamos y gastar.

Garantía de depósitos: Para prevenir una retirada masiva de depósitos y restaurar la confianza en el sistema bancario, los gobiernos a menudo garantizan los depósitos bancarios hasta cierto límite. Esto tranquiliza a los depositantes y evita la fuga de capitales de los bancos.

Nacionalización o rescate de instituciones financieras: En casos de crisis severas, los gobiernos pueden tomar el control o nacionalizar instituciones financieras en problemas. Esto implica la compra de acciones o activos de instituciones financieras con problemas para mantener su solidez financiera y estabilidad. En algunos casos, las instituciones pueden ser rescatadas con fondos públicos.

Estímulo fiscal: Los gobiernos pueden implementar políticas fiscales expansivas, como el aumento del gasto público o la reducción de impuestos, para estimular la demanda agregada y la inversión. Estas medidas buscan contrarrestar la recesión económica y acelerar la recuperación.

Supervisión y regulación reforzadas: Después de una crisis financiera, es común que se refuercen las regulaciones financieras y se mejore la supervisión de las instituciones financieras. Esto tiene como objetivo reducir el riesgo sistémico y fortalecer la estabilidad del sistema financiero.

Reestructuración de deuda: En casos de crisis de deuda soberana, los gobiernos pueden negociar la reestructuración de su deuda para reducir la carga de intereses y permitir un alivio fiscal. Esto puede implicar acuerdos con tenedores de bonos para modificar los términos de la deuda.

Coordinación internacional: Dado que las crisis financieras pueden tener efectos globales, la cooperación internacional es importante. Los gobiernos y organismos internacionales pueden trabajar juntos para abordar la crisis y evitar la propagación de efectos negativos a nivel mundial.

Mejora de la transparencia y la divulgación: Para restaurar la confianza en los mercados financieros, se pueden implementar medidas destinadas a mejorar la transparencia y la divulgación de información por parte de las instituciones financieras. Esto ayuda a los inversores y reguladores a evaluar los riesgos de manera más precisa.

La respuesta a una crisis financiera depende de la gravedad de la crisis, la estructura del sistema financiero y las condiciones económicas en juego. La coordinación entre las autoridades económicas y financieras es esencial para abordar eficazmente una crisis y mitigar sus efectos económicos y financieros.

Reformas regulatorias: Las crisis financieras a menudo llevan a un replanteamiento de las regulaciones financieras. Después de la crisis financiera de 2008, se implementaron reformas regulatorias significativas en muchos países para fortalecer la supervisión de instituciones financieras, aumentar la transparencia y reducir el riesgo sistémico.

Las crisis financieras a menudo impulsan reformas regulatorias con el objetivo de fortalecer el sistema financiero y prevenir futuras crisis. Después de la crisis financiera de 2008, que tuvo un impacto global, se llevaron a cabo importantes reformas regulatorias en muchos países, con un enfoque en varios aspectos clave del sistema financiero.

Leyes de Reforma Financiera: En los Estados Unidos, se promulgó la Ley Dodd-Frank de Reforma de Wall Street y Protección al Consumidor en 2010. Esta ley introdujo una serie de cambios significativos en el sistema financiero, incluyendo la creación de la Oficina de Protección Financiera del Consumidor, la regulación de derivados y la supervisión más estricta de las instituciones financieras sistémicamente importantes.

Regulación de Derivados: Se impusieron regulaciones más estrictas sobre los derivados financieros, que desempeñaron un papel importante en la crisis de 2008. Estas regulaciones incluyeron la compensación centralizada y la divulgación de contratos de derivados.

Mayor Capitalización de los Bancos: Se incrementaron los requisitos de capital para los bancos con el objetivo de hacerlos más resistentes a los choques financieros. Esto se logró a través de los Acuerdos de Basilea III, que introdujeron estándares más rigurosos para la cantidad y la calidad del capital de los bancos.

Evaluación de la Solidez Financiera (Stress Tests): Se implementaron pruebas de resistencia (stress tests) para evaluar la capacidad de los bancos para soportar situaciones de estrés financiero. Esto ayudó a identificar los bancos que podrían ser vulnerables a crisis financieras.

Mayor Transparencia: Se promovió la transparencia en los mercados financieros, incluyendo la divulgación de información sobre riesgos, productos financieros complejos y las actividades de las instituciones financieras.

Regulación de Agencias de Calificación Crediticia: Se establecieron regulaciones más estrictas para las agencias de calificación crediticia con el objetivo de evitar conflictos de interés y mejorar la calidad de las calificaciones crediticias.

Regulación de Instituciones Financieras Sistémicamente Importantes: Se introdujeron regulaciones más estrictas para las instituciones financieras consideradas sistémicamente importantes, con el objetivo de evitar que su fracaso tenga un impacto catastrófico en la economía.

Coordinación Internacional: Se promovió la coordinación entre países y regiones para abordar los desafíos financieros globales. Se establecieron normas y estándares comunes en el marco del Grupo de los Veinte (G20) y otras organizaciones internacionales.

Estas reformas regulatorias tenían como objetivo abordar las debilidades y riesgos que se identificaron durante la crisis financiera de 2008. A pesar de las diferencias en las regulaciones financieras de un país a otro, se hizo un esfuerzo por promover estándares y mejores prácticas comunes en el sistema financiero global para reducir el riesgo sistémico y prevenir futuras crisis financieras.

Efecto global: Las crisis financieras no se limitan a las fronteras nacionales y pueden tener un impacto global. Las interconexiones financieras y comerciales entre países significan que una crisis en una parte del mundo puede propagarse rápidamente a otras regiones.

El efecto global de las crisis financieras es un fenómeno significativo y común en la economía globalizada actual. Las crisis financieras no se limitan a las fronteras nacionales y pueden tener efectos que se propagan rápidamente a otras regiones y países. Esto se debe a varias razones:

Interconexiones financieras: En un mundo globalizado, las instituciones financieras, los mercados de capitales y los inversores están interconectados a nivel internacional. Las instituciones financieras tienen sucursales y filiales en múltiples países, y los inversores internacionales participan en los mercados financieros de todo el mundo. Esto significa que los problemas financieros en un país pueden afectar a instituciones financieras y mercados en otros países.

Comercio internacional: Las crisis financieras pueden afectar el comercio internacional. Una crisis en un país puede llevar a una disminución de la demanda de importaciones, lo que afecta a las exportaciones de otros países. Además, la volatilidad en los tipos de cambio y las tasas de interés puede afectar a las transacciones comerciales internacionales.

Flujos de capital: Durante una crisis financiera, los flujos de capital pueden revertirse rápidamente. Los inversores pueden retirar fondos de un país y buscar refugio en activos más seguros en otros lugares. Esto puede llevar a la depreciación de las monedas locales y aumentar la volatilidad en los mercados de divisas.

Confianza y sentimiento del mercado: La confianza en los mercados financieros y el sentimiento del mercado pueden ser influenciados por eventos en otros lugares. Una crisis financiera en un país puede generar preocupaciones y temores en otros mercados, lo que a su vez puede desencadenar una respuesta negativa de los inversores en cascada.

Impacto en los precios de las materias primas: Las crisis financieras también pueden afectar los precios de las materias primas, que son vitales para muchas economías. La caída de la demanda global, la disminución de la actividad económica y la depreciación de las monedas pueden influir en los precios de las materias primas, como el petróleo, los metales y los alimentos.

Respuesta internacional: La respuesta a una crisis financiera en un país a menudo implica la cooperación y la coordinación internacional. Los gobiernos, los bancos centrales y las organizaciones internacionales pueden trabajar juntos para mitigar los efectos negativos de la crisis y estabilizar los mercados financieros.

Transmisión de riesgos sistémicos: En un mundo altamente interconectado, los riesgos sistémicos pueden propagarse rápidamente. La quiebra de una institución financiera sistémicamente importante en un país puede desencadenar una reacción en cadena que afecta a otras instituciones y regiones.

En resumen, la interconexión de los mercados financieros, el comercio internacional y la rápida transmisión de información en la era digital hacen que las crisis financieras tengan un impacto global significativo. Los gobiernos y las organizaciones internacionales trabajan para mitigar estos efectos y prevenir la propagación de crisis a nivel mundial.

Prevención y preparación: La prevención y la preparación son fundamentales para mitigar el impacto de las crisis financieras. Esto incluye la supervisión efectiva de las instituciones financieras, la gestión de riesgos y la planificación de contingencias.

La prevención y la preparación son componentes esenciales para reducir la probabilidad de crisis financieras y minimizar su impacto cuando ocurren.

Supervisión y regulación efectivas: Los reguladores financieros deben supervisar de cerca a las instituciones financieras para identificar riesgos y garantizar que cumplan con las regulaciones existentes. Esto implica establecer estándares de capitalización, evaluaciones de activos y evaluaciones de riesgos. Las regulaciones deben ser adecuadas y actualizadas para abordar los riesgos emergentes.

Pruebas de resistencia (Stress tests): Las pruebas de resistencia son simulaciones que evalúan cómo las instituciones financieras resistirían situaciones adversas, como una recesión económica o una crisis financiera. Estas pruebas ayudan a identificar vulnerabilidades y garantizan que los bancos tengan suficiente capital para absorber pérdidas.

Supervisión transfronteriza: Dada la naturaleza global de los mercados financieros, es fundamental la cooperación y la supervisión a nivel internacional. Los reguladores y supervisores financieros de diferentes países deben trabajar juntos para abordar los riesgos transfronterizos y garantizar que las instituciones financieras cumplan con los estándares globales.

Política macroprudencial: La política macroprudencial busca identificar y mitigar los riesgos sistémicos en la economía. Los reguladores pueden utilizar herramientas macroprudenciales, como requisitos de capital adicionales para las instituciones financieras sistémicamente importantes, para fortalecer la resiliencia del sistema financiero.

Reservas de liquidez y capitalización adecuada: Las instituciones financieras deben mantener reservas adecuadas de capital y liquidez para hacer frente a situaciones de estrés financiero. Esto implica tener suficiente capital para absorber pérdidas y acceso a fuentes de liquidez en caso de necesidad.

Planificación de contingencias: Las instituciones financieras y los reguladores deben tener planes de contingencia sólidos en caso de una crisis. Esto puede incluir planes de recuperación y resolución que describan cómo se gestionarían los problemas financieros y cómo se evitaría un colapso sistémico.

Educación financiera y transparencia: Fomentar la educación financiera y la transparencia es fundamental para empoderar a los inversores y consumidores. Las personas deben comprender los productos financieros en los que invierten y deben tener acceso a información clara y precisa.

Alertas tempranas: Desarrollar sistemas de alerta temprana para identificar señales de posibles crisis financieras es crucial. Estos sistemas pueden detectar indicadores clave, como el crecimiento excesivo del crédito o la acumulación de riesgos en el sistema financiero.

Coordinación y cooperación: Los gobiernos, los reguladores y las organizaciones internacionales deben coordinarse y cooperar en la prevención y gestión de crisis financieras. Esto incluye compartir información, mejores prácticas y lecciones aprendidas de crisis anteriores.

Continuo monitoreo y revisión: La prevención y preparación no son procesos estáticos. Deben ser revisados y ajustados a medida que cambian las condiciones económicas y financieras. Los reguladores deben estar atentos a las nuevas tendencias y riesgos emergentes.

La prevención y la preparación son esenciales para reducir la probabilidad de crisis financieras y limitar su impacto en la economía y la sociedad. La implementación de estas medidas contribuye a la estabilidad del sistema financiero y a la protección de los inversores y consumidores.

Lecciones aprendidas: Cada crisis financiera proporciona lecciones importantes para mejorar la gestión de riesgos y la regulación financiera. A lo largo de la historia, las crisis financieras han llevado a cambios en las políticas y prácticas financieras.

Cada crisis financiera ofrece valiosas lecciones que pueden dar lugar a mejoras en la gestión de riesgos y en la regulación financiera. A lo largo de la historia, las crisis financieras han llevado a una serie de cambios en las políticas y prácticas financieras.

Importancia de la regulación y supervisión: Las crisis financieras han resaltado la necesidad de una regulación y supervisión efectivas de las instituciones financieras. Las regulaciones sólidas son esenciales para prevenir prácticas riesgosas y garantizar la estabilidad del sistema financiero.

Resiliencia financiera: Las instituciones financieras deben mantener una sólida capitalización y liquidez para resistir situaciones de estrés. La crisis financiera de 2008 mostró que muchas instituciones no estaban lo suficientemente preparadas para absorber pérdidas significativas.

Importancia de las pruebas de resistencia: Las pruebas de resistencia son una herramienta valiosa para evaluar la capacidad de las instituciones financieras para enfrentar situaciones adversas. Estas pruebas son ahora un componente común de la regulación financiera.

Supervisión a nivel internacional: Dada la naturaleza global de los mercados financieros, la cooperación y la supervisión a nivel internacional son esenciales para abordar los riesgos transfronterizos y garantizar que las instituciones cumplan con los estándares globales.

Necesidad de transparencia y divulgación: La transparencia en los mercados financieros y la divulgación de información precisa son fundamentales para empoderar a los inversores y garantizar la confianza en el sistema financiero.

Alertas tempranas y sistemas de monitoreo: Desarrollar sistemas de alerta temprana para detectar indicadores de posibles crisis financieras es crucial para tomar medidas preventivas.

Política macroprudencial: La política macroprudencial es esencial para identificar y mitigar los riesgos sistémicos en la economía.

Planificación de contingencias: Tener planes de contingencia sólidos para abordar problemas financieros y evitar un colapso sistémico es esencial.

Educación financiera: Fomentar la educación financiera y la alfabetización financiera es importante para empoderar a los inversores y consumidores.

Coordinación y cooperación: La coordinación y la cooperación entre gobiernos, reguladores y organizaciones internacionales son fundamentales para abordar los desafíos financieros globales.

Revisión y ajuste continuos: La prevención y la preparación no son procesos estáticos y deben ser revisados y ajustados a medida que cambian las condiciones económicas y financieras.

Estas lecciones aprendidas de crisis financieras pasadas han dado lugar a reformas regulatorias y prácticas financieras mejoradas. La intención es reducir la probabilidad de futuras crisis y mitigar su impacto en la economía y la sociedad. La historia demuestra que cada crisis financiera es una oportunidad para aprender y mejorar, pero también subraya la importancia de la vigilancia constante y la adaptación a un entorno financiero en constante cambio.

La economía de las crisis financieras es un campo multidisciplinario que involucra a economistas, analistas financieros, reguladores y responsables políticos. Comprender las causas y las dinámicas de las crisis financieras es fundamental para prevenir futuras crisis y para responder de manera efectiva cuando ocurren.

26.Economía del mercado de trabajo: ¿es el pleno empleo posible?

El concepto de "pleno empleo" se refiere a una situación en la que prácticamente todas las personas que desean trabajar y están disponibles para hacerlo tienen empleo. Sin embargo, la idea del pleno empleo no implica que no existan desempleados en absoluto, sino que el desempleo es muy bajo y se limita principalmente al desempleo friccional (personas que están entre empleos) y al desempleo estructural (cuando las habilidades de un trabajador no coinciden con las demandas del mercado laboral).

La posibilidad de lograr el pleno empleo es un objetivo económico deseable, ya que implica que la economía está funcionando eficientemente y que la mayoría de las personas tienen acceso a oportunidades de empleo. Sin embargo, en la práctica, alcanzar un estado de pleno empleo absoluto es extremadamente difícil y, en la mayoría de las economías, poco realista por varias razones:

Desempleo friccional: Incluso en una economía saludable, siempre habrá personas que están entre empleos. Esto se debe a la movilidad laboral y la necesidad de tiempo para buscar y encontrar empleo adecuado.

El desempleo friccional es un tipo de desempleo que ocurre en una economía saludable y se debe principalmente a la movilidad laboral y al tiempo que las personas necesitan para buscar y encontrar empleo adecuado.

Movilidad laboral: La movilidad laboral se refiere a la capacidad de los trabajadores para cambiar de empleo o ubicación geográfica en busca de oportunidades laborales que se ajusten mejor a sus habilidades y preferencias. La movilidad laboral puede ser necesaria cuando, por ejemplo, un trabajador pierde su empleo o busca una mejora en sus condiciones laborales. En una economía dinámica, los trabajadores a menudo cambian de empleo a lo largo de sus carreras en busca de oportunidades que se ajusten mejor a sus objetivos profesionales y personales.

Tiempo necesario para buscar empleo adecuado: Cuando una persona pierde un trabajo o entra al mercado laboral, es probable que no encuentre un empleo adecuado de inmediato. Buscar un trabajo que coincida con las habilidades y preferencias de un individuo puede llevar tiempo. Esto implica la búsqueda de empleo, la presentación de solicitudes, la realización de entrevistas y, a veces, la espera de respuestas de los empleadores. Durante este período de búsqueda, la persona se considera desempleada friccionalmente.

El desempleo friccional no se considera un problema grave en una economía saludable, ya que es una parte natural del proceso de búsqueda de empleo y cambio de trabajos. De hecho, cierto nivel de desempleo friccional puede ser beneficioso para la economía, ya que permite que las personas encuentren trabajos que se adapten mejor a sus habilidades y preferencias, lo que a su vez puede aumentar la eficiencia del mercado laboral.

Para mitigar el desempleo friccional, es importante que las personas tengan acceso a información sobre oportunidades laborales y recursos para la búsqueda de empleo, como servicios de empleo, portales de búsqueda de trabajo en línea y redes profesionales. Además, la inversión en educación y capacitación puede ayudar a los trabajadores a adquirir nuevas habilidades y aumentar su empleabilidad, lo que reduce la duración del desempleo friccional.

Desempleo estructural: El desempleo estructural se produce cuando hay un desajuste entre las habilidades de los trabajadores y las demandas del mercado laboral. Esto significa que algunas personas no pueden encontrar empleo debido a la falta de cualificaciones requeridas para los trabajos disponibles.

El desempleo estructural es un tipo de desempleo que ocurre cuando existe un desajuste entre las habilidades de los trabajadores y las demandas del mercado laboral. Este desajuste se produce porque las habilidades y cualificaciones de algunas personas no coinciden con los requisitos de los trabajos disponibles en la economía. Como resultado, las personas desempleadas estructuralmente no pueden encontrar empleo adecuado debido a esta falta de correspondencia entre lo que tienen para ofrecer y lo que se busca en el mercado laboral.

Las causas del desempleo estructural pueden incluir:

Cambios tecnológicos: La automatización y los avances tecnológicos pueden hacer que ciertos trabajos sean obsoletos o requieran habilidades diferentes. Las personas cuyas habilidades ya no son relevantes para el mercado laboral pueden enfrentar el desempleo estructural.

Cambios en la demanda laboral: Los cambios en la economía y en las industrias pueden dar lugar a cambios en la demanda de ciertas habilidades. Si la demanda de ciertas ocupaciones disminuye debido a factores económicos o industriales, las personas que trabajan en esas ocupaciones pueden enfrentar dificultades para encontrar empleo.

Geografía: A veces, el desempleo estructural puede ser el resultado de la falta de oportunidades de empleo en una región geográfica en particular. Las personas pueden estar dispuestas a trabajar, pero si no hay empleadores que ofrezcan empleos compatibles con sus habilidades y ubicación, pueden enfrentar el desempleo estructural.

Para abordar el desempleo estructural, pueden ser necesarias intervenciones que ayuden a las personas a adquirir nuevas habilidades o reentrenarse en campos de mayor demanda. Esto puede incluir programas de formación y capacitación, así como políticas que fomenten la movilidad geográfica y la adaptación a las cambiantes demandas del mercado laboral. En general, el desempleo estructural suele requerir soluciones a más largo plazo que el desempleo friccional, que se refiere a la transición entre empleos y es una parte natural del mercado laboral.

Ciclos económicos: Las economías experimentan ciclos económicos con períodos de auge y recesión. Durante las recesiones, el desempleo tiende a aumentar, incluso si el pleno empleo se logra en momentos de auge económico.

Los ciclos económicos son fluctuaciones recurrentes en la actividad económica de una economía a lo largo del tiempo. Estos ciclos se caracterizan por períodos de auge (expansión) y recesión (contracción).

Auge económico (expansión): Durante los períodos de auge económico, la economía crece, las empresas tienen un mejor desempeño y la demanda de trabajo suele ser alta. En estas condiciones, el desempleo tiende a ser bajo, y es más probable que la mayoría de las personas encuentren empleo. El pleno empleo, que es el nivel de empleo en el que prácticamente todas las personas que desean trabajar tienen empleo, es más alcanzable durante estas fases de auge económico.

Recesión económica (contracción): Durante los períodos de recesión económica, la actividad económica se contrae, las empresas pueden enfrentar dificultades financieras y, a menudo, disminuye la demanda de trabajo. Como resultado, el desempleo tiende a aumentar durante las recesiones. Incluso si se había alcanzado el pleno empleo en un período de auge económico anterior, la recesión puede revertir esa situación y dar lugar a tasas de desempleo más altas.

Efecto rezagado del empleo: Incluso después de que una economía haya salido de una recesión y entre en una fase de recuperación, el desempleo puede permanecer elevado durante un tiempo. Esto se debe al llamado "efecto rezagado del empleo". Las empresas pueden ser cautelosas al contratar trabajadores, incluso cuando la economía comienza a mejorar, y es posible que algunos trabajadores desempleados no encuentren empleo de inmediato.

En resumen, los ciclos económicos tienen un impacto significativo en las tasas de desempleo. Durante los períodos de auge económico, el desempleo tiende a ser bajo, y el pleno empleo es más factible. Sin embargo, durante las recesiones, el desempleo tiende a aumentar, y el pleno empleo puede ser difícil de mantener. Es importante que los responsables de la formulación de políticas tomen medidas para estabilizar la economía y promover el empleo durante las recesiones, con el objetivo de reducir las fluctuaciones en las tasas de desempleo a lo largo del ciclo económico.

Cambios tecnológicos y cambios en la demanda laboral: La automatización y la evolución de la tecnología pueden cambiar la demanda de habilidades laborales, lo que puede llevar al desempleo estructural para algunos trabajadores.

Los cambios tecnológicos y las evoluciones en la tecnología tienen un impacto significativo en la demanda de habilidades laborales en la economía. Esto puede llevar a una situación en la que algunos trabajadores enfrenten el desempleo estructural debido a la falta de habilidades que sean relevantes para los empleadores.

Automatización y tecnología avanzada: La automatización y la adopción de tecnología avanzada, como la inteligencia artificial y la robótica, pueden hacer que ciertas tareas sean más eficientes y menos costosas. A medida que las empresas adoptan estas tecnologías para aumentar la productividad, es posible que algunas tareas sean realizadas por máquinas en lugar de trabajadores humanos.

Cambio en la demanda laboral: La automatización y la tecnología también pueden cambiar la demanda de habilidades laborales en la economía. Por ejemplo, las habilidades técnicas y de programación pueden volverse más valiosas en un entorno donde la automatización es común. Al mismo tiempo, las habilidades rutinarias y repetitivas pueden volverse menos demandadas.

Desajuste de habilidades: Cuando se produce un cambio significativo en la demanda de habilidades laborales, puede haber un desajuste entre las habilidades de los trabajadores y las necesidades del mercado laboral. Algunos trabajadores pueden no poseer las habilidades necesarias para los empleos disponibles, lo que puede llevar al desempleo estructural.

Para abordar el desempleo estructural causado por cambios tecnológicos y en la demanda laboral, es esencial que los trabajadores se adapten y adquieran nuevas habilidades. La educación y la capacitación continua son clave para ayudar a los trabajadores a mantenerse relevantes en un mercado laboral en constante evolución. Además, la inversión en la formación de habilidades relevantes para la economía actual y futura es esencial para reducir el desempleo estructural.

Las políticas públicas, programas de formación y colaboración entre la industria y las instituciones educativas pueden desempeñar un papel importante en la mitigación de los efectos negativos de los cambios tecnológicos en el empleo y en la reducción del desempleo estructural.

Variabilidad geográfica: A veces, el pleno empleo puede lograrse a nivel nacional, pero no necesariamente a nivel regional. Algunas áreas pueden tener una falta crónica de oportunidades de empleo.

La variabilidad geográfica en las tasas de empleo y desempleo es un fenómeno común en muchas economías. Esto significa que, aunque a nivel nacional se puede lograr el pleno empleo o una tasa de desempleo baja, algunas áreas geográficas pueden experimentar una falta crónica de oportunidades de empleo y tasas de desempleo más altas.

Concentración industrial: Algunas áreas geográficas pueden depender en gran medida de una industria o sector específico. Si ese sector experimenta dificultades, como la reducción de la demanda o la automatización, la falta de diversificación económica puede resultar en una alta tasa de desempleo en esa área.

Migración: La movilidad geográfica de la población puede influir en las tasas de desempleo en diferentes regiones. Si las personas emigran de áreas con pocas oportunidades de empleo a áreas con una economía más sólida, la tasa de desempleo puede aumentar en las áreas de origen y disminuir en las áreas de destino.

Recursos y educación: Las áreas geográficas con acceso limitado a recursos y oportunidades educativas pueden enfrentar dificultades para generar empleo y atraer inversión. Esto puede resultar en tasas de desempleo más altas en esas regiones.

Demografía: La estructura demográfica de una región puede influir en las tasas de desempleo. Por ejemplo, las áreas con una población envejecida pueden tener una menor participación en la fuerza laboral, lo que puede contribuir a tasas de desempleo más bajas, pero también a una menor oferta de trabajadores.

Políticas locales: Las políticas y decisiones gubernamentales locales pueden influir en la creación de empleo y en las tasas de desempleo en una región específica. Las políticas que fomentan la inversión, la formación de habilidades y el desarrollo económico local pueden ayudar a reducir el desempleo en áreas con falta de oportunidades laborales.

Para abordar la variabilidad geográfica en las tasas de desempleo, es importante que los gobiernos y las autoridades locales consideren políticas y estrategias específicas para promover el desarrollo económico en áreas desfavorecidas. Esto puede incluir la inversión en infraestructura, programas de capacitación, incentivos fiscales y otras medidas para fomentar la creación de empleo y la inversión en estas regiones. Además, la promoción de la movilidad geográfica de la población, cuando sea factible, puede ayudar a equilibrar las tasas de desempleo en todo el país.

Factores demográficos: La población activa (personas en edad de trabajar) cambia con el tiempo debido a la demografía, lo que puede influir en las tasas de desempleo.

Los factores demográficos desempeñan un papel significativo en la dinámica de las tasas de desempleo. Los cambios en la composición y tamaño de la población activa, es decir, las personas en edad de trabajar que están dispuestas y en condiciones de emplearse, pueden influir en las tasas de desempleo de diversas maneras.

Crecimiento poblacional: El crecimiento o decrecimiento de la población en edad de trabajar puede influir en la oferta de trabajadores. Un aumento en la población activa sin un aumento correspondiente en la creación de empleo puede resultar en tasas de desempleo más altas.

Envejecimiento de la población: El envejecimiento de la población, caracterizado por un aumento en la proporción de personas mayores, puede tener un impacto en las tasas de desempleo. Las personas mayores pueden tener tasas de participación laboral más bajas, lo que podría reducir las tasas de desempleo, ya que algunos de ellos pueden optar por la jubilación en lugar de buscar empleo. Sin embargo, el envejecimiento de la población también puede significar que algunas personas mayores enfrenten dificultades para encontrar empleo si desean seguir trabajando.

Cambios en la estructura familiar: Los cambios en la estructura de las familias, como un aumento en el número de familias monoparentales o familias con ambos padres trabajando, pueden influir en las tasas de participación laboral. Por ejemplo, las personas pueden optar por no buscar empleo o reducir su participación en la fuerza laboral si necesitan cuidar a niños u otros miembros de la familia.

Migración: La migración de trabajadores hacia o desde una región puede influir en las tasas de desempleo en ambas áreas. La migración de trabajadores puede aumentar la oferta de trabajo en el lugar de destino y disminuirla en el lugar de origen.

Tasas de natalidad y fecundidad: Las tasas de natalidad y fecundidad también pueden influir en la demografía de la población activa. Un aumento en las tasas de natalidad puede llevar a un aumento en la población en edad de trabajar en el futuro.

Es importante que los responsables de la formulación de políticas consideren estos factores demográficos al abordar el desempleo. La inversión en programas de formación y capacitación adaptados a las necesidades de una población activa en evolución y el diseño de políticas que fomenten la participación laboral de grupos demográficos específicos pueden ayudar a mitigar los efectos del cambio demográfico en las tasas de desempleo.

Si bien el pleno empleo absoluto puede ser difícil de lograr, los responsables de la formulación de políticas buscan alcanzar un nivel de desempleo bajo y sostenible en el que la mayoría de las personas tengan acceso a oportunidades de empleo. Esto implica abordar el desempleo friccional y estructural, promover la formación de habilidades, fomentar la inversión y mantener una economía saludable que minimice las recesiones.

Aunque alcanzar el pleno empleo absoluto es un objetivo deseable, en la práctica es difícil de lograr debido a la presencia de diversas formas de desempleo y a los cambios en la economía y la tecnología. El objetivo principal es mantener tasas de desempleo bajas y sostenibles, donde la mayoría de las personas puedan encontrar empleo.

27.Economía del comercio justo y la sostenibilidad.

La economía del comercio justo y la sostenibilidad se centra en promover prácticas comerciales que sean social y ambientalmente responsables, y que busquen un trato equitativo para los productores, trabajadores y comunidades en todo el mundo. A continuación, se exploran los conceptos clave de esta economía:

Comercio justo: El comercio justo se basa en la idea de que los productores, en su mayoría de países en desarrollo, deben recibir un precio justo por sus productos, que les permita vivir dignamente y mejorar sus condiciones de vida. Esto implica el establecimiento de precios mínimos garantizados y primas por encima del precio de mercado, así como la promoción de relaciones comerciales directas entre los productores y los compradores.

el comercio justo se fundamenta en la búsqueda de equidad y justicia en las relaciones comerciales, especialmente en lo que respecta a los productores de países en desarrollo.

Precio justo: En el comercio justo, se garantiza a los productores un precio justo por sus productos, que cubre al menos los costos de producción y proporciona un margen de beneficio que les permita mantener un nivel de vida adecuado para ellos y sus familias.

Eliminación de intermediarios abusivos: En muchas cadenas de suministro convencionales, los intermediarios pueden aprovecharse de los productores al imponer precios muy bajos. El comercio justo promueve la eliminación de intermediarios abusivos y fomenta las relaciones comerciales directas entre los productores y los compradores, lo que reduce los costos y mejora la transparencia.

Primas y fondos de desarrollo: Además del precio mínimo garantizado, los productores reciben primas adicionales que se utilizan para financiar proyectos de desarrollo en sus comunidades, como la construcción de escuelas, centros de salud o infraestructura local. Estas primas contribuyen al bienestar de las comunidades y al empoderamiento de los productores.

Respeto por los derechos laborales: El comercio justo promueve condiciones laborales justas y seguras para los trabajadores. Esto incluye la prohibición del trabajo infantil y del trabajo forzado, así como el derecho a la sindicalización y a un salario digno.

Sostenibilidad: El comercio justo también se preocupa por la sostenibilidad ambiental. Se promueve la agricultura sostenible y prácticas respetuosas con el medio ambiente. Se busca reducir el uso de pesticidas y promover la conservación de los recursos naturales.

Transparencia y trazabilidad: La transparencia y la trazabilidad son fundamentales en el comercio justo. Los consumidores pueden rastrear el origen de los productos y conocer la historia de los productores involucrados, lo que brinda confianza en la autenticidad y ética de los productos.

Certificación y etiquetado: Existen organizaciones de certificación que otorgan etiquetas de comercio justo a los productos que cumplen con los estándares. Estas etiquetas, como el sello Fair Trade, ayudan a los consumidores a identificar productos éticos y sostenibles.

El comercio justo se ha convertido en un movimiento global que busca promover una distribución más equitativa de los beneficios del comercio internacional. Al comprar productos de comercio justo, los consumidores contribuyen a mejorar las condiciones de vida de los productores y trabajadores en comunidades de todo el mundo, además de respaldar prácticas comerciales éticas y sostenibles.

Sostenibilidad ambiental: La sostenibilidad ambiental se refiere a la gestión responsable de los recursos naturales y la reducción del impacto ambiental en la producción y el comercio. En el contexto del comercio justo, esto implica promover prácticas agrícolas sostenibles, la conservación de la biodiversidad y la reducción de la huella ecológica en la producción y distribución de productos.

La sostenibilidad ambiental es un enfoque que busca garantizar que las prácticas humanas, incluyendo la producción y el comercio, sean compatibles con la conservación y preservación a largo plazo del medio ambiente y los recursos naturales del planeta. Este enfoque se centra en la gestión responsable de los recursos naturales y la reducción del impacto ambiental.

Conservación de recursos: La sostenibilidad ambiental promueve el uso responsable y la conservación de los recursos naturales, como el agua, el suelo, los bosques, los minerales y la biodiversidad. Esto implica evitar la explotación excesiva de estos recursos para que estén disponibles para las generaciones futuras.

Reducción de emisiones y residuos: La sostenibilidad ambiental busca reducir las emisiones de gases de efecto invernadero y minimizar la generación de residuos. Esto incluye la promoción de prácticas industriales más limpias, la eficiencia energética y la gestión adecuada de los desechos.

Energías renovables y eficiencia energética: Fomentar el uso de fuentes de energía renovable, como la solar y la eólica, es fundamental para la sostenibilidad ambiental. Además, se busca mejorar la eficiencia energética en la producción y el consumo para reducir el uso de combustibles fósiles y las emisiones de carbono.

Agricultura sostenible: En la producción de alimentos, la sostenibilidad ambiental implica la adopción de prácticas agrícolas sostenibles que protejan la calidad del suelo, reduzcan el uso de pesticidas y conserven la biodiversidad.

Movilidad sostenible: Fomentar el transporte público, el uso de vehículos eléctricos y la movilidad activa, como caminar y andar en bicicleta, contribuye a la reducción de la contaminación del aire y las emisiones de gases de efecto invernadero.

Biodiversidad y conservación: La sostenibilidad ambiental también se preocupa por la conservación de la biodiversidad, incluyendo la protección de ecosistemas críticos y la lucha contra la pérdida de especies.

Consumo responsable: Los consumidores desempeñan un papel importante al elegir productos y servicios que sean sostenibles y respetuosos con el medio ambiente. Al preferir productos fabricados de manera sostenible, pueden incentivar prácticas comerciales más responsables.

Certificación y etiquetado ambiental: Existen sistemas de certificación y etiquetado que ayudan a los consumidores a identificar productos y servicios que cumplen con estándares de sostenibilidad ambiental. Ejemplos incluyen el sello de comercio justo y las etiquetas de energía eficiente.

La sostenibilidad ambiental es un enfoque interdisciplinario que se aplica a una amplia gama de sectores, desde la agricultura y la energía hasta la gestión de residuos y el transporte. Su objetivo principal es garantizar que las generaciones actuales y futuras puedan disfrutar de un planeta saludable y sostenible. La promoción de prácticas sostenibles en la producción y el comercio es esencial para abordar los desafíos ambientales globales, como el cambio climático y la pérdida de biodiversidad.

Ética y derechos laborales: El comercio justo se basa en principios éticos y en el respeto de los derechos laborales. Esto incluye la prohibición del trabajo infantil y el trabajo forzado, así como la promoción de condiciones laborales seguras y saludables, salarios justos y el derecho a la sindicalización.

La ética y los derechos laborales son fundamentales en el comercio justo y en cualquier modelo de comercio y producción sostenible y responsable.

Prohibición del trabajo infantil: Una de las principales preocupaciones éticas en el comercio justo es la erradicación del trabajo infantil. Esto significa que los productores que participan en el comercio justo deben comprometerse a no emplear a niños en condiciones que puedan dañar su salud, educación y desarrollo. En cambio, se fomenta que los niños reciban educación y tengan la oportunidad de crecer en un ambiente saludable.

Prohibición del trabajo forzado: El comercio justo también se opone al trabajo forzado o la servidumbre. Los trabajadores deben ser empleados de manera voluntaria y no pueden ser sometidos a condiciones laborales coercitivas. Deben tener la libertad de dejar su empleo si así lo desean.

Condiciones laborales seguras y saludables: Se espera que los empleadores en el comercio justo proporcionen condiciones laborales seguras y saludables para sus trabajadores. Esto implica tomar medidas para prevenir accidentes laborales y proteger la salud de los empleados.

Salarios justos: Uno de los principios centrales del comercio justo es garantizar que los trabajadores reciban salarios justos por su trabajo. Esto implica pagar un salario que cubra las necesidades básicas de los trabajadores y sus familias, así como proporcionar un margen de beneficio razonable.

Derecho a la sindicalización: Los trabajadores en el comercio justo tienen el derecho de asociarse en sindicatos y negociar colectivamente con los empleadores. Esto les permite tener voz en las decisiones laborales y proteger sus intereses.

Transparencia y auditorías: La transparencia y la rendición de cuentas son componentes clave de la ética y los derechos laborales en el comercio justo. Los productores y empleadores deben permitir auditorías independientes para verificar el cumplimiento de los estándares de ética y derechos laborales.

Capacitación y desarrollo: El comercio justo a menudo incluye programas de capacitación y desarrollo para los trabajadores, lo que les permite adquirir nuevas habilidades y mejorar sus perspectivas laborales.

La promoción de la ética y los derechos laborales en el comercio justo busca garantizar que los trabajadores sean tratados con dignidad y respeto, y que tengan condiciones de trabajo justas y seguras. Esto no solo beneficia a los trabajadores, sino que también contribuye a la sostenibilidad a largo plazo de las comunidades y la producción responsable de bienes y servicios. Los consumidores pueden respaldar estos principios eligiendo productos y marcas que cumplan con estándares éticos y de derechos laborales.

Transparencia y trazabilidad: La transparencia y la trazabilidad son fundamentales en el comercio justo. Los consumidores deben poder rastrear el origen de los productos y conocer la historia de los productores involucrados. Esto brinda confianza a los consumidores de que están comprando productos que cumplen con los estándares de comercio justo y sostenibilidad.

La transparencia y la trazabilidad son componentes esenciales del comercio justo y desempeñan un papel fundamental en la construcción de la confianza de los consumidores.

Transparencia: La transparencia implica que todas las partes involucradas en la cadena de suministro del comercio justo, desde los productores hasta los compradores, deben operar de manera abierta y honesta. Esto significa que se debe proporcionar información clara sobre las prácticas, los costos, los precios y las condiciones laborales. La transparencia también se relaciona con la divulgación de la estructura de costos y los márgenes de beneficio.

Trazabilidad: La trazabilidad se refiere a la capacidad de rastrear el origen y la historia de un producto a lo largo de toda la cadena de suministro. En el comercio justo, los productos suelen llevar etiquetas o códigos que permiten a los consumidores conocer la ubicación de los productores, cómo se produjo el producto y las prácticas involucradas. Esto brinda a los consumidores la seguridad de que están comprando un producto genuino de comercio justo.

La transparencia y la trazabilidad son importantes por varias razones:

Confianza del consumidor: Los consumidores quieren saber de dónde provienen los productos que compran y cómo se producen. La transparencia y la trazabilidad ayudan a construir confianza, ya que los consumidores pueden verificar que los productos cumplen con los estándares éticos y de sostenibilidad que respaldan.

Rendición de cuentas: La transparencia y la trazabilidad permiten la rendición de cuentas. Si se detecta una violación de los estándares éticos o de derechos laborales, los consumidores y las partes interesadas pueden identificar y abordar el problema.

Incentivos para la mejora: Cuando los productores y las empresas se comprometen con la transparencia y la trazabilidad, tienen un incentivo para mantener altos estándares. Saben que sus prácticas y productos están siendo observados y evaluados por los consumidores y las organizaciones de comercio justo.

Educación del consumidor: La transparencia y la trazabilidad también ofrecen oportunidades de educación al consumidor. Los consumidores pueden aprender sobre los desafíos que enfrentan los productores y las comunidades en todo el mundo, lo que fomenta la empatía y el apoyo a las prácticas comerciales éticas.

La tecnología, como la blockchain y los sistemas de seguimiento y trazabilidad, ha facilitado la implementación de la transparencia y la trazabilidad en el comercio justo. Estos avances permiten un seguimiento más preciso de los productos a lo largo de la cadena de suministro y ofrecen a los consumidores una visión más clara de cómo se producen los productos que compran.

Desarrollo comunitario: El comercio justo busca mejorar las condiciones de vida de las comunidades productoras. Parte de los ingresos generados a través del comercio justo se invierte en proyectos de desarrollo comunitario, como la construcción de escuelas, centros de salud o infraestructura local.

El desarrollo comunitario es un aspecto esencial del comercio justo, ya que busca mejorar las condiciones de vida de las comunidades productoras que a menudo enfrentan desafíos económicos y sociales.

Inversión en proyectos comunitarios: Una parte de los ingresos generados a través del comercio justo se destina a proyectos de desarrollo comunitario. Estos proyectos pueden abordar una variedad de necesidades, como la construcción de escuelas, centros de salud, sistemas de agua potable, infraestructura local y programas de capacitación.

Empoderamiento de las comunidades: El desarrollo comunitario en el comercio justo se basa en el principio de empoderar a las comunidades productoras. En lugar de imponer soluciones desde afuera, se trabaja en colaboración con las comunidades para identificar sus necesidades y prioridades y brindarles los recursos y el apoyo necesario para llevar a cabo proyectos que mejoren su calidad de vida.

Educación y capacitación: Además de la inversión en infraestructura, el desarrollo comunitario en el comercio justo a menudo incluye programas de educación y capacitación. Esto puede incluir capacitación en prácticas agrícolas sostenibles, educación para la salud, desarrollo de habilidades y formación empresarial.

Mejora de condiciones laborales: El desarrollo comunitario no se limita a proyectos fuera del lugar de trabajo. También implica mejorar las condiciones laborales de los trabajadores. Esto puede incluir la provisión de equipos de seguridad, la implementación de prácticas laborales justas y seguras, y el respeto de los derechos laborales.

Desarrollo sostenible: El desarrollo comunitario en el comercio justo está alineado con la sostenibilidad a largo plazo. Se busca mejorar la calidad de vida de las comunidades productoras sin agotar los recursos naturales ni dañar el medio ambiente.

Participación de las comunidades: La participación activa de las comunidades en la planificación y ejecución de proyectos de desarrollo es esencial. Se fomenta la toma de decisiones local y la voz de las comunidades en la dirección de los proyectos.

El desarrollo comunitario en el comercio justo no solo beneficia a las comunidades productoras, sino que también enriquece la relación entre productores y consumidores. Los consumidores que compran productos de comercio justo saben que están contribuyendo al bienestar de las comunidades de productores y apoyando prácticas comerciales éticas y sostenibles. Esta conexión directa entre productores y consumidores puede generar un mayor sentido de responsabilidad y empatía en el comercio global.

Certificación y etiquetado: Existen organizaciones y sistemas de certificación que otorgan etiquetas de comercio justo a los productos que cumplen con los estándares establecidos. Estas etiquetas, como el sello Fair Trade, ayudan a los consumidores a identificar productos éticos y sostenibles.

La certificación y el etiquetado desempeñan un papel fundamental en el comercio justo al permitir que los consumidores identifiquen y respalden productos que cumplen con estándares éticos y de sostenibilidad.

Organizaciones de certificación: Existen varias organizaciones de certificación en todo el mundo que evalúan y certifican productos como productos de comercio justo. Estas organizaciones, como Fair Trade International, Fair Trade USA y muchas otras, establecen estándares y realizan auditorías para asegurarse de que los productores cumplan con estos estándares.

Estándares de comercio justo: Los estándares de comercio justo varían según la organización de certificación, pero generalmente incluyen requisitos relacionados con el pago justo a los productores, la prohibición del trabajo infantil y el trabajo forzado, la promoción de condiciones laborales seguras y saludables, y el respeto de los derechos laborales y ambientales.

Etiquetas de comercio justo: Cuando un producto cumple con los estándares de comercio justo, puede llevar una etiqueta de comercio justo en su envase. Esta etiqueta es un símbolo que indica a los consumidores que están comprando un producto producido de manera ética y sostenible. Algunos ejemplos de etiquetas de comercio justo incluyen el sello Fair Trade, el sello Fair Trade Certified y otros sellos específicos de cada organización de certificación.

Transparencia y trazabilidad: Las etiquetas de comercio justo a menudo incluyen códigos o información que permite a los consumidores rastrear el origen del producto y obtener más información sobre los productores involucrados. Esto brinda a los consumidores un mayor nivel de transparencia y confianza.

Educación al consumidor: El etiquetado de comercio justo no solo informa a los consumidores sobre la ética de un producto, sino que también educa sobre los desafíos que enfrentan los productores en países en desarrollo y la importancia de apoyar prácticas comerciales justas.

Impacto en la compra: Los consumidores que valoran la ética y la sostenibilidad a menudo buscan productos con etiquetas de comercio justo. Al elegir productos etiquetados como de comercio justo, los consumidores pueden influir positivamente en la cadena de suministro y respaldar prácticas comerciales responsables.

Amplia gama de productos: Los productos de comercio justo no se limitan a un tipo específico de producto. Puedes encontrar una amplia gama de productos etiquetados, desde café y chocolate hasta ropa y artesanías.

Las etiquetas de comercio justo son una herramienta valiosa para los consumidores que desean tomar decisiones de compra informadas y éticas. Al respaldar productos de comercio justo, los consumidores contribuyen a mejorar las condiciones de vida de los productores y a promover prácticas comerciales sostenibles y responsables.

Consumo responsable: Fomentar el consumo responsable implica que los consumidores elijan productos y marcas que se adhieran a los principios del comercio justo y la sostenibilidad. Al tomar decisiones de compra informadas, los consumidores pueden contribuir a promover prácticas comerciales éticas y sostenibles.

El consumo responsable es una forma de consumir de manera consciente y ética, teniendo en cuenta el impacto social y ambiental de las decisiones de compra. Al fomentar el consumo responsable, los consumidores pueden desempeñar un papel importante en la promoción del comercio justo, la sostenibilidad y la responsabilidad empresarial.

Toma de decisiones informadas: Los consumidores que practican el consumo responsable investigan y consideran cuidadosamente sus decisiones de compra. Esto implica conocer la cadena de suministro de un producto, comprender cómo se produjo y bajo qué condiciones, y si cumple con estándares éticos y de sostenibilidad.

Apoyo a productos de comercio justo: Los consumidores pueden buscar y comprar productos con etiquetas de comercio justo, lo que garantiza que los productores reciban un precio justo y trabajen en condiciones dignas. Estos productos suelen llevar etiquetas como el sello Fair Trade, lo que facilita su identificación.

Elección de productos sostenibles: Además del comercio justo, el consumo responsable se relaciona con la sostenibilidad. Los consumidores pueden optar por productos que se produzcan de manera sostenible, utilizando prácticas que reduzcan el impacto ambiental y promuevan la conservación de recursos.

Minimización de residuos: El consumo responsable también se refiere a la reducción de residuos y la promoción de la reutilización y el reciclaje. Los consumidores pueden elegir productos duraderos y reciclables y minimizar el uso de productos de un solo uso.

Responsabilidad empresarial: Los consumidores pueden apoyar a empresas que demuestren un compromiso con la responsabilidad social y ambiental. Esto incluye empresas que implementan prácticas comerciales éticas, respetan los derechos laborales y trabajan en la reducción de su huella ambiental.

Participación en campañas y movimientos: El consumo responsable no se limita a las decisiones de compra individuales. Los consumidores también pueden participar en campañas y movimientos que abogan por prácticas comerciales éticas y sostenibles. Esto puede incluir apoyar iniciativas de justicia social y ambiental.

Educación y concienciación: El consumo responsable a menudo implica aprender sobre los desafíos que enfrentan los productores, los trabajadores y el medio ambiente en la producción de bienes. La educación y la concienciación son pasos importantes hacia un consumo más ético.

El consumo responsable no solo beneficia a las comunidades productoras y al medio ambiente, sino que también permite a los consumidores tomar decisiones de compra alineadas con sus valores y principios. A medida que más consumidores practican el consumo responsable, aumenta la presión sobre las empresas para que adopten prácticas comerciales éticas y sostenibles, lo que puede tener un impacto positivo en la sociedad en su conjunto.

Efectos positivos en la economía local: El comercio justo a menudo tiene un impacto positivo en la economía local de las comunidades productoras, ya que proporciona ingresos estables y contribuye al desarrollo económico sostenible.

El comercio justo puede tener una serie de efectos positivos en la economía local de las comunidades productoras en países en desarrollo. Estos efectos pueden contribuir al desarrollo económico sostenible y al bienestar de las comunidades de diversas maneras:

Ingresos estables: Una de las características clave del comercio justo es que garantiza un precio justo y estable a los productores. Esto proporciona ingresos estables a las comunidades, lo que les permite satisfacer sus necesidades básicas y planificar a largo plazo.

Reducción de la pobreza: Al recibir un precio justo por sus productos, las comunidades productoras pueden elevar su nivel de vida y reducir la pobreza. Esto tiene un impacto directo en la economía local, ya que las personas tienen más recursos para gastar en bienes y servicios.

Diversificación de ingresos: El comercio justo a menudo promueve la diversificación de las fuentes de ingresos en las comunidades. Esto puede incluir la creación de cooperativas y la producción de una variedad de productos, lo que reduce la dependencia de una única fuente de ingresos.

Inversión en desarrollo comunitario: Los ingresos adicionales generados a través del comercio justo a menudo se reinvierten en proyectos de desarrollo comunitario. Esto puede incluir la construcción de escuelas, centros de salud, infraestructura local y programas de capacitación.

Empoderamiento económico: El comercio justo empodera a las comunidades al permitirles tener un mayor control sobre su proceso de producción y comercialización. Esto puede fomentar la toma de decisiones locales y la participación activa en la economía.

Crecimiento económico sostenible: Al promover prácticas de producción sostenibles y éticas, el comercio justo contribuye al crecimiento económico sostenible a largo plazo. Esto implica la gestión responsable de los recursos naturales y la conservación del medio ambiente.

Fortalecimiento de las capacidades locales: El comercio justo a menudo incluye programas de capacitación y desarrollo de habilidades para los productores. Esto fortalece las capacidades locales y mejora la calidad de los productos.

Mejora de las condiciones laborales: El comercio justo también aborda las condiciones laborales y los derechos laborales de los trabajadores. Esto contribuye a un ambiente de trabajo más seguro y saludable, lo que tiene un impacto positivo en la economía local al reducir la incidencia de accidentes laborales y enfermedades relacionadas con el trabajo.

En resumen, el comercio justo no solo se trata de precios justos, sino que tiene un impacto más amplio en la economía local al impulsar el desarrollo económico sostenible, reducir la pobreza y mejorar las condiciones de vida de las comunidades productoras. Estos efectos benefician no solo a los productores y trabajadores, sino también a la economía en su conjunto.

La economía del comercio justo y la sostenibilidad promueve un enfoque holístico que busca equilibrar los aspectos económicos, sociales y ambientales del comercio internacional. Al hacerlo, busca mejorar las condiciones de vida de los productores y trabajadores, proteger el medio ambiente y empoderar a las comunidades en todo el mundo. Los consumidores desempeñan un papel fundamental al respaldar este enfoque mediante la elección de productos y marcas que promuevan estas prácticas comerciales éticas y sostenibles.

28.Economía de la jubilación: planificación financiera para el futuro.

La economía de la jubilación se refiere a la planificación financiera que las personas realizan para asegurar un retiro cómodo y seguro. La jubilación es una etapa importante de la vida, y la planificación adecuada es esencial para garantizar que tengas los recursos financieros necesarios para mantener tu calidad de vida después de dejar de trabajar. Aquí hay algunas consideraciones clave en la economía de la jubilación:

Establece tus objetivos de jubilación: El primer paso en la planificación de la jubilación es definir tus objetivos. Esto incluye decidir cuándo te gustaría jubilarte, qué estilo de vida deseas mantener en la jubilación y cuánto dinero necesitas para alcanzar esos objetivos.

Establecer objetivos claros de jubilación es fundamental para guiar tu planificación financiera.

Determina la edad de jubilación: Decide a qué edad te gustaría jubilarte. Esto puede variar según tus preferencias personales, tus necesidades financieras y las regulaciones de seguridad social o de jubilación en tu país.

Visualiza tu estilo de vida ideal: Imagina cómo te gustaría que sea tu vida durante la jubilación. ¿Deseas viajar con frecuencia, disfrutar de actividades recreativas, dedicar más tiempo a tu familia o voluntariar en causas que te importan? Visualiza tu día a día y tus metas a largo plazo.

Establece metas financieras: Calcula cuánto dinero necesitarás para respaldar tu estilo de vida deseado en la jubilación. Esto incluye gastos como vivienda, atención médica, alimentos, entretenimiento y viajes. Considera también los posibles gastos inesperados y la inflación.

Considera tus fuentes de ingresos: Evalúa tus fuentes de ingresos previstas durante la jubilación. Esto puede incluir ingresos de seguridad social, pensiones, inversiones, alquileres de propiedades y cualquier otro flujo de ingresos. Asegúrate de tener en cuenta las tasas de inflación y las fluctuaciones del mercado.

Evalúa tus ahorros y patrimonio neto: Determina cuánto has ahorrado hasta ahora y cuál es tu patrimonio neto. Esto te dará una idea de tu posición financiera actual y cuánto necesitas ahorrar para alcanzar tus objetivos de jubilación.

Considera la salud y el cuidado a largo plazo: No olvides planificar para posibles gastos de atención médica y cuidado a largo plazo en la jubilación. Los costos de atención médica pueden aumentar a medida que envejeces, por lo que es importante considerar estos factores.

Revisa y ajusta tus objetivos periódicamente: A medida que avanzas en tu carrera y en la vida, es importante revisar y ajustar tus objetivos de jubilación. Cambios en tus circunstancias personales, como el matrimonio, el nacimiento de hijos, la compra de viviendas o el cambio de empleo, pueden influir en tus objetivos financieros.

Recuerda que los objetivos de jubilación son personales y pueden variar significativamente de una persona a otra. Es esencial ser realista y flexible en tu planificación para asegurarte de que tus objetivos sean alcanzables y se adapten a tus necesidades cambiantes a lo largo del tiempo. Un asesor financiero puede ser de gran ayuda para ayudarte a definir y alcanzar tus objetivos de jubilación.

Evalúa tus activos y pasivos: Haz un inventario de tus activos financieros, que incluyen ahorros, inversiones, propiedades y otros recursos. También considera tus pasivos, como deudas y obligaciones financieras. Esto te dará una idea de tu patrimonio neto.

Evaluar tus activos y pasivos es una parte crucial de la planificación de la jubilación. Esto te ayudará a comprender tu situación financiera actual y a tomar decisiones informadas sobre cómo alcanzar tus objetivos de jubilación.

Activos:

Ahorros y cuentas de jubilación: Haz una lista de tus ahorros y cuentas de jubilación, como cuentas de ahorro, cuentas de jubilación individuales (IRAs), cuentas 401(k) y otros vehículos de ahorro para la jubilación. Anota el saldo de cada cuenta.

Inversiones: Incluye inversiones como acciones, bonos, fondos mutuos, bienes raíces u otras inversiones. Registra el valor actual de estas inversiones.

Propiedades: Si posees propiedades, como tu vivienda o propiedades de inversión, estima su valor actual. Ten en cuenta que el valor de las propiedades puede fluctuar con el tiempo.

Otros activos: Considera otros activos, como automóviles, arte, joyas o cualquier otro bien de valor. Anota su valor aproximado.

Pasivos:

Deudas: Enumera todas tus deudas pendientes, como hipotecas, préstamos para automóviles, tarjetas de crédito, préstamos estudiantiles y cualquier otra deuda. Registra el saldo pendiente y las tasas de interés asociadas.

Obligaciones financieras: Si tienes otras obligaciones financieras, como pensiones alimenticias o préstamos personales, inclúyelas en tu lista de pasivos.

Una vez que hayas enumerado todos tus activos y pasivos, puedes calcular tu patrimonio neto restando la suma de tus pasivos al valor total de tus activos. Tu patrimonio neto es un indicador importante de tu salud financiera y puede proporcionarte información valiosa sobre cuánto has acumulado y cómo te estás preparando para la jubilación.

Después de evaluar tus activos y pasivos, es recomendable establecer metas financieras claras para tu jubilación. Esto incluye determinar cuánto necesitas ahorrar, cómo invertir tus activos y cómo manejar tus deudas. También te ayudará a identificar áreas en las que necesitas mejorar, como la reducción de deudas o el aumento de tus ahorros e inversiones.

La asesoría de un profesional financiero puede ser valiosa para ayudarte a evaluar tus activos y pasivos, así como para desarrollar un plan de jubilación sólido que se ajuste a tus necesidades y objetivos.

Crea un presupuesto de jubilación: Elabora un presupuesto que refleje tus gastos proyectados en la jubilación. Asegúrate de tener en cuenta los gastos esenciales, como vivienda, cuidado de la salud, alimentación y transporte, así como gastos de estilo de vida, como viajes y entretenimiento.

La creación de un presupuesto de jubilación es esencial para planificar tu seguridad financiera durante esta etapa de la vida.

Enumera tus fuentes de ingresos: Comienza por enumerar todas tus fuentes de ingresos previstas durante la jubilación. Esto puede incluir ingresos de seguridad social, pensiones, ingresos de inversiones, alquiler de propiedades y otros ingresos previstos.

Calcula tus gastos esenciales: Identifica tus gastos esenciales, como vivienda, servicios públicos, cuidado de la salud, alimentos y transporte. Estos son gastos que debes cubrir para mantener un nivel de vida básico.

Considera gastos de estilo de vida: Incluye gastos de estilo de vida, como viajes, entretenimiento, pasatiempos y otras actividades que deseas realizar durante la jubilación. Estos gastos pueden variar ampliamente según tus preferencias personales.

Ten en cuenta gastos de atención médica: Los gastos de atención médica tienden a aumentar a medida que envejecemos. Considera los costos de primas de seguros médicos, copagos, medicamentos y posibles gastos de atención a largo plazo.

Ahorro e imprevistos: Es importante seguir ahorrando en la jubilación para hacer frente a gastos imprevistos y para mantener una red de seguridad financiera. Incluye un componente de ahorro en tu presupuesto.

Reduce o elimina deudas: Si tienes deudas pendientes, como hipotecas o préstamos, asegúrate de tener un plan para reducirlas o eliminarlas antes de la jubilación. La reducción de deudas puede liberar más fondos para tus gastos de jubilación.

Revisa y ajusta: A medida que avances en la jubilación, revisa y ajusta tu presupuesto según sea necesario. Pueden surgir cambios en tus necesidades y circunstancias financieras a lo largo del tiempo.

Es importante que tu presupuesto sea realista y sostenible a lo largo de la jubilación. No olvides tener en cuenta la inflación, ya que los precios de los bienes y servicios tienden a aumentar con el tiempo. Considera la diversificación de tus inversiones para ayudar a mitigar el impacto de la inflación en tu poder adquisitivo.

La planificación financiera para la jubilación es un proceso continuo, y contar con la asesoría de un profesional financiero puede ser beneficioso para ayudarte a crear un presupuesto sólido y mantenerlo a lo largo de los años. Esto te permitirá disfrutar de una jubilación cómoda y sin preocupaciones.

Estima tus fuentes de ingresos: Calcula tus fuentes de ingresos durante la jubilación. Esto puede incluir ingresos de seguridad social, pensiones, inversiones, alquileres de propiedades y otros flujos de ingresos. También considera si planeas seguir trabajando a tiempo parcial durante la jubilación.

Estimar tus fuentes de ingresos es esencial para tener una visión clara de cómo financiarás tu jubilación.

Seguridad Social: Comienza por obtener una estimación de tus beneficios de seguridad social. Puedes hacerlo visitando el sitio web de la Administración del Seguro Social de tu país (como el Social Security Administration en los Estados Unidos) y utilizando sus calculadoras en línea. Esto te dará una idea de cuánto puedes esperar recibir mensualmente de la seguridad social.

Pensiones: Si tienes una pensión de tu empleador, obtén información sobre los beneficios previstos. Averigua si tu pensión es de beneficio definido o de aportación definida. Esto influirá en la cantidad de ingresos de pensión que recibirás.

Inversiones: Calcula los ingresos que esperas obtener de tus inversiones, como acciones, bonos, cuentas de jubilación individuales (IRAs), cuentas de ahorro, entre otros. Considera una estimación realista de los rendimientos y las distribuciones de tus inversiones durante la jubilación.

Alquiler de propiedades: Si posees propiedades de inversión y planeas alquilarlas, estima los ingresos de alquiler que esperas recibir.

Trabajo a tiempo parcial: Decide si planeas trabajar a tiempo parcial durante la jubilación. Esto puede proporcionarte ingresos adicionales y mantener ocupado.

Otras fuentes: Considera si tienes otras fuentes de ingresos, como regalías, derechos de autor o cualquier otra fuente de ingresos pasivos.

Es importante ser realista al estimar tus fuentes de ingresos. Ten en cuenta que las inversiones están sujetas a fluctuaciones del mercado y que los ingresos de seguridad social y pensiones pueden variar según tus elecciones de retiro. Además, recuerda considerar la inflación y cómo afectará tus ingresos a lo largo del tiempo.

Una vez que hayas estimado tus fuentes de ingresos, podrás compararlos con tu presupuesto de jubilación. Si hay un déficit, deberás tomar medidas para cerrar esa brecha, ya sea reduciendo gastos, aumentando tus ingresos o ajustando tu plan de jubilación. Un asesor financiero puede ayudarte a evaluar tus fuentes de ingresos y a desarrollar un plan sólido para la jubilación.

Ahorra y diversifica tus inversiones: Ahorrar de manera constante es fundamental para la jubilación. Además, diversificar tus inversiones puede ayudar a reducir el riesgo y aumentar las posibilidades de obtener un rendimiento adecuado.

Ahorro constante y diversificación de inversiones son dos elementos clave en la planificación de la jubilación.

Ahorro constante:

Establece un plan de ahorro: Define cuánto puedes ahorrar de manera regular, ya sea mensualmente o con otra frecuencia. Asegúrate de que este plan sea realista y sostenible a lo largo del tiempo.

Automatiza tus ahorros: Configura transferencias automáticas desde tu cuenta corriente a cuentas de ahorro, cuentas de jubilación o inversiones. Esto te ayudará a mantener la disciplina de ahorro.

Aprovecha el interés compuesto: Cuanto antes comiences a ahorrar, mejor. El interés compuesto significa que tus ahorros generan intereses sobre intereses, lo que aumenta tu patrimonio con el tiempo.

Aumenta tus ahorros con incrementos salariales: A medida que obtengas aumentos salariales o ingresos adicionales, destina una parte de esos fondos al ahorro. Esto te permitirá aumentar tus ahorros a lo largo del tiempo.

Diversificación de inversiones:

Comprende la diversificación: Diversificar significa invertir en una variedad de clases de activos (acciones, bonos, bienes raíces, etc.) en lugar de poner todos tus fondos en una sola inversión. La diversificación puede ayudar a reducir el riesgo y mejorar el potencial de rendimiento.

Considera tu tolerancia al riesgo: Antes de diversificar, comprende cuánto riesgo estás dispuesto a asumir. Tu tolerancia al riesgo influirá en la elección de tus inversiones.

Busca asesoramiento financiero: Un asesor financiero puede ayudarte a desarrollar una estrategia de inversión adecuada para tus objetivos de jubilación y tu tolerancia al riesgo. Pueden recomendarte carteras diversificadas que se adapten a tu situación financiera.

Reequilibra tu cartera: Con el tiempo, la distribución de tus inversiones puede cambiar debido a cambios en el mercado. Reequilibrar tu cartera periódicamente te ayudará a mantener una diversificación adecuada.

Considera inversiones de bajo costo: Las inversiones de bajo costo, como los fondos indexados, a menudo tienen tarifas más bajas y pueden ser una opción efectiva para la diversificación.

La combinación de ahorro constante y diversificación de inversiones puede ayudarte a acumular un fondo de jubilación sólido. Recuerda que la planificación financiera es un proceso continuo y que es importante mantener un ojo en tus inversiones y ajustar tu estrategia según sea necesario a lo largo del tiempo.

Considera el seguro de salud: El cuidado de la salud puede ser un gasto importante en la jubilación. Asegúrate de entender cómo funcionará tu cobertura de seguro de salud durante la jubilación y considera la posibilidad de adquirir un seguro de salud suplementario si es necesario.

El seguro de salud es un componente fundamental de la planificación de la jubilación, ya que la atención médica puede representar un gasto significativo.

Medicare (en los Estados Unidos): Si eres elegible, Medicare es un programa de seguro de salud administrado por el gobierno federal que brinda cobertura médica para las personas de 65 años o más. Es importante comprender las diferentes partes de Medicare, como Medicare Part A (hospitalización), Medicare Part B (servicios médicos) y Medicare Part D (medicamentos recetados). Considera cuál es la mejor combinación de partes de Medicare para tus necesidades y cómo se ajusta a tu situación financiera.

Cobertura de empleador: Si tienes cobertura de salud a través de tu empleador actual, averigua si puedes conservarla en la jubilación y cómo funcionará. Algunas empresas ofrecen cobertura de salud para jubilados como parte de los beneficios de retiro.

Seguro de salud suplementario: Además de Medicare, puedes considerar adquirir un seguro de salud suplementario, como un Medigap o un plan Medicare Advantage, para llenar posibles lagunas en la cobertura de Medicare. Estos planes pueden ayudarte a cubrir gastos como deducibles y copagos.

Seguro de atención a largo plazo: El seguro de atención a largo plazo (LTC, por sus siglas en inglés) puede ser importante en la jubilación, ya que cubre los costos de cuidados a largo plazo, como el cuidado en un hogar de ancianos o la atención en el hogar. Es importante evaluar si necesitas un seguro de LTC y cómo lo financiarás.

Costos de bolsillo: Aunque Medicare y otros seguros de salud pueden ayudar a cubrir los costos médicos, es probable que aún tengas costos de bolsillo. Asegúrate de incluir estos gastos en tu presupuesto de jubilación.

Planificación a largo plazo: La planificación de la jubilación debe incluir una estrategia de atención médica a largo plazo. Esto implica considerar cómo financiarás la atención a medida que envejezcas y cómo afectará tu patrimonio.

Evaluación anual: Revisa tu cobertura de salud anualmente, ya que las necesidades y las primas pueden cambiar con el tiempo. Ajusta tu cobertura según sea necesario.

La atención médica es una parte fundamental de la planificación de la jubilación, y contar con un seguro de salud adecuado es esencial para proteger tu bienestar financiero. Un asesor financiero o un especialista en seguros de salud puede ayudarte a evaluar tus opciones y tomar decisiones informadas sobre la cobertura de salud en la jubilación.

Planifica la vivienda en la jubilación: Decide dónde vivirás en la jubilación. Esto puede incluir quedarte en tu vivienda actual, mudarte a una comunidad de jubilados o considerar opciones de vida asistida.

La planificación de la vivienda en la jubilación es esencial para asegurarte de que tengas un lugar adecuado y sostenible para vivir a medida que envejeces.

Evalúa tu vivienda actual: Comienza evaluando tu vivienda actual. ¿Es adecuada para las necesidades de la jubilación? ¿Es accesible y segura? ¿Está ubicada en un lugar que sea conveniente para ti y para acceder a servicios esenciales? Considera si necesitas hacer modificaciones para envejecer en el lugar.

Explora diferentes opciones: Considera las diferentes opciones de vivienda en la jubilación. Estas pueden incluir quedarte en tu vivienda actual, mudarte a una comunidad de jubilados, considerar opciones de vida asistida, como residencias de cuidados a largo plazo, o mudarte a una vivienda más pequeña y de mantenimiento más bajo. Cada opción tiene sus propias ventajas y desventajas, y la elección dependerá de tus preferencias y necesidades.

Costos de vivienda: Evalúa los costos asociados con cada opción de vivienda. Esto incluye la hipoteca, el alquiler, los gastos de mantenimiento, los impuestos y las tarifas de la comunidad. Comprende cómo estas cifras se ajustan a tu presupuesto de jubilación.

Accesibilidad y seguridad: La accesibilidad y la seguridad son aspectos cruciales, especialmente a medida que envejeces. Busca viviendas que sean seguras y accesibles, con consideraciones como escaleras, baños adaptados y acceso a instalaciones médicas cercanas.

Estilo de vida: Considera el estilo de vida que deseas en la jubilación. Algunas personas prefieren vivir en comunidades de jubilados activas, mientras que otras prefieren la tranquilidad de su propio hogar. Reflexiona sobre lo que más te conviene.

Planificación a largo plazo: La planificación de vivienda debe ser a largo plazo. Esto implica considerar cómo envejecerás en tu vivienda, qué apoyo necesitarás y si tus necesidades cambiarán con el tiempo.

Consultar con un profesional: Un asesor financiero o un experto en bienes raíces puede ser de gran ayuda en el proceso de planificación de vivienda en la jubilación. Pueden proporcionarte información sobre las opciones disponibles y cómo se ajustan a tu situación financiera.

La planificación de la vivienda en la jubilación es una parte crucial de la planificación financiera para tu futuro. Asegúrate de tener en cuenta tus preferencias personales, necesidades de salud y financiamiento al tomar decisiones sobre dónde vivirás en la jubilación.

Aprovecha los beneficios fiscales: Aprovecha los incentivos fiscales disponibles para las cuentas de jubilación, como las cuentas de ahorro para la jubilación individuales (IRA) y las cuentas de jubilación 401(k). Estos instrumentos pueden ofrecer ventajas fiscales significativas.

Aprovechar los beneficios fiscales es una estrategia inteligente en la planificación de la jubilación.

Cuentas de ahorro para la jubilación individuales (IRA): Las IRAs ofrecen ventajas fiscales, como contribuciones deducibles de impuestos o contribuciones posteriores al impuesto y crecimiento libre de impuestos. Aprovecha al máximo las contribuciones anuales permitidas, que pueden variar según tu edad y el tipo de IRA.

Cuentas de jubilación 401(k): Si tienes acceso a un plan 401(k) a través de tu empleador, considera participar y contribuir regularmente. Las contribuciones a un 401(k) generalmente se realizan antes de impuestos, lo que reduce tu ingreso imponible en el presente. Además, los rendimientos generados en un 401(k) crecen de manera diferida de impuestos.

Contribuciones adicionales: Si tienes 50 años o más, es posible que seas elegible para contribuciones adicionales a tu IRA o 401(k). Estas contribuciones adicionales, conocidas como "catch-up contributions", te permiten ahorrar más a medida que te acercas a la jubilación.

Roth IRA: Considera si es beneficioso tener una Roth IRA en tu cartera. Aunque no ofrecen deducciones fiscales por contribuciones, los retiros calificados son libres de impuestos, lo que puede ser beneficioso en la jubilación. Evalúa la diversificación de tus cuentas de jubilación entre tradicionales y Roth para obtener una ventaja fiscal.

Planificación fiscal a lo largo de la jubilación: A medida que te acerques a la jubilación, planifica cómo retirar fondos de tus cuentas de jubilación para minimizar las obligaciones fiscales. Consulta con un asesor fiscal o financiero para crear una estrategia de retiro eficiente desde el punto de vista fiscal.

Estate Planning: Asegúrate de que tus beneficiarios estén correctamente designados en tus cuentas de jubilación. La planificación patrimonial eficiente puede ayudar a tus herederos a minimizar las obligaciones fiscales cuando hereden tus activos.

Conoce las leyes fiscales en tu área: Las leyes fiscales pueden variar según tu ubicación geográfica y tu situación financiera específica. Mantente informado sobre las leyes fiscales locales, estatales y federales que afectan tus cuentas de jubilación.

Aprovechar los beneficios fiscales en la planificación de la jubilación puede marcar una gran diferencia en tu bienestar financiero a largo plazo. Consulta con un asesor financiero o un experto en impuestos para garantizar que estás aprovechando al máximo estas ventajas fiscales de manera legal y efectiva.

Revisa y ajusta tu plan: La planificación de la jubilación no es un proceso único; debe ser revisada y ajustada periódicamente a medida que cambian tus circunstancias personales y económicas.

Revisar y ajustar tu plan de jubilación regularmente es esencial para garantizar que siga siendo relevante y efectivo.

Establece una frecuencia de revisión: Determina con qué frecuencia revisarás tu plan de jubilación. Por lo general, es una buena idea hacerlo al menos una vez al año. También debes programar revisiones importantes cuando ocurran cambios significativos en tu vida, como un nuevo empleo, un matrimonio, el nacimiento de un hijo o una herencia.

Evalúa tu progreso: En cada revisión, analiza cómo te has acercado a tus objetivos de jubilación. Esto incluye examinar el crecimiento de tus inversiones, tu capacidad para cumplir con tu presupuesto de jubilación y cualquier cambio en tus ingresos, gastos o circunstancias personales.

Ajusta tus objetivos si es necesario: Si encuentras que estás por debajo de tu objetivo de ahorro para la jubilación, es posible que debas ajustar tus objetivos o tu enfoque de ahorro. Esto podría implicar aumentar tus contribuciones a cuentas de jubilación, reevaluar tus inversiones o considerar estrategias adicionales de ingresos para la jubilación.

Revisa tu cartera de inversiones: Analiza la composición de tu cartera de inversiones y ajusta tu asignación de activos según tu horizonte de tiempo, tolerancia al riesgo y metas de jubilación. Si te acercas a la jubilación, es posible que desees considerar inversiones más conservadoras para proteger tus activos.

Actualiza tus documentos legales: Asegúrate de que tus documentos legales estén al día. Esto incluye tu testamento, poder notarial, directivas anticipadas de atención médica y designación de beneficiarios en tus cuentas de jubilación.

Planificación fiscal: Mantente al tanto de las implicaciones fiscales de tus decisiones de jubilación y ajusta tu estrategia fiscal según sea necesario. Asegúrate de que estás aprovechando al máximo los beneficios fiscales disponibles.

Asesórate con un profesional: Considera trabajar con un asesor financiero o un planificador de jubilación. Estos profesionales pueden ayudarte a evaluar tu plan, identificar áreas de mejora y proporcionarte orientación experta para alcanzar tus objetivos.

Flexibilidad: La vida está llena de cambios imprevistos. Mantén una mentalidad flexible en tu plan de jubilación y esté preparado para ajustarlo según sea necesario para adaptarte a nuevas circunstancias.

La planificación de la jubilación es un proceso continuo que debe evolucionar a lo largo de tu vida. Al mantener un ojo vigilante en tu progreso y realizar ajustes cuando sea necesario, estarás mejor preparado para lograr una jubilación cómoda y segura.

Busca asesoramiento financiero: Si te sientes abrumado por la planificación de la jubilación, considera la posibilidad de buscar asesoramiento financiero de un profesional. Un asesor financiero puede ayudarte a desarrollar un plan personalizado y brindarte orientación experta.

Buscar asesoramiento financiero es una decisión inteligente cuando se trata de la planificación de la jubilación.

Identifica tus necesidades: Antes de buscar un asesor financiero, clarifica tus objetivos y necesidades financieras específicas en relación con la jubilación. Esto te ayudará a encontrar un asesor con la experiencia adecuada.

Busca recomendaciones: Pregunta a amigos, familiares o colegas si pueden recomendarte un asesor financiero en quien confíen. Las recomendaciones personales suelen ser valiosas.

Verifica las credenciales: Asegúrate de que el asesor financiero esté debidamente acreditado y tenga las credenciales necesarias. Algunas certificaciones comunes incluyen CFP (Certified Financial Planner) y CFA (Chartered Financial Analyst).

Entiende la estructura de tarifas: Pregunta sobre la estructura de tarifas del asesor. Algunos asesores cobran una tarifa por hora, mientras que otros pueden recibir comisiones por productos financieros. Comprende cómo se les paga y cómo esto puede influir en sus recomendaciones.

Experiencia relevante: Busca un asesor financiero con experiencia en la planificación de la jubilación y que haya trabajado con personas en situaciones financieras similares a la tuya.

Transparencia: Un buen asesor financiero debe ser transparente sobre su enfoque, métodos y potenciales conflictos de interés. Pregunta sobre cómo manejan los conflictos y si tienen una política de deber fiduciario que los obliga a actuar en tu mejor interés.

Entrevista varios asesores: No tengas miedo de entrevistar a varios asesores antes de tomar una decisión. Esto te ayudará a encontrar a alguien con quien te sientas cómodo y que tenga la experiencia adecuada.

Pide referencias: Solicita referencias de otros clientes con situaciones de jubilación similares. Esto te dará una idea de cómo han ayudado a otras personas a alcanzar sus objetivos de jubilación.

Comunicación: La comunicación es clave. Asegúrate de que te sientas cómodo hablando con tu asesor y que comprendas sus recomendaciones.

Revisa y actualiza: Una vez que hayas seleccionado un asesor financiero, revisa regularmente tu plan de jubilación y ajusta según sea necesario. La vida cambia, y tu plan debe adaptarse a esos cambios.

Recuerda que tu asesor financiero debe ser alguien en quien confíes y con quien te sientas cómodo trabajando. La planificación de la jubilación es un proceso importante, y un asesor financiero puede desempeñar un papel crucial en ayudarte a lograr una jubilación segura y cómoda.

La planificación de la jubilación es una tarea importante que requiere tiempo y atención. Cuanto antes comiences a planificar, más sólida será tu base financiera para disfrutar de una jubilación cómoda y segura. El proceso de planificación de la jubilación implica tomar decisiones financieras significativas y considerar tus objetivos y necesidades personales a largo plazo.

29.Economía de la industria del entretenimiento y la cultura

La economía de la industria del entretenimiento y la cultura se centra en las actividades económicas relacionadas con la producción, distribución y consumo de productos y servicios culturales y de entretenimiento. Esta industria abarca una amplia variedad de sectores, desde el cine y la música hasta las artes escénicas, los deportes, la televisión, los videojuegos, la publicación de libros y mucho más. Aquí hay algunos aspectos clave de la economía de esta industria:

Diversidad de sectores: La industria del entretenimiento y la cultura se compone de diversos sectores interconectados, cada uno con sus propias características y dinámicas económicas. Estos incluyen la música, el cine, el teatro, los deportes, la televisión, la literatura, las bellas artes, los videojuegos y otros.

la diversidad de sectores en la industria del entretenimiento y la cultura es una de las características más destacadas de esta industria. Cada uno de estos sectores tiene su propia economía y dinámicas específicas. Aquí hay una descripción más detallada de algunos de los sectores clave:

Música: La industria musical incluye la producción y distribución de música, conciertos en vivo, streaming de música y la venta de música grabada. Los artistas generan ingresos a través de la venta de álbumes, descargas digitales, transmisión de música, conciertos y mercancía.

Cine y televisión: La producción y distribución de películas y programas de televisión es un sector importante. Las películas generan ingresos a través de taquilla, ventas de DVD y Blu-ray, derechos de transmisión y streaming. La televisión se financia a través de la publicidad, las suscripciones y la venta de contenido.

Teatro y artes escénicas: Este sector incluye teatro, danza, ópera y otras formas de actuación en vivo. Los ingresos provienen de la venta de entradas para actuaciones en vivo, patrocinios y subvenciones.

Literatura: La industria editorial abarca la publicación de libros impresos y electrónicos. Los ingresos provienen de la venta de libros, derechos de autor y licencias para adaptaciones cinematográficas y televisivas.

Deportes: Los deportes profesionales generan ingresos a través de la venta de entradas para eventos deportivos, derechos de transmisión, patrocinios y mercancía. Los deportes también tienen un impacto económico significativo en áreas como la publicidad y el turismo.

Videojuegos: La industria de los videojuegos abarca el desarrollo y la distribución de videojuegos. Los ingresos provienen de la venta de juegos, compras dentro del juego, publicidad en juegos y servicios en línea.

Bellas artes: Las bellas artes incluyen pintura, escultura, fotografía y otras formas de expresión artística. Los artistas venden sus obras a coleccionistas, galerías y museos.

Eventos en vivo y entretenimiento en vivo: Este sector engloba eventos en vivo como conciertos, festivales, eventos deportivos y teatro en vivo. Los ingresos provienen de la venta de entradas, patrocinios y mercancía.

Medios digitales y redes sociales: La creación de contenido digital, la publicidad en línea y las redes sociales son componentes esenciales de la industria del entretenimiento y la cultura en la era digital. Los ingresos provienen de la publicidad en línea y las colaboraciones con influencers.

Cada uno de estos sectores tiene sus propios desafíos y oportunidades económicas, y juntos forman un ecosistema cultural y de entretenimiento diverso y en constante evolución. La interconexión de estos sectores a menudo da lugar a colaboraciones y sinergias que impulsan la creatividad y la innovación en la industria.

Generación de ingresos: Esta industria genera ingresos a través de múltiples fuentes, como la venta de entradas, la distribución de contenido, la publicidad, las suscripciones, las ventas de productos relacionados, licencias y merchandising. Cada sector utiliza diferentes modelos de negocio para generar ingresos.la generación de ingresos en la industria del entretenimiento y la cultura es diversa y depende en gran medida del sector específico. A continuación, te proporciono una visión más detallada de algunas de las fuentes de ingresos comunes en esta industria:

Venta de entradas: La venta de entradas es una fuente clave de ingresos para sectores como el cine, el teatro, los conciertos, los eventos deportivos y los parques temáticos. Los espectadores pagan por asistir a eventos en vivo y experimentar entretenimiento en persona.

Distribución de contenido: La distribución de contenido incluye la venta de medios físicos como DVDs y Blu-rays, así como la transmisión en línea de música, películas, programas de televisión y videojuegos. Los servicios de transmisión en línea y las ventas de contenido descargable son componentes importantes en este aspecto.

Publicidad: La publicidad desempeña un papel crucial en la televisión, la radio, los medios digitales y los eventos deportivos. Las empresas pagan por espacios publicitarios para promocionar sus productos y servicios a través de contenido de entretenimiento.

Suscripciones: Los servicios de suscripción son comunes en la música, el cine, la televisión y los videojuegos. Los usuarios pagan una tarifa periódica para acceder a un catálogo de contenido o a características premium.

Venta de productos relacionados: El merchandising es una fuente importante de ingresos para muchas franquicias de entretenimiento. Los productos relacionados incluyen camisetas, juguetes, libros, videojuegos y otros artículos con licencia.

Licencias y franquicias: Las empresas pueden otorgar licencias de su propiedad intelectual para su uso en una variedad de productos y servicios. Por ejemplo, una franquicia cinematográfica puede otorgar licencias para juguetes, ropa y otros productos relacionados.

Patrocinios y colaboraciones: Las marcas a menudo se asocian con eventos y celebridades para promocionar sus productos o servicios. Esto puede incluir acuerdos de patrocinio con equipos deportivos, colaboraciones de moda con celebridades o la promoción de productos a través de influenciadores en redes sociales.

Ventas en vivo y experiencias: Además de la venta de entradas, las experiencias en vivo, como encuentros con celebridades, eventos exclusivos y oportunidades de participación del público, pueden generar ingresos adicionales.

Cada sector tiene sus propios modelos de negocio y estrategias para maximizar los ingresos. La diversidad de fuentes de ingresos permite a las empresas y artistas adaptarse a las cambiantes tendencias de consumo y tecnológicas en la industria del entretenimiento y la cultura.

Impacto económico: La industria del entretenimiento y la cultura tiene un impacto económico significativo en muchas economías. Contribuye al empleo, el turismo, la inversión en infraestructura cultural y la recaudación de impuestos. Las ciudades a menudo compiten por albergar eventos y atracciones culturales para impulsar su economía.

El impacto económico de la industria del entretenimiento y la cultura es notable y se extiende a múltiples áreas.

Empleo: La industria del entretenimiento y la cultura genera empleo en una amplia gama de ocupaciones, incluyendo actores, músicos, directores, técnicos de sonido y luz, escritores, diseñadores, personal de marketing y ventas, personal de escenografía, y muchos otros. Además, proporciona trabajo en sectores relacionados, como la hospitalidad y el transporte.

Turismo: Las atracciones culturales y los eventos atraen a turistas, lo que impulsa el crecimiento del turismo. Las ciudades con una fuerte oferta cultural y eventos populares pueden ver un aumento significativo en la llegada de visitantes, lo que a su vez beneficia a hoteles, restaurantes, tiendas y otros negocios relacionados.

Inversión en infraestructura cultural: Para apoyar la industria del entretenimiento y la cultura, las ciudades y los gobiernos a menudo invierten en la construcción y el mantenimiento de instalaciones culturales, como teatros, museos, auditorios y centros de convenciones. Esta inversión no solo es importante para la industria, sino que también enriquece la vida cultural de la comunidad.

Recaudación de impuestos: La industria del entretenimiento y la cultura contribuye significativamente a la recaudación de impuestos a nivel local y nacional. Los impuestos sobre las ventas, los ingresos y la propiedad relacionados con esta industria son una fuente importante de ingresos para los gobiernos.

Competencia por eventos y atracciones: Las ciudades compiten por albergar eventos y atracciones culturales importantes, ya que estos pueden generar beneficios económicos sustanciales. Desde conciertos y festivales hasta exposiciones y estrenos de películas, las ciudades buscan atraer a artistas y eventos de renombre para impulsar su economía local.

Comercio internacional: La exportación de productos culturales, como películas, música, libros y videojuegos, es una fuente significativa de ingresos en el comercio internacional. Las producciones culturales locales pueden llegar a audiencias globales, generando ingresos en el extranjero.

Innovación y tecnología: La industria del entretenimiento y la cultura a menudo impulsa la innovación en tecnología, desde efectos visuales en películas hasta plataformas de transmisión en línea y experiencias de entretenimiento virtual. Esto puede dar lugar a la creación de nuevas empresas y empleos en el sector de la tecnología.

En resumen, la industria del entretenimiento y la cultura es un motor económico importante que no solo genera ingresos directos, sino que también contribuye al desarrollo de otras industrias y enriquece la vida cultural de una comunidad. Su influencia se extiende a nivel local y global, lo que la convierte en un sector económico significativo en muchas partes del mundo.

Globalización: La globalización ha permitido que la música, las películas, los programas de televisión y otros productos culturales se distribuyan a nivel mundial. Esto ha creado oportunidades para las empresas y artistas, pero también ha planteado desafíos en términos de competencia y protección de derechos de autor.

La globalización ha tenido un impacto significativo en la industria del entretenimiento y la cultura. Aquí hay algunos aspectos clave de cómo la globalización ha influido en este sector:

Acceso global: Gracias a la globalización, el acceso a la música, películas, programas de televisión y otros contenidos culturales es más amplio que nunca. La disponibilidad de servicios de transmisión en línea y plataformas digitales ha permitido que el público de todo el mundo disfrute de una amplia variedad de contenidos.

Mercado global: Los artistas y creadores ahora pueden llegar a audiencias globales. La distribución digital y las redes sociales han eliminado las barreras geográficas para la promoción de su trabajo. Esto ha llevado a la internacionalización de la industria de la música y el cine, con artistas y películas extranjeras encontrando un público más amplio.

Diversidad cultural: La globalización ha fomentado la apreciación de diversas culturas y ha permitido que se compartan tradiciones culturales a nivel mundial. Esto ha llevado a la promoción de la diversidad y la inclusión en la industria del entretenimiento, con una mayor representación de culturas y perspectivas diversas en las producciones.

Competencia global: La globalización también ha aumentado la competencia en la industria del entretenimiento. Los consumidores tienen acceso a una amplia gama de opciones culturales, lo que ha llevado a una mayor competencia entre empresas y artistas por la atención del público. Esto ha impulsado la innovación y la mejora de la calidad.

Desafíos de derechos de autor: La distribución global ha planteado desafíos en términos de derechos de autor y piratería. La protección de la propiedad intelectual se ha vuelto más compleja en un entorno global, y las empresas y los artistas han tenido que adoptar estrategias para proteger sus obras.

Efectos en la industria en desarrollo: La globalización ha influido en las industrias culturales de países en desarrollo. Por un lado, ha proporcionado oportunidades para que artistas y creadores de estas regiones lleguen a audiencias globales. Por otro lado, ha planteado desafíos en términos de competencia con producciones extranjeras.

Cruce de influencias: La globalización ha llevado al cruce de influencias culturales. La música, el cine y otros medios a menudo incorporan elementos de diferentes culturas, lo que ha enriquecido la diversidad cultural en la producción artística.

En resumen, la globalización ha transformado la industria del entretenimiento y la cultura al ampliar su alcance y su audiencia. Ha creado oportunidades significativas, pero también ha planteado desafíos que requieren adaptación y regulación. La diversidad cultural y la interconexión global son aspectos destacados de esta transformación.

Innovación tecnológica: La tecnología ha transformado la forma en que se producen, distribuyen y consumen productos culturales. La digitalización ha tenido un impacto significativo en la industria de la música y el cine, y la realidad virtual y la inteligencia artificial están influyendo en sectores como los videojuegos y las experiencias culturales.

La innovación tecnológica ha sido un motor clave de transformación en la industria del entretenimiento y la cultura. Aquí hay algunos aspectos clave de cómo la innovación tecnológica ha influido en este sector:

Digitalización de contenidos: La digitalización de la música, las películas, los libros y otros contenidos culturales ha cambiado fundamentalmente la forma en que se producen y consumen. Los consumidores pueden acceder a una amplia gama de contenidos en línea, lo que ha revolucionado la distribución y ha permitido la creación de plataformas de transmisión y descarga de contenido.

Streaming de medios: La tecnología de streaming ha permitido a las personas transmitir música, películas y programas de televisión en tiempo real a través de Internet. Esto ha llevado a la popularización de servicios como Spotify, Netflix y YouTube, que ofrecen una amplia variedad de contenidos a pedido.

Realidad virtual (RV) y realidad aumentada (RA): La RV y la RA están transformando la forma en que experimentamos el entretenimiento y la cultura. En el mundo de los videojuegos, la RV ofrece experiencias inmersivas que transportan a los jugadores a mundos virtuales. La RA, por su parte, ha dado lugar a aplicaciones y experiencias interactivas que combinan el mundo real con elementos virtuales.

Inteligencia artificial (IA): La IA se utiliza en la industria del entretenimiento para personalizar recomendaciones de contenido, crear efectos visuales y mejorar la interacción en videojuegos. También se utiliza en la música para componer canciones y en la producción de películas para crear personajes y efectos especiales.

Redes sociales y participación del público: Las redes sociales han permitido una mayor participación del público en la cultura y el entretenimiento. Los artistas y las empresas utilizan plataformas como Facebook, Twitter e Instagram para interactuar con los fanáticos y promocionar su trabajo.

Producción y distribución descentralizadas: La tecnología ha descentralizado la producción y distribución de contenidos. Ahora, cualquiera puede crear música, videos o escritura y distribuirlos en línea sin la necesidad de intermediarios tradicionales.

Experiencias inmersivas: La tecnología está permitiendo experiencias culturales más inmersivas, como conciertos en realidad virtual, museos virtuales y experiencias cinematográficas interactivas.

Big data y análisis: Las empresas utilizan análisis de datos para comprender mejor el comportamiento del consumidor y ajustar su estrategia de contenido y marketing en consecuencia.

Protección de derechos de autor: La tecnología también se ha utilizado para abordar cuestiones de derechos de autor y piratería a través de sistemas de gestión de derechos digitales y métodos de protección de contenido.

En resumen, la innovación tecnológica ha dado forma a la industria del entretenimiento y la cultura de maneras que van desde la distribución de contenidos hasta la creación de experiencias inmersivas. Estas innovaciones continúan transformando la forma en que producimos, consumimos y participamos en la cultura y el entretenimiento.

Diversidad cultural: La industria del entretenimiento y la cultura es un reflejo de la diversidad cultural en todo el mundo. Promueve la expresión cultural y fomenta la comprensión y apreciación de diferentes tradiciones y formas de arte.

La diversidad cultural es un aspecto fundamental de la industria del entretenimiento y la cultura. Aquí hay algunas formas en las que la industria refleja y promueve la diversidad cultural:

Representación en medios: La representación de diversas culturas en películas, programas de televisión, música y otros medios es importante para reflejar la diversidad del mundo real. La inclusión de personajes y temas de diferentes orígenes culturales contribuye a una representación más precisa y enriquecedora.

Fomento de artistas y creadores diversos: La industria del entretenimiento y la cultura brinda oportunidades a artistas, escritores, cineastas, músicos y creadores de diversas culturas para compartir sus voces y perspectivas. Esto no solo enriquece la oferta cultural, sino que también inspira a otros a explorar y apreciar diferentes tradiciones culturales.

Eventos culturales y festivales: Los eventos culturales y festivales son vitales para celebrar y compartir las diferentes culturas del mundo. Estos eventos ofrecen actuaciones, exposiciones y experiencias que muestran la diversidad de la música, el arte, la danza y la gastronomía de diversas culturas.

Promoción de la educación y la comprensión intercultural: Muchos productos culturales, como documentales, libros y exposiciones, están diseñados para educar y fomentar una mayor comprensión de las culturas de todo el mundo. Esto puede contribuir a la promoción de la tolerancia y el respeto mutuo.

Colaboraciones interculturales: La colaboración entre artistas y creadores de diferentes culturas es común en la industria del entretenimiento y la cultura. Estas colaboraciones pueden dar lugar a fusiones creativas únicas y obras que cruzan fronteras culturales.

Preservación del patrimonio cultural: La cultura y el entretenimiento también desempeñan un papel en la preservación del patrimonio cultural. Las representaciones culturales a través de la música, el cine, la danza y el teatro pueden contribuir a la conservación de tradiciones culturales que de otro modo podrían perderse.

Plataformas de medios internacionales: La globalización ha permitido que la música, el cine, la televisión y otros medios lleguen a audiencias de todo el mundo. Esto ha creado oportunidades para que las personas exploren y aprecien culturas extranjeras sin salir de sus hogares.

En resumen, la industria del entretenimiento y la cultura desempeña un papel importante en la promoción de la diversidad cultural al ofrecer una plataforma para la expresión y la apreciación de diferentes culturas. A través de la representación, la educación y la colaboración intercultural, esta industria contribuye a un mundo más diverso y enriquecedor.

Desafíos y cuestiones: La piratería, la distribución ilegal de contenido, la protección de derechos de autor, la censura, la igualdad de género y la diversidad en la industria son algunos de los desafíos y cuestiones importantes que enfrenta este sector.

La industria del entretenimiento y la cultura enfrenta una serie de desafíos y cuestiones que son cruciales para su desarrollo y su impacto en la sociedad.

Piratería y distribución ilegal de contenido: La piratería y la distribución ilegal de música, películas, libros y otros contenidos culturales representan una amenaza para los ingresos de la industria y los derechos de autor de los creadores. La lucha contra la piratería y la búsqueda de soluciones efectivas para proteger la propiedad intelectual son preocupaciones constantes.

Protección de derechos de autor: La protección de los derechos de autor es esencial para garantizar que los creadores sean recompensados por su trabajo. Sin embargo, el equilibrio entre la protección de los derechos de autor y el acceso a la cultura es un tema controvertido, especialmente en la era digital.

Censura y libertad de expresión: En algunos lugares, la censura gubernamental y las restricciones a la libertad de expresión pueden limitar la creación y distribución de contenidos culturales. Este es un desafío importante para la industria y los artistas que buscan expresar ideas controvertidas.

Igualdad de género y diversidad: La igualdad de género y la diversidad son cuestiones importantes en la industria del entretenimiento y la cultura. La representación equitativa de mujeres y minorías en cargos creativos y de liderazgo, así como la lucha contra la discriminación y el acoso, son desafíos significativos.

Cambio en los modelos de negocio: La digitalización y la evolución de las tecnologías han transformado los modelos de negocio en la industria. Los cambios en la distribución, la monetización y la promoción de contenidos han llevado a ajustes en la estrategia y la rentabilidad.

Impacto medioambiental: La producción de contenido cultural y entretenimiento puede tener un impacto ambiental significativo, desde la fabricación de dispositivos electrónicos hasta la gestión de residuos. La industria está buscando formas de reducir su huella ambiental.

Competencia global y local: La globalización ha aumentado la competencia en la industria, lo que puede ser un desafío para los actores locales y regionales que intentan competir en un mercado global. La promoción de la cultura local es importante en muchos lugares.

Propiedad y control de contenidos: La consolidación de grandes empresas de medios y tecnología ha planteado preocupaciones sobre la concentración de poder y el control de contenidos. Esto afecta la diversidad y la independencia creativa.

Nuevos modelos de monetización: La publicidad, las suscripciones, el crowdfunding y otros modelos de monetización están evolucionando rápidamente. La adaptación a estos cambios y la búsqueda de fuentes de ingresos sostenibles son desafíos continuos.

Acceso y asequibilidad: El acceso a la cultura y el entretenimiento es fundamental. Garantizar que la cultura y el entretenimiento sean accesibles y asequibles para todos es una cuestión importante para la equidad cultural.

La industria del entretenimiento y la cultura está en constante evolución, y abordar estos desafíos y cuestiones es esencial para su crecimiento y sostenibilidad a largo plazo. Los enfoques de colaboración, la innovación y la adaptación son fundamentales para superar estos desafíos y seguir proporcionando contenido cultural valioso a nivel mundial.

Tendencias cambiantes: Las tendencias en la industria del entretenimiento y la cultura evolucionan constantemente. Por ejemplo, la creciente demanda de contenido en línea, el auge del streaming, los eventos en vivo y la importancia de la experiencia del consumidor son algunas de las tendencias actuales.

las tendencias cambiantes son una característica distintiva de la industria del entretenimiento y la cultura. Algunas tendencias actuales y futuras que están dando forma a la industria incluyen:

Streaming y contenido digital: La transmisión de contenido en línea ha revolucionado la forma en que las personas consumen música, películas, programas de televisión y otros contenidos. Plataformas como Netflix, Spotify, Disney+ y YouTube están en constante crecimiento.

Eventos en vivo y experiencias: Los eventos en vivo, como conciertos, festivales, teatro y deportes, siguen siendo populares, y la experiencia del consumidor se ha vuelto fundamental. Las experiencias interactivas y la realidad virtual están influyendo en este sector.

Contenido generado por el usuario: La participación de los usuarios a través de plataformas de redes sociales, blogs y contenido generado por el usuario se ha convertido en una parte importante de la industria. Esto incluye reseñas, tutoriales y Blogs.

Contenido original: Las empresas de entretenimiento están invirtiendo en contenido original para atraer a audiencias exclusivas. Esto incluye series de televisión, películas y música producida directamente por las plataformas.

Innovación tecnológica: La realidad virtual, la inteligencia artificial y la realidad aumentada están influenciando la forma en que se crea y se experimenta el entretenimiento. Por ejemplo, los videojuegos están adoptando la realidad virtual, y la IA se utiliza para la recomendación de contenido.

Sostenibilidad y responsabilidad social: Cada vez más, la sostenibilidad y la responsabilidad social son consideraciones importantes en la industria del entretenimiento y la cultura. Las empresas buscan minimizar su impacto ambiental y participan en causas sociales.

Diversidad y representación: La diversidad en la pantalla y detrás de escena se ha convertido en un tema importante, y la industria está trabajando en ser más inclusiva y representativa en sus contenidos y contrataciones.

Contenido educativo y de estilo de vida: Los contenidos relacionados con la educación, el bienestar, la salud y el estilo de vida están en aumento. Esto incluye tutoriales en línea, podcasts de autoayuda y programas de bienestar.

Colaboraciones y fusiones: Las colaboraciones entre empresas de entretenimiento y cultura, así como las fusiones y adquisiciones, están cambiando la industria y creando sinergias en la producción y distribución de contenido.

Nuevos modelos de negocio: La industria está explorando modelos de negocio alternativos, como la monetización de contenido a través de criptomonedas y blockchain, así como la inversión en NFTs (Tokens No Fungibles).

La adaptación a estas tendencias cambiantes es esencial para el éxito en la industria del entretenimiento y la cultura. Las empresas y creadores deben mantenerse al tanto de las preferencias del público y las innovaciones tecnológicas para seguir siendo relevantes en un mercado en constante evolución.

La economía de la industria del entretenimiento y la cultura es dinámica y diversa, y su influencia se extiende a nivel global. La tecnología, la innovación y las tendencias cambiantes continúan dando forma a esta industria en constante evolución.

30.Futuro de la economía: desafíos y oportunidades.

El futuro de la economía estará marcado por una serie de desafíos y oportunidades significativos. Aquí hay una visión general de algunos de los aspectos clave que darán forma a la economía en los próximos años:

Desafíos:

Cambio climático y sostenibilidad: La lucha contra el cambio climático y la promoción de la sostenibilidad son desafíos críticos. Las empresas y gobiernos deberán adoptar prácticas más sostenibles y reducir las emisiones de carbono.

La lucha contra el cambio climático y la promoción de la sostenibilidad son cuestiones críticas en la economía actual.

1. Transición a energías renovables: La adopción de fuentes de energía renovable, como la solar y la eólica, es fundamental para reducir las emisiones de carbono. Esto no solo impulsa la sostenibilidad, sino que también crea empleos en el sector de la energía limpia.

2. Eficiencia energética: La mejora de la eficiencia energética en edificios, transporte y procesos industriales es esencial para reducir el consumo de energía y las emisiones de gases de efecto invernadero.

3. Economía circular: La economía circular se centra en reducir, reutilizar y reciclar materiales y productos, en lugar de desecharlos. Esto disminuye la generación de residuos y minimiza el impacto ambiental.

4. Regulación ambiental: Los gobiernos están implementando regulaciones más estrictas relacionadas con las emisiones y la sostenibilidad. Las empresas deben cumplir con estas regulaciones y adaptarse a las normativas cambiantes.

5. Inversión en tecnologías verdes: La inversión en tecnologías verdes y limpias, como el almacenamiento de energía, la captura y almacenamiento de carbono, y la agricultura sostenible, es esencial para abordar el cambio climático.

6. Conciencia del consumidor: Los consumidores están cada vez más interesados en apoyar a empresas que son sostenibles y éticas. Esto está impulsando a las empresas a adoptar prácticas más sostenibles y transparentes.

7. Oportunidades de inversión: La inversión en empresas sostenibles y tecnologías verdes presenta oportunidades para inversores que desean combinar ganancias financieras con un impacto positivo en el medio ambiente.

8. Transición justa: La transición a una economía más sostenible debe ser justa para los trabajadores y las comunidades afectadas por el cambio. Esto implica brindar apoyo a las personas cuyos empleos pueden verse afectados por la transición.

9. Colaboración global: Dado que el cambio climático es un problema global, la cooperación internacional es esencial. Los acuerdos como el Acuerdo de París son ejemplos de esfuerzos globales para abordar el cambio climático.

Abordar el cambio climático y promover la sostenibilidad es un desafío complejo, pero también presenta oportunidades para la innovación, la creación de empleo y un futuro más limpio y saludable. Las empresas, los gobiernos y los individuos desempeñarán un papel fundamental en la búsqueda de soluciones sostenibles para estos desafíos críticos.

Automatización y empleo: La automatización y la inteligencia artificial están transformando la fuerza laboral, lo que plantea desafíos en términos de desplazamiento de trabajadores y la necesidad de desarrollar nuevas habilidades.

La automatización y la inteligencia artificial están transformando la economía y la fuerza laboral, lo que presenta desafíos y oportunidades significativas:

Desafíos:

Desplazamiento de trabajadores: La automatización puede reemplazar trabajos rutinarios y repetitivos en industrias como la manufactura, la logística y el servicio al cliente. Esto puede resultar en la pérdida de empleos para algunas personas.

Brecha de habilidades: A medida que las tecnologías avanzan, se requieren habilidades digitales y técnicas más sofisticadas. Esto puede crear una brecha de habilidades, ya que algunos trabajadores pueden no estar preparados para los trabajos del futuro.

Desigualdad económica: Si la automatización no se gestiona adecuadamente, podría aumentar la desigualdad económica, ya que aquellos con las habilidades y la educación necesarias para trabajos automatizados pueden beneficiarse, mientras que otros podrían quedar rezagados.

Seguridad laboral: La automatización plantea preguntas sobre la seguridad laboral y los derechos de los trabajadores en un mundo donde las máquinas desempeñan un papel cada vez más importante.

Oportunidades:

Creación de empleo: Si bien la automatización puede eliminar algunos trabajos, también puede crear otros nuevos. Las tecnologías emergentes, como la inteligencia artificial, requieren la programación, el mantenimiento y la supervisión, lo que puede generar oportunidades de empleo.

Mejora de la productividad: La automatización puede aumentar la eficiencia y la productividad en diversas industrias, lo que puede impulsar el crecimiento económico.

Mejoras en la calidad de vida: La automatización puede eliminar trabajos peligrosos, sucios o tediosos, lo que mejora la calidad de vida de los trabajadores.

Innovación y competitividad: Las empresas que adoptan tecnologías avanzadas pueden volverse más competitivas en el mercado global, lo que puede beneficiar a la economía en su conjunto.

Para abordar los desafíos planteados por la automatización, es fundamental que los gobiernos, las empresas y las instituciones educativas colaboren para proporcionar capacitación y reentrenamiento a los trabajadores, promover la educación en ciencia, tecnología, ingeniería y matemáticas (STEM), y establecer políticas que fomenten la igualdad de oportunidades y la movilidad laboral. Además, es importante considerar cómo se regulan y se utilizan estas tecnologías para garantizar un futuro laboral justo y sostenible.

Desigualdad económica: La desigualdad en la distribución de ingresos y riqueza sigue siendo un problema importante en muchas partes del mundo, y abordarla será un desafío clave.

La desigualdad económica es un desafío significativo que afecta a muchas sociedades en todo el mundo. Implica diferencias marcadas en la distribución de ingresos y riqueza entre individuos y grupos. Para abordar este problema, es necesario considerar una serie de enfoques y políticas:

Políticas fiscales progresivas: La implementación de impuestos progresivos, donde aquellos con ingresos más altos pagan una proporción mayor de sus ingresos en impuestos, puede ayudar a reducir la desigualdad. Además, se pueden establecer políticas para limitar la evasión fiscal y cerrar brechas fiscales.

Redes de seguridad social: Fortalecer las redes de seguridad social, como la asistencia sanitaria, el desempleo y las pensiones, puede ayudar a reducir la desigualdad al proporcionar un colchón financiero a aquellos que enfrentan dificultades económicas.

Educación accesible y de calidad: Garantizar que todos tengan acceso a una educación de calidad es fundamental para reducir la desigualdad. La inversión en educación y programas de apoyo para estudiantes desfavorecidos puede nivelar el campo de juego.

Políticas laborales justas: Establecer salarios mínimos justos y garantizar que los trabajadores tengan derechos laborales sólidos, como la negociación colectiva, puede ayudar a mejorar las condiciones económicas de los trabajadores y reducir la desigualdad.

Igualdad de género: Abordar la desigualdad de género en el lugar de trabajo y en la sociedad en general es esencial. Las brechas salariales de género y la discriminación basada en el género pueden contribuir a la desigualdad económica.

Acceso a servicios básicos: Garantizar que todos tengan acceso a servicios esenciales, como atención médica, vivienda asequible, transporte confiable y educación de calidad, puede ayudar a reducir las disparidades económicas.

Empoderamiento económico: Fomentar el espíritu empresarial, especialmente entre grupos desfavorecidos, y brindar oportunidades para la movilidad económica puede ayudar a reducir la desigualdad.

Políticas de inclusión y equidad: Las políticas que promueven la inclusión de grupos marginados, como minorías étnicas, personas con discapacidades y comunidades desfavorecidas, son esenciales para abordar la desigualdad.

Transparencia y rendición de cuentas: La transparencia en la toma de decisiones económicas y la rendición de cuentas de las instituciones y empresas pueden ayudar a garantizar que no se perpetúe la desigualdad a través de prácticas injustas.

Cooperación internacional: La desigualdad es un problema global, y la cooperación internacional en cuestiones como la evasión fiscal y el comercio justo puede desempeñar un papel importante en la reducción de la desigualdad a nivel mundial.

La desigualdad económica es un desafío multifacético que requiere un enfoque integral y la colaboración de gobiernos, empresas, organizaciones de la sociedad civil y la sociedad en su conjunto para abordar y reducir sus impactos negativos.

Envejecimiento de la población: El envejecimiento de la población en muchas regiones presenta desafíos económicos, especialmente en lo que respecta a la seguridad social y la atención médica.

El envejecimiento de la población es un fenómeno importante que se observa en muchas partes del mundo y plantea varios desafíos económicos y sociales. Algunos de los desafíos económicos asociados con el envejecimiento de la población incluyen:

Presión sobre los sistemas de seguridad social: Con una población envejecida, aumenta la demanda de programas de seguridad social, como las pensiones y el cuidado de la salud. Esto puede ejercer presión sobre los presupuestos gubernamentales, ya que se requieren más fondos para satisfacer las necesidades de la población en edad de jubilación.

Sostenibilidad de las pensiones: Los sistemas de pensiones pueden enfrentar desafíos para garantizar la sostenibilidad de los pagos a los jubilados. A medida que más personas se jubilan y viven más tiempo, los fondos de pensiones deben adaptarse para cubrir estas demandas adicionales.

Cuidado de la salud: El envejecimiento de la población está vinculado a un aumento de las necesidades de atención médica. Las personas mayores tienden a requerir más atención médica, lo que puede aumentar los costos de atención médica y ejercer presión sobre los sistemas de salud y los presupuestos públicos.

Participación en la fuerza laboral: Con más personas que trabajan durante más tiempo antes de jubilarse, puede haber una competencia por los empleos entre generaciones. Esto puede afectar las oportunidades laborales para los jóvenes.

Cambio en la demanda de bienes y servicios: La población envejecida puede cambiar la demanda de bienes y servicios. Por ejemplo, puede haber una mayor demanda de servicios de atención a largo plazo, productos médicos y viviendas adaptadas a las necesidades de las personas mayores.

Necesidades de vivienda y movilidad: Las personas mayores pueden requerir viviendas accesibles y servicios de transporte adaptados. Esto puede tener implicaciones para el sector inmobiliario y las infraestructuras de transporte.

Para abordar estos desafíos, los gobiernos, las empresas y las comunidades pueden considerar:

Reformas en los sistemas de seguridad social para garantizar la sostenibilidad a largo plazo.

Fomentar políticas que alienten a las personas a trabajar más tiempo y retrasar la jubilación.

Inversiones en atención médica y servicios de atención a largo plazo.

La promoción de la vivienda accesible y las infraestructuras adecuadas para las personas mayores.

Programas que fomenten la inclusión y la participación de las personas mayores en la sociedad.

El envejecimiento de la población es un fenómeno complejo que requiere una planificación cuidadosa y la adopción de políticas adecuadas para garantizar el bienestar económico y social de las personas mayores y de la sociedad en su conjunto.

Inestabilidad geopolítica: Las tensiones y conflictos geopolíticos pueden afectar significativamente la economía global y la estabilidad de los mercados.

La inestabilidad geopolítica es un factor importante que puede influir significativamente en la economía global y en la estabilidad de los mercados financieros.

Volatilidad en los mercados financieros: Las tensiones geopolíticas a menudo generan incertidumbre en los mercados financieros. Los inversores pueden volverse cautelosos y vender activos de mayor riesgo, como acciones, lo que puede llevar a una mayor volatilidad en los precios de los activos.

Aumento de los precios de los productos básicos: Las regiones afectadas por conflictos o tensiones geopolíticas a menudo son importantes productores de materias primas, como petróleo, gas natural, metales y alimentos. Los disturbios en estas áreas pueden interrumpir la producción y el suministro, lo que puede provocar aumentos en los precios de los productos básicos.

Impacto en el comercio internacional: Los conflictos comerciales y las sanciones entre países pueden afectar negativamente el comercio internacional. Las barreras comerciales y las restricciones pueden perjudicar a las empresas y tener un impacto negativo en la economía global.

Riesgo para la inversión extranjera: La inestabilidad geopolítica puede disuadir a las empresas extranjeras de invertir en regiones afectadas. Esto puede ralentizar el crecimiento económico y limitar las oportunidades de empleo.

Impacto en los precios del petróleo: Los conflictos en regiones ricas en petróleo pueden influir en los precios del petróleo crudo, lo que a su vez afecta los costos de energía para las empresas y los consumidores. Las fluctuaciones en los precios del petróleo pueden tener un impacto considerable en la economía global.

Costos militares: La participación en conflictos militares puede imponer cargas financieras significativas a los países, ya que los costos de defensa y reconstrucción son considerables. Esto puede afectar los presupuestos gubernamentales y la deuda pública.

Refugiados y desplazados: Los conflictos geopolíticos pueden dar lugar a flujos de refugiados y desplazados internos. Esto puede generar presión sobre los recursos y los servicios en las áreas que reciben a estos refugiados, lo que a su vez tiene implicaciones económicas y sociales.

Desafíos para la cooperación internacional: La inestabilidad geopolítica puede dificultar la cooperación internacional en asuntos como el comercio, el cambio climático y la ayuda humanitaria. La falta de colaboración puede obstaculizar los esfuerzos para abordar problemas globales.

Para las empresas y los inversores, la inestabilidad geopolítica resalta la importancia de evaluar y gestionar los riesgos geopolíticos en sus estrategias comerciales e inversiones. Para los gobiernos, la diplomacia y la gestión de crisis son esenciales para abordar las tensiones y los conflictos de manera efectiva y mitigar los impactos económicos adversos. La estabilidad geopolítica es fundamental para el crecimiento económico sostenible y la prosperidad global.

Oportunidades:

Tecnología y digitalización: Las tecnologías emergentes ofrecen oportunidades en áreas como la inteligencia artificial, la realidad virtual, la ciberseguridad y la tecnología de la información en general. Esto impulsará la innovación y la eficiencia.

El avance de la tecnología y la digitalización de la economía son fuerzas transformadoras que tienen un impacto significativo en la economía global.

Oportunidades:

Innovación: Las tecnologías emergentes como la inteligencia artificial (IA), el aprendizaje automático y la automatización ofrecen oportunidades para la innovación en una amplia gama de industrias. Estas tecnologías pueden mejorar la eficiencia, la calidad y la velocidad de la producción y los servicios.

Conectividad global: La digitalización ha conectado a personas y empresas en todo el mundo. Esto ha abierto mercados internacionales y ha permitido a las empresas llegar a un público global con sus productos y servicios.

Emprendimiento: La tecnología ha reducido las barreras de entrada para los emprendedores. Las startups tecnológicas pueden crecer rápidamente y competir en mercados globales, lo que fomenta la innovación y la creación de empleo.

Eficiencia empresarial: Las tecnologías digitales permiten a las empresas optimizar sus operaciones, reducir costos y tomar decisiones basadas en datos. Esto mejora la eficiencia empresarial y la toma de decisiones.

Nuevos modelos de negocio: La digitalización ha dado lugar a nuevos modelos de negocio, como el comercio electrónico, la economía colaborativa y los servicios basados en suscripción. Estos modelos están transformando industrias enteras.

Desafíos:

Desplazamiento de trabajadores: La automatización y la IA pueden desplazar ciertos empleos y requerir que los trabajadores adquieran nuevas habilidades. Esto plantea desafíos en términos de la adaptación de la fuerza laboral.

Seguridad cibernética: A medida que las empresas y las operaciones gubernamentales dependen más de la tecnología digital, la ciberseguridad se convierte en una preocupación crítica. La amenaza de ciberataques y la necesidad de proteger los datos son desafíos constantes.

Desigualdades digitales: No todos tienen igual acceso a la tecnología o la capacidad de beneficiarse de la digitalización. Las desigualdades digitales pueden ampliar las brechas económicas y sociales.

Privacidad de los datos: La recopilación y el uso de datos personales plantean cuestiones de privacidad y seguridad. La regulación de la privacidad de los datos se está convirtiendo en un tema importante en muchas jurisdicciones.

Desafíos regulatorios: La rápida evolución de la tecnología a menudo supera la capacidad de los reguladores para mantenerse al día. Esto puede crear incertidumbre y desafíos regulatorios.

En resumen, la tecnología y la digitalización ofrecen oportunidades significativas para el crecimiento económico y la innovación, pero también plantean desafíos en términos de desplazamiento de trabajadores, seguridad cibernética, desigualdades y cuestiones regulatorias. La capacidad de las empresas, los gobiernos y la sociedad en general para abordar estos desafíos determinará en gran medida el impacto de la tecnología en la economía del futuro.

Economía verde y renovable: La transición hacia una economía más sostenible y basada en energías renovables es una oportunidad para el crecimiento económico y la creación de empleo.

La economía verde y renovable es un enfoque que promueve el desarrollo económico sostenible y la reducción del impacto ambiental al fomentar el uso de fuentes de energía renovable, la conservación de recursos naturales y la adopción de prácticas comerciales sostenibles.

Oportunidades:

Crecimiento de la energía renovable: La transición hacia fuentes de energía renovable, como la solar, la eólica y la hidroeléctrica, ha creado oportunidades significativas en la industria de la energía. Esto incluye la producción, la instalación y el mantenimiento de sistemas de energía renovable.

Eficiencia energética: La economía verde fomenta la eficiencia energética en edificios, transporte y procesos industriales. La eficiencia energética puede reducir costos y disminuir la huella de carbono.

Innovación tecnológica: La inversión en tecnologías limpias y sostenibles está impulsando la innovación en sectores como la energía, el transporte y la gestión de residuos. Esto crea oportunidades para el desarrollo de nuevos productos y servicios.

Empleo verde: La economía verde a menudo se asocia con la creación de empleo en sectores relacionados con el medio ambiente, como la conservación, la gestión de recursos naturales y la energía renovable.

Reducción de costos a largo plazo: Aunque la adopción inicial de tecnologías verdes puede requerir inversiones, a largo plazo, muchas de estas tecnologías pueden generar ahorros significativos en costos de energía y recursos.

Desafíos:

Inversión inicial: La adopción de tecnologías verdes y la transición a prácticas comerciales sostenibles a menudo requieren inversiones significativas en infraestructura y capacitación.

Resistencia al cambio: Las empresas y los individuos pueden resistirse a la adopción de prácticas más sostenibles debido a la comodidad y la inversión inicial requerida.

Desempleo en sectores tradicionales: La transición a una economía verde puede afectar a sectores tradicionales, como la minería de carbón y la producción de petróleo, lo que plantea desafíos de desempleo.

Regulación y política: La regulación y las políticas gubernamentales juegan un papel fundamental en la transición a una economía verde. La falta de regulación adecuada o de incentivos fiscales puede obstaculizar la transición.

Equidad y acceso: Asegurar que los beneficios de una economía verde se distribuyan de manera justa y que todos tengan acceso a energía limpia y prácticas sostenibles es un desafío importante.

En resumen, la economía verde y renovable presenta oportunidades significativas para el crecimiento económico y la sostenibilidad a largo plazo. Sin embargo, también plantea desafíos relacionados con la inversión inicial, la resistencia al cambio, la regulación y la equidad. La capacidad de abordar estos desafíos determinará en gran medida el éxito de la transición hacia una economía más sostenible.

Salud y biotecnología: La pandemia de COVID-19 ha acelerado la inversión en salud y biotecnología. Esto incluye la investigación de vacunas, terapias y telemedicina.

La pandemia de COVID-19 ha tenido un impacto significativo en la inversión y el avance de la salud y la biotecnología en todo el mundo.

Oportunidades:

Investigación de vacunas y terapias: La pandemia ha impulsado una inversión sin precedentes en la investigación y desarrollo de vacunas y terapias. Esto ha acelerado la capacidad de desarrollar y desplegar tratamientos para diversas enfermedades, no solo para COVID-19.

Telemedicina y tecnología de la salud: La necesidad de distanciamiento social ha llevado a un rápido crecimiento de la telemedicina y la adopción de tecnologías de la salud. Esto ha mejorado el acceso a la atención médica y ha brindado oportunidades para la innovación en la entrega de servicios de salud.

Innovación en biotecnología: La pandemia ha destacado la importancia de la biotecnología en la respuesta a enfermedades infecciosas. Esto ha llevado a una mayor inversión en investigación y desarrollo en biotecnología, lo que podría conducir a avances significativos en áreas como la terapia génica y la ingeniería de proteínas.

Conciencia de la salud pública: La pandemia ha aumentado la conciencia de la importancia de la salud pública y la preparación para emergencias de salud. Esto podría llevar a una mayor inversión en sistemas de salud pública y medidas preventivas.

Colaboración global: La pandemia ha impulsado la colaboración global en investigación y desarrollo de vacunas y terapias. Esta colaboración podría allanar el camino para futuros esfuerzos de colaboración en la lucha contra enfermedades globales.

Desafíos:

Equidad en el acceso: A pesar de los avances en investigación y desarrollo, garantizar un acceso equitativo a vacunas y tratamientos sigue siendo un desafío importante. La disparidad en la distribución de recursos y la propiedad intelectual pueden obstaculizar el acceso en países en desarrollo.

Ciberseguridad en telemedicina: El aumento de la telemedicina también ha aumentado las preocupaciones sobre la ciberseguridad y la privacidad de los datos de salud.

Inversión sostenida: Mantener la inversión en investigación y desarrollo de salud y biotecnología a largo plazo es esencial para abordar no solo la pandemia actual, sino también futuras amenazas para la salud.

Desinformación: La pandemia ha resaltado el desafío de la desinformación en la salud pública. Abordar la desinformación y promover la educación en salud son aspectos críticos de la respuesta a futuras amenazas para la salud.

Preparación para futuras pandemias: La pandemia de COVID-19 ha subrayado la necesidad de una mejor preparación y respuesta a futuras pandemias. Esto implica inversiones en investigación, sistemas de salud pública y logística para la distribución de vacunas y tratamientos.

En resumen, la pandemia de COVID-19 ha acelerado la inversión en salud y biotecnología, lo que ha generado oportunidades significativas para la investigación y la innovación en estas áreas. Sin embargo, se enfrentan desafíos en términos de acceso equitativo, ciberseguridad, inversión sostenida, desinformación y preparación para futuras pandemias. El enfoque en la salud y la biotecnología es fundamental para abordar no solo los problemas actuales, sino también los futuros relacionados con la salud.

Economía circular: La economía circular, que promueve la reutilización y el reciclaje, presenta oportunidades para reducir residuos y generar ingresos.

La economía circular es un enfoque económico y empresarial que busca reducir el desperdicio y maximizar la eficiencia en el uso de los recursos. A través de la reutilización, el reciclaje y la prolongación de la vida útil de productos y materiales, se pretende reducir la extracción de recursos naturales y minimizar los residuos.

Oportunidades:

Reducción de residuos: La economía circular tiene el potencial de reducir significativamente la cantidad de residuos generados. Esto no solo beneficia al medio ambiente, sino que también puede reducir los costos asociados con la eliminación de residuos.

Generación de ingresos: La reutilización y el reciclaje pueden convertirse en fuentes de ingresos. La recolección y procesamiento de materiales reciclables, así como la creación y venta de productos reciclados, pueden generar oportunidades comerciales.

Eficiencia en el uso de recursos: La economía circular fomenta un uso más eficiente de los recursos naturales al alargar la vida útil de los productos y materiales. Esto puede reducir la dependencia de la extracción de recursos y la compra de materias primas nuevas.

Innovación: La economía circular fomenta la innovación en el diseño de productos y procesos. Se promueven productos duraderos, reciclables y reparables, lo que puede generar oportunidades para empresas que adopten estas prácticas.

Cadenas de suministro sostenibles: Las empresas pueden aprovechar la economía circular para crear cadenas de suministro más sostenibles y responsables desde el punto de vista ambiental. Esto puede atraer a consumidores y socios comerciales conscientes de la sostenibilidad.

Desafíos:

Cambio de mentalidad: La economía circular requiere un cambio de mentalidad tanto de empresas como de consumidores. Se deben superar las prácticas de "usar y desechar" y fomentar la reutilización y el reciclaje.

Inversión inicial: Adoptar prácticas de economía circular puede requerir una inversión inicial en tecnología, infraestructura y capacitación. Las empresas deben evaluar si estas inversiones a largo plazo valen la pena.

Gestión de residuos: La gestión efectiva de residuos, incluido su reciclaje, puede ser un desafío. Se requiere una infraestructura de reciclaje adecuada y sistemas de recolección eficientes.

Diseño de productos: Diseñar productos para que sean reutilizables y reciclables a veces puede ser un desafío desde el punto de vista técnico y de costos. Se necesitan esfuerzos para equilibrar la sostenibilidad con la viabilidad económica.

Normativas y regulaciones: Las empresas pueden enfrentar regulaciones ambientales que les exigen ser más responsables desde el punto de vista ambiental. Esto puede ser un desafío para algunas empresas.

La economía circular ofrece oportunidades para reducir residuos, generar ingresos, utilizar de manera más eficiente los recursos y fomentar la innovación. Sin embargo, requiere un cambio de mentalidad, inversiones iniciales, gestión de residuos efectiva, diseño de productos sostenibles y el cumplimiento de regulaciones ambientales. La transición hacia una economía más circular es una parte importante de los esfuerzos para abordar los desafíos ambientales y económicos en el mundo actual.

Educación y habilidades: La demanda de aprendizaje en línea y el desarrollo de habilidades en línea está en crecimiento, lo que presenta oportunidades para la educación y la capacitación en línea.

La demanda de aprendizaje en línea y el desarrollo de habilidades en línea han experimentado un crecimiento significativo en los últimos años, y esta tendencia ha sido impulsada aún más por la pandemia de COVID-19.

Oportunidades:

Acceso global: El aprendizaje en línea brinda la posibilidad de acceder a la educación y al desarrollo de habilidades desde cualquier lugar del mundo. Esto significa que las personas de todas las ubicaciones geográficas pueden beneficiarse de una amplia variedad de programas educativos y de capacitación.

Flexibilidad: Los cursos y programas en línea suelen ofrecer flexibilidad en términos de horarios y ubicación. Los estudiantes pueden adaptar su aprendizaje a sus necesidades y compromisos personales o profesionales.

Amplia gama de temas: La educación en línea cubre una amplia gama de temas, desde habilidades técnicas y STEM (ciencia, tecnología, ingeniería y matemáticas) hasta artes, humanidades y negocios. Los estudiantes pueden encontrar cursos sobre prácticamente cualquier tema de interés.

Aprendizaje personalizado: Plataformas en línea a menudo utilizan algoritmos y análisis de datos para ofrecer contenido personalizado, lo que permite a los estudiantes aprender a su propio ritmo y enfocarse en áreas que les interesen más.

Certificaciones y credenciales: Muchos cursos en línea ofrecen certificaciones y credenciales reconocidas que pueden mejorar las oportunidades de empleo o avance profesional.

Costos reducidos: En comparación con la educación tradicional, el aprendizaje en línea a menudo es más asequible, ya que elimina los costos de transporte y alojamiento, y muchos recursos educativos en línea son gratuitos o de bajo costo.

Desafíos:

Motivación y autodisciplina: El aprendizaje en línea requiere un alto grado de motivación y autodisciplina, ya que los estudiantes deben gestionar su propio tiempo y mantenerse enfocados sin la estructura de un aula física.

Conexión a Internet y acceso a tecnología: La calidad del aprendizaje en línea depende de la disponibilidad de una conexión a Internet confiable y dispositivos tecnológicos adecuados. Esto puede ser un desafío en áreas con infraestructura limitada.

Calidad variable: No todos los cursos en línea son de alta calidad. Algunos pueden carecer de contenido actualizado o una enseñanza efectiva. La elección de plataformas y proveedores confiables es crucial.

Aislamiento social: El aprendizaje en línea puede llevar al aislamiento social, ya que los estudiantes no interactúan de manera presencial con compañeros y profesores. Esto puede afectar negativamente la experiencia educativa.

Falta de reconocimiento: Aunque las certificaciones en línea son valiosas, algunas industrias y empleadores aún pueden ser reacios a reconocer completamente el aprendizaje en línea. Esto está cambiando gradualmente, pero es un desafío importante en algunos sectores.

Seguridad de datos: La seguridad de los datos personales y financieros es un tema crítico en la educación en línea. Las instituciones y los estudiantes deben protegerse contra posibles violaciones de seguridad.

La educación y el desarrollo de habilidades en línea son una parte integral de la economía digital actual y ofrecen una gama de oportunidades para aprender, mejorar habilidades y avanzar en la carrera. Sin embargo, también requieren un compromiso personal significativo y la capacidad de abordar desafíos relacionados con la tecnología, la calidad del contenido y la motivación.

Innovación en energía: La inversión en energía limpia, como la energía solar y eólica, ofrece oportunidades para la creación de empleo y el avance tecnológico.

La innovación en energía, con un enfoque particular en la energía limpia, es una área clave con oportunidades significativas en la economía actual.

Oportunidades:

Empleo y crecimiento económico: La transición hacia la energía limpia puede crear empleo en una variedad de campos, desde la fabricación y la instalación de paneles solares hasta la investigación y desarrollo de tecnologías sostenibles. Esto impulsa el crecimiento económico.

Tecnologías avanzadas: La innovación en energía impulsa el desarrollo de tecnologías avanzadas en áreas como la generación de energía renovable, el almacenamiento de energía y la gestión de la demanda. Estas tecnologías tienen aplicaciones en otras industrias.

Sostenibilidad y reducción de emisiones: La energía limpia contribuye a la sostenibilidad al reducir las emisiones de gases de efecto invernadero y la dependencia de combustibles fósiles. Esto es esencial para abordar el cambio climático.

Inversión y financiamiento: La inversión en energía limpia ha crecido a medida que inversores y gobiernos reconocen la importancia de la sostenibilidad. Esto crea oportunidades para proyectos y empresas en el sector de la energía limpia.

Mercados globales: La demanda de tecnologías de energía limpia se extiende a nivel mundial. Las empresas que desarrollan soluciones innovadoras pueden acceder a mercados internacionales.

Eficiencia energética: La innovación no se limita a la generación de energía; también abarca la eficiencia energética en edificios, transporte y procesos industriales. Esto puede reducir los costos y el impacto ambiental.

Desafíos:

Costos iniciales: La inversión en tecnologías de energía limpia a menudo implica costos iniciales más altos que las fuentes de energía tradicionales. Sin embargo, los costos suelen disminuir con el tiempo a medida que la tecnología avanza y se escala.

Intermitencia y almacenamiento: Las fuentes de energía renovable, como la solar y la eólica, son intermitentes, lo que requiere soluciones efectivas de almacenamiento de energía para garantizar un suministro constante.

Política y regulación: La falta de políticas de apoyo o cambios en las políticas pueden afectar la rentabilidad de las inversiones en energía limpia. La regulación inconsistente puede ser un desafío.

Competencia y avances tecnológicos: El sector de la energía limpia es altamente competitivo, y las empresas deben seguir innovando para mantenerse a la vanguardia. Los avances tecnológicos y la competencia pueden ser desafíos.

Infraestructura existente: La infraestructura de energía existente basada en combustibles fósiles puede representar un obstáculo para la transición a la energía limpia. La actualización y la adaptación son necesarias.

Percepciones públicas: Las percepciones públicas sobre la energía limpia pueden influir en su adopción. La educación y la conciencia son importantes para superar la resistencia o la falta de comprensión.

La innovación en energía limpia es esencial para abordar los desafíos energéticos, medioambientales y económicos en la actualidad. Si bien presenta desafíos, las oportunidades de empleo, desarrollo tecnológico y sostenibilidad son significativas y tienen un impacto a largo plazo en la economía y el medio ambiente.

Comercio internacional y globalización: A pesar de los desafíos, la globalización sigue siendo una oportunidad para el crecimiento económico y la colaboración internacional.

El comercio internacional y la globalización ofrecen oportunidades significativas para el crecimiento económico y la colaboración internacional.

Oportunidades:

Crecimiento económico: El comercio internacional puede impulsar el crecimiento económico al permitir que las empresas accedan a mercados más amplios. Esto puede resultar en mayores ventas, empleo y beneficios para las empresas y la economía en su conjunto.

Eficiencia económica: La globalización permite a las empresas especializarse en lo que hacen mejor y acceder a insumos y recursos de todo el mundo. Esto conduce a una mayor eficiencia económica y a la reducción de costos.

Acceso a tecnología y conocimiento: La globalización facilita la transferencia de tecnología y conocimiento entre países. Esto puede impulsar la innovación y el desarrollo tecnológico.

Diversificación de riesgos: El comercio internacional puede ayudar a las empresas a diversificar riesgos al evitar depender exclusivamente de un mercado nacional. La diversificación geográfica puede proporcionar resiliencia en tiempos de crisis.

Colaboración internacional: La globalización fomenta la colaboración y el entendimiento internacional. Las naciones pueden trabajar juntas en áreas como la sostenibilidad, la paz y la seguridad.

Desarrollo económico: El comercio internacional puede contribuir al desarrollo económico de países en desarrollo al brindarles acceso a mercados globales y oportunidades de inversión extranjera.

Desafíos:

Desigualdad económica: La globalización a veces ha contribuido a la desigualdad económica, ya que los beneficios del comercio internacional no se distribuyen de manera equitativa. Esto puede generar tensiones sociales y políticas.

Deslocalización de empleos: La globalización puede llevar a la deslocalización de empleos a regiones con costos laborales más bajos. Esto puede tener un impacto negativo en ciertas industrias y comunidades.

Impacto ambiental: El comercio internacional a menudo implica largas cadenas de suministro globales, lo que puede aumentar la huella de carbono y otros impactos ambientales. La sostenibilidad es un desafío importante.

Dependencia de mercados globales: La dependencia excesiva de mercados internacionales puede hacer que las economías sean vulnerables a las fluctuaciones económicas y las crisis en otras partes del mundo.

Proteccionismo: El aumento del proteccionismo y las barreras comerciales pueden dificultar el comercio internacional y limitar las oportunidades económicas.

Impacto cultural: La globalización puede tener un impacto en las culturas locales y tradicionales a medida que las influencias globales influyen en la música, el cine, la comida y otros aspectos de la vida cotidiana.

Tensiones geopolíticas: Las tensiones entre naciones y el conflicto político pueden obstaculizar el comercio internacional y la cooperación económica.

A pesar de los desafíos, la globalización y el comercio internacional continúan siendo motores clave del crecimiento económico y la colaboración a nivel mundial. La gestión de los desafíos asociados con la globalización es fundamental para aprovechar al máximo las oportunidades económicas y para garantizar un enfoque equitativo y sostenible.

Nuevos modelos de negocio: La economía está viendo la aparición de nuevos modelos de negocio, como la economía colaborativa y la tokenización de activos, que ofrecen oportunidades para la innovación.

Los nuevos modelos de negocio, como la economía colaborativa y la tokenización de activos, están transformando la forma en que se realizan las transacciones y se generan ingresos en la economía actual.

Economía Colaborativa:

Oportunidades:

Acceso en lugar de posesión: La economía colaborativa permite a las personas acceder a bienes y servicios en lugar de poseerlos, lo que puede reducir costos y el consumo excesivo de recursos.

Generación de ingresos: Los particulares pueden generar ingresos adicionales compartiendo sus activos subutilizados, como automóviles o viviendas, a través de plataformas de economía colaborativa.

Eficiencia y sostenibilidad: Compartir recursos y reducir la duplicación de activos puede llevar a una mayor eficiencia y sostenibilidad.

Mayor inclusión económica: La economía colaborativa puede proporcionar oportunidades económicas a personas que de otro modo podrían tener dificultades para encontrar empleo tradicional.

Desafíos:

Regulación: La regulación de la economía colaborativa puede ser un desafío, ya que plantea cuestiones de seguridad, impuestos y competencia.

Impacto en industrias tradicionales: La economía colaborativa a veces compite con industrias tradicionales, lo que puede llevar a tensiones y disputas.

Calidad y seguridad: Asegurar la calidad y la seguridad de los bienes y servicios compartidos puede ser un desafío.

Desigualdad de ingresos: Aunque la economía colaborativa ofrece oportunidades de ingresos adicionales, también puede contribuir a la desigualdad de ingresos si no se gestionan adecuadamente.

Tokenización de Activos:

Oportunidades:

Liquidez: La tokenización de activos puede hacer que los activos sean más líquidos y accesibles para los inversores, lo que puede democratizar la inversión.

Fraccionamiento de activos: Los activos pueden dividirse en tokens más pequeños, lo que facilita la diversificación de la cartera.

Automatización de contratos inteligentes: La tecnología blockchain permite la automatización de contratos inteligentes, lo que simplifica y acelera las transacciones.

Transparencia y trazabilidad: La blockchain proporciona un registro inmutable y transparente de las transacciones, lo que puede aumentar la confianza.

Desafíos:

Regulación: La tokenización de activos plantea desafíos regulatorios en términos de cumplimiento, protección del inversor y aplicación de la ley.

Volatilidad: Los activos tokenizados pueden experimentar una alta volatilidad, lo que plantea riesgos para los inversores.

Seguridad cibernética: La seguridad cibernética es fundamental, ya que los activos digitales pueden ser vulnerables a ataques.

Adopción y educación: La adopción de la tokenización de activos y la educación del público sobre su funcionamiento son desafíos importantes.

La economía colaborativa y la tokenización de activos ofrecen oportunidades emocionantes para la innovación económica y la democratización de la inversión. Sin embargo, también presentan desafíos, especialmente en términos de regulación y seguridad. La gestión adecuada de estos desafíos es esencial para aprovechar al máximo las ventajas de estos nuevos modelos de negocio.

Inversión en infraestructura: La inversión en infraestructura, como la construcción de carreteras, puentes y redes de telecomunicaciones, puede impulsar el crecimiento económico y la creación de empleo.

La inversión en infraestructura es una estrategia clave para impulsar el crecimiento económico y abordar diversas necesidades sociales.

Oportunidades:

Crecimiento económico: La inversión en infraestructura puede estimular el crecimiento económico al crear empleos directos e indirectos y mejorar la productividad al reducir los costos de transporte y logística.

Mejora de la calidad de vida: Las inversiones en infraestructura, como la construcción de carreteras, puentes, hospitales y escuelas, mejoran la calidad de vida de la población al proporcionar acceso a servicios esenciales.

Competitividad: Las infraestructuras modernas y eficientes mejoran la competitividad de una región o país al facilitar el comercio y la inversión.

Sostenibilidad: La inversión en infraestructura sostenible, como la energía renovable y el transporte público, puede contribuir a la reducción de las emisiones de carbono y al desarrollo sostenible.

Innovación: Las inversiones en infraestructura pueden fomentar la innovación, especialmente en sectores como la tecnología de la información y las comunicaciones.

Desafíos:

Financiamiento: El financiamiento de proyectos de infraestructura a menudo es costoso y requiere la colaboración entre el sector público y privado. La obtención de recursos puede ser un desafío.

Planificación y gestión: La planificación y gestión inadecuadas de proyectos de infraestructura pueden llevar a retrasos y costos adicionales.

Impacto ambiental: La construcción de infraestructura puede tener un impacto ambiental significativo, lo que plantea cuestiones de sostenibilidad y conservación.

Desigualdad: La inversión en infraestructura debe abordar las disparidades regionales y asegurarse de que las comunidades marginadas también se beneficien.

Mantenimiento: Una vez construida, la infraestructura requiere un mantenimiento constante para garantizar su eficiencia y seguridad.

Regulación y normativas: La regulación y las normativas gubernamentales pueden ralentizar o complicar los proyectos de infraestructura.

En resumen, la inversión en infraestructura ofrece oportunidades significativas para el crecimiento económico y el desarrollo sostenible, pero también presenta desafíos que deben abordarse cuidadosamente. La colaboración entre el sector público y privado, una planificación sólida y una gestión eficaz son clave para aprovechar al máximo las ventajas de la inversión en infraestructura.

Salud mental y bienestar: La creciente conciencia sobre la salud mental y el bienestar ofrece oportunidades en áreas como la atención médica mental y la tecnología relacionada con la salud mental.

Definitivamente, la salud mental y el bienestar se han convertido en áreas de creciente importancia en la sociedad y la economía.

Oportunidades:

Tecnología y aplicaciones de salud mental: El desarrollo de aplicaciones y tecnología de salud mental, como aplicaciones de meditación y terapia en línea, ofrece oportunidades para el crecimiento de empresas y startups en el sector de la tecnología de la salud.

Servicios de atención médica mental: La creciente demanda de servicios de atención médica mental abre oportunidades para profesionales de la salud mental, como psicólogos, psiquiatras y trabajadores sociales.

Concienciación y reducción del estigma: A medida que la sociedad se vuelve más consciente de la importancia de la salud mental, se abren oportunidades para la educación y la reducción del estigma en torno a los trastornos mentales.

Bienestar en el lugar de trabajo: Las empresas están reconociendo la importancia de promover el bienestar de los empleados, lo que brinda oportunidades en áreas como programas de bienestar laboral y gestión del estrés.

Investigación en salud mental: La inversión en investigación en salud mental puede llevar a descubrimientos innovadores en el tratamiento y la prevención de trastornos mentales.

Desafíos:

Acceso a la atención médica mental: A pesar de las oportunidades, el acceso a la atención médica mental asequible sigue siendo un desafío en muchas regiones.

Estigma persistente: Aunque ha habido avances en la reducción del estigma, este aún persiste en algunas comunidades y entornos, lo que dificulta el acceso a la atención.

Recursos limitados: La financiación y los recursos para la atención médica mental a menudo son limitados, lo que dificulta la expansión de servicios y programas.

Escasez de profesionales de la salud mental: En muchas áreas, existe una escasez de profesionales de la salud mental, lo que dificulta la atención adecuada.

Integración de la atención médica mental en el sistema de salud general: La integración de la atención médica mental en el sistema de salud general puede ser un desafío, pero es esencial para una atención completa.

La creciente conciencia sobre la salud mental y el bienestar está generando oportunidades en el sector de la salud y la tecnología, pero aún existen desafíos importantes que deben abordarse para garantizar un acceso adecuado a la atención médica mental y la reducción del estigma en la sociedad.

El futuro de la economía estará influenciado por cómo se aborden estos desafíos y cómo se aprovechen estas oportunidades. La colaboración entre gobiernos, empresas, instituciones educativas y la sociedad en general desempeñará un papel fundamental en la configuración de un futuro económico más resiliente y sostenible.